MENSCH UND NAHRUNGSPFLANZE

MENSCH UND NAHRUNGSPFLANZE

Der Biologische Wert der Nahrungspflanze
in Abhängigkeit
von Pestizideinsatz, Bodenqualität und Düngung

von

Prof. Dr. habil. Werner Schuphan
Geisenheim/Rhg.

SPRINGER-SCIENCE+BUSINESS MEDIA, B.V

Meiner lieben Frau Elga gewidmet

April 1976

Es ist mir ein Bedürfnis, Herrn Kurt Großmann und Herrn Dr. Höller, Eden-Stiftung, Bad Soden, herzlich, auch für die große Mühewaltung bei Drucklegung und Ausstattung des Buches zu danken.

ISBN 978-90-6193-557-5   ISBN 978-94-010-1583-7 (eBook)
DOI 10.1007/978-94-010-1583-7

© Springer Science+Business Media Dordrecht 1976
Ursprünglich erschienin bei Dr. W. Junk b.v. - Verlag - Den Haag 1976
Softcover reprint of the hardcover 1st edition 1976
Entwurf Umschlag: Max Velthuijs

INHALT

Curriculum vitae VII
Vorwort IX

I. **1. Nahrungspflanzen und ihr Biologischer Wert** . . . 1

    a. Pflanzliche Kost und Zivilisationskrankheiten 5
    b. Ernährungsphysiologische Aspekte 11
    c. Qualitätsbewertungen 24
    d. Kritik an Handelsklassen 33

  2. Genetik und Umwelt 40

    a. Familien und Arten 49
    b. Sorten 51
    c. Morphologie/Anatomie 53
    d. Umwelt 56

  3. Chemisch-Ökonomische Kulturmaßnahmen 58

    a. Allgemeines 58
    b. Mineraldüngung 60
    c. Pflanzenschutz und Pflanzenschutzmittel – Toxikologische Probleme 84
    d. Umweltprobleme 98

  4. 'Biologische' Anbaumethoden 101

  5. Standortgerechter Qualitätsanbau – Integrierter Pflanzenschutz 106

II. **12 Jähriger experimenteller Vergleich auf Moor- und Sandboden: Organisch/Mineralische Düngung** . . . 110

    a. Allgemeines 110
    b. Versuchsplan und Versuchsdurchführung 111
    c. Ergebnisse der Bodenuntersuchungen 111
        pH-Werte 111
        Humus 113

	Magnesium	115
	Phosphorsäure	116
	Kalium	118
	Kalk (CaCO$_3$)	120
d.	Ergebnisse der Untersuchungen an Nahrungspflanzen. Erträge	120
e.	Witterung während der 12 jährigen Vegetationszeit	125
f.	Ergebnisse der Untersuchungen an Nahrungspflanzen. Wertgebende Inhaltsstoffe	127

III. **Garmachen und Konservieren** 137

    a. Garmachen 139
    b. Konservieren 140
       Mikrobiologische Fermentierung 140
       Tiefgefrieren 140
       Dosenkonservieren 142

Ausblick 150

Schrifttum 151
Sachregister 160

CURRICULUM VITAE

Prof. Dr. habil. Werner Schuphan, am 18.11.1908 in Berlin geboren, 5½ Jahre gartenbauliche Praxis in Deutschland, Mittel- und Südfrankreich, Holland und England, dortselbst naturwissenschaftliches Studium, Fortsetzung und Beendigung des Studiums in Berlin. Dort Diplom- und Doktorexamen (Agrikulturchemie), 1939 Habilitation und 1940 'venia legendi' an der Friedrich-Wilhelms-Universität Berlin. 1937–1945 Leiter des Instituts für Gemüsebau. Im gleichen Jahr (1945) Diätendozent (Angewandte Botanik) an der Universität Hamburg, dort 1947 apl. Professor für Angewandte Botanik bis 1951.

1951 Gründer und bis 1973 Leitender Direktor der Bundesanstalt für Qualitätsforschung pflanzlicher Erzeugnisse, Geisenheim im Rheingau sowie seit 1952 bis heute Professor für Angewandte Botanik an der Universität Mainz.

Präsident der Internationalen (CIQ) und der Deutschen Gesellschaft für Qualitätsforschung (Pflanzliche Nahrungsmittel) (DGQ); 'Editor in Chief' der internationalen wissenschaftlichen Zeitschrift 'QUALITAS PLANTARUM – Plant Foods for Human Nutrition'. Dr. W. Junk, Publishers, Den Haag, Niederlande.

Arbeitsgebiet: Biochemische Qualitätsforschung an Nahrungspflanzen (z.T. in Gemeinschaftsarbeit mit Pädiatern und Internisten) in Abhängigkeit von genetischen, ökologischen und anthropogenen Faktoren.

VORWORT

Im Fernsehen, im Rundfunk und in der Presse wird die Qualität unserer Nahrungspflanzen immer öfter zur Diskussion gestellt. Das Unbehagen über die wachsende 'Chemisierung' unseres Lebens und unserer pflanzlichen Nahrungsmittel wächst ständig. Die Zunahme der Zivilisationskrankheiten, insbesondere auch vieler unerklärlicher Allergien, beunruhigen Ärzte und Patienten. Das Interesse der Verbraucher an der Erzeugung einwandfreier Nahrungsmittel ist geweckt. Die Bedenken gegenüber ihren Produktionsmethoden sind unüberhörbar.

Die Kritik richtet sich in erster Linie gegen intensive chemische Düngungs- und Pflanzenschutzmaßnahmen. Im Hinblick auf die Summation chemischer Mittel, die allein schon bei den Pestiziden zu einer Potenzierung ihrer Toxizität führen kann und die beunruhigende Tatsache einer Interaktion zwischen einigen Pestiziden der chlorierten Kohlenwasserstoffgruppe mit viel angewandten Pharmaka, z.B. Aminopyrin, Tolbutamid, Heptabarbital und Phenylbutazon, macht auf dem landwirtschaftlichen Sektor eine drastische Lösung des Problems durch Einführung anderer, weniger bedenklicher Anbaumethoden erforderlich.

Das Bagatellisieren der Gefahren, die durch Anwendung moderner chemischer Anbaumethoden entstehen können, nützt dem Verbraucher ebensowenig wie ein vorschnelles, abschätziges Urteil über einen 'biologischen', 'organischen' oder über einen Anbau mit 'integriertem' Pflanzenschutz.

Was ihm nützen kann, ist ein kritisch-objektiver experimenteller Vergleich der verschiedenen Anbaumethoden im Hinblick auf Ernährungsphysiologie und Ernährungshygiene.

Ein weiterer Aspekt verdient hier Beachtung:

Der hohe Entwicklungsstand der pharmazeutischen Industrie mit ihren wirksamen Präparaten ist bekannt, ebenso Mängel und Lücken der Mittel im Anwendungsbereich. Über mögliche biochemische Interaktionen bei gleichzeitiger Verabfolgung mehrerer Präparate herrscht ebenso große Unkenntnis wie über etwaige Interaktionen mit Inhaltsstoffen unserer Nahrungsmittel. Die Folgen dieser Reaktionen in physiologischer und toxikologischer Hinsicht sowie besonders auch im Allergiebereich sind – obwohl existent – zur Zeit weitgehend unerforscht. Dieses Problem trifft natürlich in erster Linie kranke Menschen.

Anders dagegen verhält es sich im landwirtschaftlichen Bereich mit bestimmten Düngungs- und Pflanzenschutzmaßnahmen, denn sie betreffen jeden Verbraucher von Nahrungsmitteln, Erwachsene und

Kinder aller Altersgruppen, gleich ob gesund oder krank. Hier kennt man zwar eine Reihe konkreter Fälle über Toxizitätssteigerungen bei gleichzeitiger Anwendung zweier verschiedener Pestizidwirkstoffe und bei Bildung von Metaboliten, doch ist noch viel Forschungsarbeit vonnöten, bis man hierüber eine nur einigermaßen erschöpfende Kenntnis besitzen kann.

Die geschilderte unerfreuliche Gesamtlage läßt es verständlich erscheinen, wenn gesundheitsbewußt lebende Menschen in zunehmendem Maße bereit sind, ihre Lebensweise nach den Grundsätzen einer Vorsorge-Medizin auszurichten. Ihnen kann – neben ausreichender körperlicher Betätigung – eine Ernährung, die vorzüglich auf einwandfrei erzeugter pflanzlicher Kost beruht, helfen, Gesundheit und Leistungskraft zu erhalten.

Prof. Dr. habil. Werner Schuphan
Geisenheim/Rhg.

1. NAHRUNGSPFLANZEN UND IHR BIOLOGISCHER WERT

Um die Jahrhundertwende 'erahnte' man nur – teils auf Grund empirischer Feststellungen – den großen Wert pflanzlicher Nahrungsmittel für eine gesunderhaltende Ernährung.

Konkrete Kenntnisse über die Chemie von Inhaltsstoffen der Nahrungspflanzen waren damals noch recht lückenhaft. Über den ernährungsphysiologischen Wert ihrer Wirkstoffe – selbst solcher, die der Pflanzenkost Monopolcharakter verleihen, z.B. der Ascorbinsäure und des Carotins – wußte man noch nichts.

So wurde die chemische Konstitution der pflanzenbürtigen Ascorbinsäure und die Methode zu ihrer Bestimmung erst Anfang der dreißiger Jahre dieses Jahrhunderts entdeckt (1), obwohl die skorbutverhütende Wirkung von Frischgemüse und Obst schon im Mittelalter, die des Sauerkrauts, nach einer Meldung des Militärarztes Johann Heinrich Kramer im Lager des Prinzen Eugen, bereits 1739 bekannt war. Den stichhaltigen Beweis für seinen absoluten Skorbutschutz lieferte dann später der britische Kapitän und Forschungsreisende James Cook (1728–1779) durch seine langjährigen Seefahrten (2).

Ähnliche Verhältnisse lagen vor bei dem Hauptwertstoff der Möhre, dem 1831 von Wackenroder entdeckten farbgebenden Carotin. Willstätter & Mieg gaben dem Carotin 1907, die auch heute noch anerkannte Bruttoformel $C_{40}H_{56}$. Erst Steenbook & Boutwell gelang 1920 der Nachweis, daß das Carotin ein Provitamin A sei, das erst im Organismus zum Vitamin A umgewandelt werden muß (zit. bei (3)).

Nach W. Kübler (4, 5) spielt die Möhre bei der Vitamin A – Versorgung des Säuglings die bedeutendste Rolle. Mit Milch verabfolgt wird bei verfütterten Möhren die Ausnutzungsfähigkeit des Carotins als Vitamin A beträchtlich erhöht. Dabei dient das Milchfett als Lösungsmittel. Eine Vitamin A–Substitution in Form der Möhrenmilch erscheint daher nach W. Kübler (4, 5) besonders einfach und kann in keinem Fall zu einer A-Hypervitaminose führen, wie es zuweilen – früher häufiger – bei Applikation von Vitamin A-Präparaten kam (4, 5). Schuld an der Unterbewertung der pflanzlichen und Überbewertung der tierischen Nahrungsmittel war die teils heute noch übliche, einseitige Ausrichtung auf Kalorien* als Maß des Nährwerts, ausgedrückt in

---

* Neuerdings Joule (J): Eine Kg-Kalorie (Kcal) = 4,184 KJ.
  Umrechnungsfaktor: auf KJ = 4,184;
                     von KJ auf Kcal = 0,239 (vgl. (59), S. 25).

Gehalten an Eiweiß und Kohlenhydraten, beide mit 4,1, sowie an Fett mit 9,3 Kalorien/100 g. *Dadurch wurden z.T. lebensnotwendige Wirkstoffe, beispielsweise gesunderhaltende Vitamine, einschließlich der nur pflanzenbürtigen, anticarcinogenen Flavonoide (6), nicht miterfaßt* (Tabelle 1). Das gleiche gilt für unentbehrliche therapeutische Eigenschaften der Pflanzenkost, z.B. für die von Nahrungspflanze zu Nahrungspflanze unterschiedlich starke antiphlogistische Aktivität -- bei der die Möhre weit an der Spitze steht (7) -- sowie die von uns experimentell bestätigte positive Rolle der Pflanzennahrung bei Verhinderung der sog. Ernährungsleukozytose. Hier wurden von uns zudem neue, bisher nicht bekannte Erkenntnisse gewonnen (8).

Die obige Feststellung trifft auch zu, auf geschmackgebende stoffwechselregelnde und zugleich antimikrobiell wirkende, schwefelhaltige ätherische Öle der Zwiebel-, Kohl- und Retticharten sowie auf nichtschwefelhaltige Terpenabkömmlinge der Umbelliferen, z.B. Möhren, Pastinaken, Sellerie, Petersilie und vieler Küchenkräuter (9–15, 184). Weiterhin sind die Mineralstoffe und Spurenelemente als anorganische Wertstoffe generell von Bedeutung. Von ihnen haben die in pflanzlichen Nahrungsmitteln meist sehr hohen Gehalte an Kalium und sehr niedrigen an Natrium ernährungsphysiologischen und klinischen Wert.

Die amerikanischen Internisten, G. R. Meneely und Mitarbeiter (16–20) befaßten sich experimentell mit dem Problem einer ausreichenden Bereitstellung von Kalium in unserer Ernährung zur Kompensierung meist überhöhter Zufuhr an Natrium mit dem Speisesalz in der üblichen Kost. Eine ganz entscheidend positive Rolle spielt nach ihren Befunden das Kalium, eine negative das Natrium, bei der Bekämpfung des Bluthochdrucks beim Menschen. Meneely und Mitarbeiter fanden aber auch bei 9 Versuchen an insgesamt fast 1000 Ratten zur Ermittlung ihrer Lebensdauer, daß durch steigende Na Cl – Gaben per os der systolische Blutdruck, das Serum-Cholesterin, das gesamte austauschbare Körper-Natrium und abnorme Elektrokardiogramme zunahmen. Wenn durch Zufuhr von KCl das Verhältnis K/Na = 1 erreicht wurde, war damit eine überraschende Verlängerung des mittleren Lebensalters verbunden. Bei höheren NaCl-Gaben vermochte zugeführtes KCl den hohen Blutdruck wieder zu normalisieren. (zit. bei (21)).

Das von Meneely und Mitarbeitern herausgestellte klinische Problem hat bei unserer kochsalzbetonten Zivilisationskost auch praktische Aspekte.

Wie später noch näher dargelegt werden soll, müssen als Konsequenz gezielte Maßnahmen bei Düngung unserer Nahrungspflanzen, bei ihrer Zubereitung in Küche und Großküche sowie bei der industriellen Konservierung erfolgen, um gesunderhaltende Eigenschaften, vor allem in Gemüse und Kartoffeln, möglichst zu fördern, bzw. sie vor technologischen Einbußen zu bewahren ((21), S. 142–145; 22–26).

Tabelle 1. Gemüse. Spezifische Stoffe von therapeutischer Wirkung

Organische und anorganische Verbindungen
Therapeutische Wirkungen bekannter und unbekannter pflanzlicher Inhaltsstoffe

Ascorbin-säure	Flavo-noide	Unbekannte Verbindungen	Verbindungen flüchtige und nicht flüchtige			Mineralstoffe	
			S-haltige		Terpene	K	Fe
			Tomaten	Zwiebeln	Rettiche	Möhren		
Speziell in grünen Blattge-müsen; in Frucht-gemüsen, wie Gemüsepaprika, Tomaten; in Zwie-beln; in gelb-fleischigen Kar-toffeln; in Möhren	Rote Bete	in Möhren 83 (roh) 79 (gekocht) Blumenkohl 67 (roh) 66 (gekocht) Tomaten 42 (roh) 37 (gekocht) Spinat (gekocht) 21 Weißkohl (roh) 12 Kopfsalat 8 Kohlrabi (gekocht)	Sen-kung des Blut-hoch-drucks (T. A. Schipot-schliev, 1967)	Antimicrobielle Aktivität A. J. Virtanen, 1969; K. H. Rudat, 1969; R. A. Bernhard, 1969; W. Schuphan & H. Weiller, 1967; W. Schuphan, 1969); A. Becker & W. Schuphan, 1975. Starke diuretische und cholagoge Wirkung, Senkung des Blut-Glukose-Spiegels, Blut-Regeneration bei Anämie, ver-besserter Koronar Blutdurchfluss (cit. O. Geßner, 1953)		Hülsen-früchte,* Spinat, Kartoffeln, Grunkohl, Rosenkohl, Endivie, Rote Bete, Blumenkohl, Rettiche, Tomaten	Spinat (Nach N-Über-düngung starkes Absinken; (Schuphan)) Grünkohl, Porree, Kohlrabi, Kopfsalat, Endivie, Feldsalat, Gurke. Sehr wich-tiges Spuren-element besonders fur Schwan-gere und Klein-kinder
Krebsverhutende Wirkung (K. R. Cutroneo et al., 1972; S. Ferencsi et al., 1970, D. Schmähl, 1974)							
Antiphlogistische Wirkung der Gemüse (weitaus an erster Stelle: Möhren) (M. Bürger & H. Knobloch, 1959)					K kompensiert schädliche Wirkungen unserer kochsalz-betonten Zivilisations-kost, die Bluthochdruck und Herzerkrankungen begünstigen. (G. R. Meneely, 1973; W. Schuphan, 1973) * blutdrücksenkend		

Nach W. Schuphan, 1974

Nahrungsmangel schränkt stets die Erzeugung tierischer Produkte ein, da es unwirtschaftlich ist, Pflanzen, die auch der menschlichen Ernährung dienen (Kartoffeln, Getreide), über den Tiermagen laufen zu lassen, denn dies führt zu erheblichen Verlusten an pflanzenbürtigen Nährstoffen (9). Restlos geht dabei z.B. das Vitamin C verloren. Es erscheint im Fleisch der Schlachttiere nicht wieder. Die zeitliche Dauer der Erzeugungskette von der geernteten Pflanze, z.B. von Kartoffeln, bis zum schlachtreifen Nahrungsmittel tierischer Herkunft verlängert sich beträchtlich, z.T. um Jahre.

So nimmt es nicht wunder, daß in Not- und Kriegszeiten eine starke Einschränkung der tierischen Nahrungsproduktion zugunsten einer starken Zunahme der pflanzlichen das Gebot der Stunde ist (27).

Getreide, haltbar, lager- und über große Strecken transportfähig, spielt als Brotgetreide und als Rohstoff für Nährmittel, besonders in Notzeiten, eine große Rolle.

1969 hob der amerikanische Arzt, Biochemiker und Eiweißmangel-Forscher, Professor N. S. Scrimshaw hervor (35), daß auch der künftige Haupt-Weltbedarf an Eiweiß aus konventionellen pflanzlichen Quellen stammen wird. Dabei müssen zur Ernährung der hungernden Weltbevölkerung in erster Linie Cerealien, vor allem Neuzüchtungen mit höherer Biologischer Eiweißwertigkeit eingesetzt werden, da das Getreide normalerweise wenig Lysin und/oder Tryptophan besitzt (zit. bei (44)).

Neben den Cerealien dient die Kartoffel nicht nur in Notzeiten als hochwertiges Nahrungsmittel, das im zweiten Weltkrieg und danach, Millionen von Menschen das Leben rettete.

Bereits 1661/62 hatte die Kartoffel in Europa nach witterungsbedingtem Ausfall der Getreideernte Hungersnöte verhütet (vgl. (45), I, S. 577).

Die Kraut- und Knollenfäule (Phytophthora infestans) grassierte 1844 bis 1855 in Europas Kartoffelkulturen. In Irland bewirkte sie Totalausfälle der Kartoffelernte. Massenauswanderungen nach Amerika waren die Folge. Diese gefährliche Pilzkrankheit verursachte auch in Deutschland im ersten Weltkrieg 1916 einen Totalausfall der Ernte. Angebaute Kohlrüben mit kurzer Vegetationszeit waren für die ernährungsphysiologisch hochwertige Kartoffel kein Ersatz ((9), S. 70). Der berüchtigte 'Kohlrübenwinter' 1916/17 mit seinen Folgen ist noch vielen der älteren Generation in böser Erinnerung. Heute werden Eiweißprobleme von Experten stets auch unter Einbezug der Kartoffel diskutiert, obwohl sie nur etwa 2% Rohprotein besitzt.

Keine Frage in der Ernährung des Menschen verschiedenen Lebensalters war und ist so umstritten wie seine optimale Eiweißversorgung (36). Früher und heute wird ein relativ hoher Eiweißkonsum (Milch, Käse, Fleisch, Wurst und Fisch), namentlich im Alter, allgemein empfohlen, und zwar auf Kosten des Verzehrs von Kohlenhydraten und von Fetten. Der Fleischkonsum steigt in der Bundesrepublik Deutschland stetig an. Bedenklich ist dabei auch der gleichzeitige Mitverzehr nicht unerheblicher Mengen an 'verborgenen' Fetten.

In seinem Sammelwerk 'Krankheiten verminderter Kapillarmembranpermeabilität' wendet sich der Frankfurter Internist, Professor Wendt (36) aufgrund zahlreicher experimenteller und klinischer Ergebnisse gegen das Übermaß an Eiweiß, insbesondere von tierischem mit verborgenen Fetten, in unserer heutigen Ernährung und erortet die Risiken einer gesundheitsbeeinträchtigenden 'Eiweißmast' in unserer Wohlstandsgesellschaft.

Seine Aussicht wird heute jedoch von der überwiegenden Mehrzahl der Ernährungsphysiologen abgelehnt.

Mit der heute allgemeinen Ablehnung der Kohlenhydratträger in weiten Kreisen der Bevölkerung werden auch die relativ kalorienarmen Speisekartoffelsorten (85–95 Kalorien/100 g) mitbetroffen. Sie enthalten neben 10–14% Stärke*, wenig (etwa 2%), aber ernährungsphysiologisch hochwertiges, dem Hühnerei gleichwertiges Eiweiß (46), mittlere bis höhere Vitamin C - Gehalte (6–40; Mittel 18 mg/100 g) und beachtliche Gehalte an Vitaminen des B-Komplexes, an Mineral- und Spurenstoffen, namentlich an Kalium (45), deren nutzbare Mengen allerdings besonders von der jeweiligen Zubereitung abhängt (47).

a. Pflanzliche Kost und Zivilisationskrankheiten

Relativ guter Gesundheit erfreute sich die deutsche Bevölkerung während des zweiten Weltkrieges. Dies stellten in der Nachkriegszeit Ärzte und Ernährungsforscher mit Bezug auf die pflanzenbetonte Ernährung während des zweiten Weltkrieges fest (Tabelle 2).**

Die damalige Ernährung war arm an tierischem Eiweiß und an Fett. Alkoholische Getränke und Tabakerzeugnisse waren stark verknappt und rationiert. Meist kaliumreiche pflanzliche Erzeugnisse, Brot, Nährmittel, Kartoffeln, eiweiß- und rohfaserreiche Hülsenfrüchte ((30), S. 44), rohfaser- und Vitamin C-reiche 'Grobgemüse', wie Grünkohl, Rosenkohl, Kohlrabi, Weiß-, Rot- und Wirsingkohl, ferner Grüne Bohnen, Porree und Rote Bete sowie die carotinreiche Möhre ((30), S. 44) wurden hauptsächlich verzehrt, *überwiegend als mineralstoff- und vitaminerhaltender 'Eintopf'* (30).

Die Feststellung über den relativ guten Gesundheitszustand der Bevölkerung war mannigfaltig. So waren – im Vergleich zur Vorkriegszeit – die Zuckerkrankheit (31), die Gicht (32) sowie – wenn von der Hepatitis epidemica abgesehen wird – Gallen- und Leberleiden stark zurückgegangen (33). Die Herz- und Kreislauferkrankungen hatten – selbst in dieser stress-betonten Zeit (Bombenkrieg mit falschem Tag/Nachtrythmus, Sorge um Angehörige und Lebensunterhalt) – nicht zu – sondern eher abgenommen. Ab 1950 nahmen dann die Zivilisationskrankheiten in Deutschland wieder rapide zu (Tab. 2).**

Der Heidelberger Herz- und Kreislaufforscher, Professor G. Schettler

---
* Futter- und Industriekartoffeln enthalten dagegen bedeutend mehr (14–28%) Stärke (48).
** S. Ausschlagseite nach Textschluß am Ende des Buches.

(34) sagte zur pflanzenbetonten Kriegsernährung 1967:

'Der Rückgang der Infarkthäufigkeit der mangelernährten Zivilbevölkerung und in den Gefangenenlagern während des letzten Weltkrieges hatte erstmals die Aufmerksamkeit gelenkt auf eine mögliche diätetische Beeinflußbarkeit der coronaren Herzkrankheit.'

Die knappe pflanzenbetonte Kriegsernährung bei zwangsweiser ausreichender bis reichlicher körperlichen Bewegung (erschwerte Nahrungsbeschaffung, Schwerarbeit bei Beseitigung von Bombenschäden, fehlendes Privatauto) wurde auch von maßgebender Seite (zit. (21), S. 149–156) als wesentliche Ursache des Rückganges aller sogen. Zivilisationskrankheiten angesehen.

Ärztliche Berichte aus der neutralen Schweiz über günstige Befunde bei Mangelernährung während des zweiten Weltkrieges lauteten ähnlich, obwohl in dieser Zeit der gewaltige Stress, der auf der deutschen Zivilbevölkerung lastete, dort weitgehend fehlte.

Als ehemaliger Präsident der Eidgenössischen Kriegsernährungskommission sagte der Lausanner Universitätsprofessor Dr. med. Fleisch 1947 in seinem Großen Rechenschaftsbericht ((37), S. 452–55) zusammenfassend, 'daß während der Jahre 1940–1943 die Krankheitshäufigkeit eher geringer war als in der Vorkriegszeit', 'daß die Kriegsernährung trotz ihrem Mangel an Eiweiß und Fett sich günstig auf den Gesundheitszustand ausgewirkt hat' und 'daß die Todesfälle durch Verdauungskrankheiten und Blinddarmentzündungen gegenüber der Vorkriegszeit deutlich abgesunken' seien, 'zweifellos ein Zeichen, daß die an Schlacken überreiche Kriegskost sicher nicht deletär gewirkt hat'.

Fleisch ((37), S. 472) sagt dann weiter, 'die Krankheiten der Leber und der Gallenwege sollen nach Mitteilung vieler Ärzte seltener geworden sein, was mit der geringen Fettration in Verbindung gebracht wurde'.

Ferner stellt Fleisch fest, daß einem 'Minus an Sterbefällen durch Infektionskrankheiten', 'eine stark gestiegene Sterbefrequenz durch Krebs, Herzkrankheiten und Arteriosklerose' gegenübersteht, 'die, von der Ernährung unabhängig, mit der Überalterung der Bevölkerung zusammenhängt'.

Die Tabelle 2* führt auch neuere Befunde an, die die bisherigen klinischen Folgerungen zu präzisieren vermögen: Die Rolle der pflanzlichen Rohfaser auf Zu- und Abnahme bestimmter Zivilisationskrankheiten.

Fleisch (37) spricht u.a. von der 'an Schlacken überreichen Kriegskost'.

Hier klingt noch die 'alte Schule 1920' von C. von Noorden und H. Salomon (27) an, die bei kalorischer Betrachtung, die Aschebestandteile (Mineralstoffe + Spurenelemente), die Rohfaser und andere nichtkalorische Pflanzeninhaltsstoffe aus einer positiven Bewertung ausschlossen.

Die Rohfaser – in pflanzlichen Nahrungsmitteln mehr oder minder stark vertreten – enthält praktisch keine kalorischen Nährstoffe. Die Rohfaser galt deshalb früher als wertlos (27). Ihre später erkannte Eigenschaft, die Darmperistaltik zu aktivieren, verschaffte ihr eine

* S. Ausschlagseite nach Textschluß am Ende des Buches.

stärkere Beachtung, vornehmlich in Reformerkreisen. Rohfaserreiche Vollkornbrote verschiedener Fabrikate zeugen in Deutschland von einem hohen Qualitätsstand.

Die schon erwähnten neuen Erkenntnisse über die pflanzliche Rohfaser (Suberin, Cutin und unlösliche Teile der Cellulose, des Lignins und der Pentosane) ((38), S. 60) beziehen sich auf britische Befunde.

Painter 1968 (39), besonders aber Burkitt* 1972 (40), wiesen nach, daß zwischen dem Ausmaß der verzehrten Rohfaser, insbesondere von Cerealien (41, 42), und dem Fehlen von Zivilisationskrankheiten signifikante Beziehungen bestehen (zit. auch bei (30)). Burkitt (40) hatte als Mitglied der 'External Scientific Staff of the Medical Research Council, London', in Ostafrika nachgewiesen (s. Tabelle 2**), daß Zivilisationskrankheiten, wie Erkrankungen der Herzkranzgefäße – (nach Burkitt fallen in den westlichen Ländern 25% der Menschen dieser Erkrankung zum Opfer) – sowie Erkrankungen des Verdauungstraktes bei Negern, die in ihren ostafrikanischen Dorfgemeinschaften leben, praktisch nicht auftreten. Dies wird von Burkitt mit dem überwiegenden Verzehr rohfaserreicher Pflanzenkost erklärt und experimentell belegt durch die sehr kurze Verweildauer des Stuhls im Verdauungstrakt (Tab. 3).

Dies ist – so folgern Painter & Burkitt – der Grund für das Fehlen von Erkrankungen des Darmtraktes bei der ostafrikanischen Landbevölkerung, z.B. von Diverticulitis, Fisteln, Dickdarmkrebs sowie von Blinddarmentzündungen und – nach Burkitts Meinung als Folge davon – für das Fehlen von Erkrankungen der Herzkranzgefäße und der Galle (cholesterinbürtige Gallensteine).

Daß Burkitt mit seinen Folgerungen aus langjähriger Experimentalarbeit in Ostafrika recht hat, beweist er auch damit, daß Eingeborene, die aus ihrer Dorfgemeinschaft gelöst, in britische Dienste treten und dort die Essensgewohnheiten der Europäer (Weißbrot, weichgekochte Nahrung usw.) übernehmen, bereits nach zwei Jahren die gleichen Zivilisationskrankheiten wie die Weißen bekommen. *Diese aufschlußreichen Erfahrungen sollte man sich auch bei uns zunutze machen.*

Die Auffassung Painters (39) und Burkitts (40) über die alimentär bedeutsame Rolle der Rohfaser bei Verhütung von Zivilisationskrankheiten, die auch durch das unfreiwillige 'Ernährungs-Großexperiment' während und nach dem zweiten Weltkrieg gestützt wird, findet neuerdings – wenigstens bezüglich der Dick- und Mastdarmkrebse – auch eine andere Auslegung.

Der Präsident der American Health Foundation, E. L. Wynder, vertritt nämlich die Auffassung, daß eine Überernährung, insbesondere mit Fett, die Krebse des Dickdarms (Kolon) und des Mastdarms sowie die Bildung von Krebsen einiger hormonell abhängiger Organe be-

---
* Dr. Denis P. Burkitt wurde 1972 der 'Paul-Ehrlich-Preis' der Universität Frankfurt/M. für seine Entdeckung des 'Burkitt-Tumors' in Ostafrika verliehen.
** S. Ausschlagseite nach Textschluß am Ende des Buches.

Tabelle 3. Die Wirkung von Rohfaser in der Nahrung auf die tägliche durchschnittliche Stuhlentleerung und die Durchlaufzeit des Stuhls durch den Verdauungstrakt (40).

Stuhl	Afrikanische			Englische
	Dorfbewohner	Jungen in Internats-Schulen	Jungen in öffentlichen Schulen	Eine Gruppe bei der Marine Angestellter
		die ähnliche Spiele spielen und einen ähnlichen Schulablauf haben		
	die sich ernähren von			
	A einer nicht verfeinerten Kost (die besonders Getreide-Rohfaser enthält)	B einer Mischkost meist traditionell (A), teilweise aber (C)		C Westlicher Kost
a) Durchschnittsmenge pro Tag	400 g	182 g*		108 g
b) Durchschnittliche Durchlaufzeit in Std.	35 h	41 h*		67 h
c) Konsistenz	weich, ungeformt			

* Vegetarier in England und indische Krankenschwestern in Indien hatten bei ihrer traditionellen Ernährung Durchlaufzeiten und Gewichte des Stuhls, die mit denen afrikanischer Schuljungen mit Verzehr von Mischkost verglichen werden können.

günstigen kann. Dies sagte er 1975 auf dem in Davos abgehaltenen Fortbildungskongreß der Bundesärztekammer. Man sei erstmals auf diese Zusammenhänge bei Studien über Krebse des Dick- und Enddarms aufmerksam geworden. Diese Krankheiten seien, z.B. in Japan, mit 4 je 100.000 Einwohnern sehr selten, in Amerika mit 30,9 Fällen je 100.000 aber relativ häufig. Mit Übernahme amerikanischer Ernährungsgewohnheiten hätte bei eingewanderten Japanern die Häufigkeit des Mastdarmkrebses zugenommen.

Die Untersuchung zahlreicher Stuhlproben zeigte übrigens bei überernährten Menschen eine Zunahme der Gallensäuren und Cholesterinverbindungen. Die Konzentration dieser Stoffe im Stuhl war maßgeblich bedingt durch eine fett- und cholesterinhaltige Nahrung.

Tabelle 4. Gehalt an Rohfaser im eßbaren Anteil von Nahrungspflanzen. Tierische Nahrungsmittel = 0%

Getreide und Getreideprodukte	Hülsenfrüchte (reif)	Gemüse	Obst
	Sojabohnen		
	Weiße Bohnen Linsen		
		Knoblauch, Schwarzwurzel Paprika	
MAIS ROGGEN Weizenmehl WEIZEN	Erbsen	Pastinaken	Birnen
Roggenmehl HAFER, GERSTE spelzenfrei	Erbsen (geschält)	Grünkohl Löwenzahn Kohl, Rosenkohl Grüne Bohnen, Petersilie Brokkoli, Kohlrabi Wirsingkohl, Kresse (Lepidium)	
Mahlprozess Ausmahlungsgrad ↓ REIS		Knollensellerie Rotkohl, Porree Möhren, Rote Bete Bataten, Blumenkohl Tomaten, Gemüse-Mais, Spargel Kopfsalat, Zwiebeln, Rettiche Spinat, Feldsalat Gurken, Chinakohl	Äpfel Aprikosen, Pflaumen Kirschen (süß)
Roggenmehl Weizenmehl			Kirschen (sauer)

─────────── = roh verzehrbar
------------ = roh verzehrbar und gekocht
Großbuchstaben bei 'Getreide' = ganze Caryopse

Diese Feststellungen sagen vorerst nichts über den noch nicht gefundenen krebsauslösenden Faktor aus. Immerhin hat sich im Mastdarm von Ratten eine tumorfordernde Wirkung durch zwei Gallensäuren, der Lithochol- und der Taurodesoxycholsäure ermitteln lassen. Auch am Mastdarm Erkrankte weisen bereits in ihrem Stuhl – wie inzwischen in England festgestellt wurde – einen höheren Gehalt als der Durchschnitt der Bevölkerung an anaeroben Bakterien, an Gallensäuren und an Cholesterinverbindungen auf.

Die Auffassung von Painter, Burkitt und Wynder schließen sich m.E. gegenseitig nicht aus, vielmehr ergänzen sie sich weitgehend. Es ist doch eine Tatsache, daß bei uns in der Zeit während und nach dem zweiten Weltkrieg die pflanzenbetonte Kost rohfaserreich, eiweiß- und fettarm war. In der dann folgenden 'Normalzeit', etwa ab 1949, mit stetig ansteigender Zahl der Zivilisationskrankheiten überwog jedoch eine rohfaserarme, eiweiß- und fettreiche Ernährungsweise mit starkem Verzehr tierischer Produkte, insbesondere von Fleisch.

In der modernen Ernährungslehre und in der Diätetik wird zwar gegen Überernährung, vor allem mit Fett, Front gemacht, der wichtigen Frage einer alimentären Verdauungsregelung als Maßnahme der Präventivmedizin wird jedoch noch zu wenig Beachtung geschenkt. Zwar ist der Verzehr von Vollkornbrot bei uns – insbesondere in Reformerkreisen – stärker als in den meisten anderen Ländern, in denen vornehmlich Brot aus stark ausgemahlenen Mehlen verlangt wird. Dennoch sollte man bei uns noch mehr rohfaserreiche Kost verzehren und ihre Bedeutung nicht herunterspielen. Hartnäckige Obstipationen mögen zwar keine akuten, möglicherweise aber chronische Schäden nach sich ziehen, wie sie Painter und Burkitt (39, 40) durch ihre überzeugenden Arbeiten wahrscheinlich gemacht haben.

Die Tabelle 4 gibt Aufschluß über recht unterschiedlich hohe Rohfasergehalte bei Nahrungspflanzen. Die Werte zeigen eine starke Überlegenheit der reifen Hülsenfrüchte, insbesondere der weißen Bohnen, deren Verzehr bei uns heute nur noch eine geringe*, bei den Eingeborenen Afrikas jedoch nach wie vor eine große Rolle spielt (49).

Bei uns war dies früher auch anders. Reife Hülsenfrüchte, gelbe Erbsen, weiße Bohnen und Linsen, nahmen vor, während und unmittelbar nach dem zweiten Weltkrieg einen wichtigen Platz als sattmachende kalorien-, eiweiß-, Vitamin B-, kalium- und rohfaserreiche Eintopfkost ein. Diese kalorienreiche Kostform entsprach durchaus der damaligen, viel höheren körperlichen Beanspruchung und dem weit geringeren Anteil an teurem tierischen Eiweiß, vor allem in Form von Fleischgerichten in der Nahrung.

Nach eigenen Beobachtungen ist übrigens die Dauer der Darmpassage

---

* Verzehrsrückgang in der BRD von 1935/38 bis 1973/74 = 61%.

nach Verzehr reifer Hülsenfrüchte sehr gering. Nach einer Linsenmahlzeit betrug sie nur 18 Stunden.

Die folgenden Tabellen und Darstellungen drücken die überragende Stellung reifer Hülsenfrüchte in der Rangfolge der jeweiligen wertgebenden Inhaltsstoffe aus.

b. Ernährungsphysiologische Aspekte

Wie wir im ersten Abschnitt sahen, hat sich die pflanzenbetonte, rohfaserreiche Kost – vor und unmittelbar nach dem zweiten Weltkrieg – mit starker Einschränkung der tierischen Eiweisse und Fette, aber auch des Rauchens und des Alkoholkonsums, als recht gesundheitsfördernd erwiesen.

Kalorienreichen Hülsenfrüchten, Brot und Teigwaren standen damals kalorienarme, wirkstoffreiche Kartoffeln, Gemüse- und Obstarten gegenüber. Die körperliche Bewegung war in jener Zeit bedeutend, ein nicht zu unterschätzender Faktor der Gesunderhaltung.

Diese globalen Feststellungen, insbesondere über die Pflanzenkost, reichten jedoch noch nicht aus, um ihren, in der damaligen kritischen Ernährungsperiode entscheidend positiven Wert zu erklären. Sie bedürfen daher einiger Ergänzungen, hauptsächlich auf dem Gebiet der Wirk- und Mineralstoffe in Relation zu den Kalorien*. Dabei sei daran erinnert, daß ein wesentlicher ernährungsphysiologischer Vorteil der pflanzlichen Nahrung in ihrem relativ hohen Kaliumgehalt und in dem – gegenüber Nahrung tierischer Herkunft – günstigen hohen K/Na-Verhältnis gesehen werden muß. Darüber wurde bereits berichtet.

Die ernährungsphysiologische Bedeutung von pflanzlichem Eiweiß wird dann anschließend einer eingehenden Betrachtung unterzogen, denn ohne Zufuhr von Eiweiß – und zwar von hochwertigem – ist Leben nicht möglich. Außerdem herrschen über den Wert von pflanzlichem Eiweiß selbst bei Fachleuten z.Zt. noch immer falsche Vorstellungen (zit. bei (52)).

Zunächst sollen die Werte in zwei Übersichten (Tabellen 5, 6) Klarheit über die Größenordnung einzelner wertgebender Inhaltsstoffe schaffen. Mit absoluter Vollständigkeit ist dabei nicht zu rechnen.

Das heute von schlankheitsbewußten Menschen gern verzehrte Rinderfilet hat – wie die Tabelle 5 erkennen läßt – 126 kcal*, also fast genau 1½mal so viel wie 100 g Kartoffeln (85 kcal), etwa 4mal so viel wie 100 g Möhren (35 kcal), Buschbohnen (33 kcal) oder Wirsingkohl (33 kcal) bzw. etwa 6mal so viel wie Weißkohl (24 kcal) oder Spinat (23 kcal) (53).

Demgegenüber fallen die in Tabelle 5 aufgeführten Gehalte an Vita-

---

* Neuerdings Joule (J). Eine Kg-Kalorie (Kcal) = 4,184 KJ.
  Umrechnungsfaktor: auf KJ = 4,184;
                    von KJ auf Kcal = 0,239 (vgl. (59), S. 25).

Tabelle 5. Gemüse, eßbarer Anteil-Rinderfilet und Brote zum Vergleich

Nahrung	Kalorien	Vitamin C*	Pro-Vitamin A β-Carotin*	B_1 Thiamin	B_2 Riboflavin	Niacin	Mineralstoffe Ca	P	Fe
	K cal	mg/100 g		µg/100 g			mg %/100 g		
Rinderfilet	126	—	—	100	130	4,6	12	164	2,6
Weißbrot	260	—	—	86	60	1,0	60	90	0,9
R.-Vollk. brot	240	—	—	180	150	0,6	43	220	3,3
Erbsen (reif)	370	—	Spuren	710	210	3,0	45	300	5,2
Linsen	354	—	Spuren	430	260	2,2	74	410	6,9
Weiße Bohnen	352	—	—	460	160	2,1	106	430	6,1
Pflückerbsen	93	25	0,6	280	150	2,1	26	120	1,9
Buschbohnen	33	23	0,2	73	140	0,5	50	37	0,8
Kartoffeln	85	18	Spuren	110	50	1,2	13	58	0,9
Möhren	35	6	18	70	55	0,8	52*	33*	3,0*
Kn. Sellerie	38	8	—	36	70	0,9	70	80	0,5
Bl. Petersilie	61	244	3,0	140	300	1,3	240	130	8,0
Grunkohl	46	101	2,2	100	250	2,1	210	87	1,9
Rosenkohl	52	121	0,6	110	160	0,7	30	86	1,1
Weißkohl	24	52	Spuren	48	43	0,3	46	27	0,5

Rotkohl	27	81	Spuren	70	0,4	35	30	0,5
Wirsing	33	54	Spuren	50	0,3	47	56	0,5
Blumenkohl	28	91	0,05	110	0,6	20	54	0,6
Kohlrabi	26	52	—	50	1,8	75	50	0,9
Spinat	23	55	3,0	86	0,6	128*	52*	7,0*
Feldsalat	20	58	2,8	65	0,4	30	50	2,0
Chikoree	16	4	—	50	0,2	26	26	0,7
Kopfsalat	14	7	Spuren	60	0,4	20	35	0,6
Endivie	17	9	Spuren	52	0,4	50	50	1,4
Spargel	20	23	—	110	1,0	20	45	1,0
Tomaten	19	30	0,4	57	0,5	14	26	0,5
Gemüsepaprika	28	160	0,1	60	0,3	15	23	0,5
Auberginen	25	Spuren	—	40	0,6	13	21	0,4
Salatgurken	10	15	0,02	18	0,2	15	23	0,5
Rote Bete	37	9	—	22	0,2	30	45	0,9
Rettich	19	50	Spuren	33	0,2	34	26	1,5
Schwarzwurzel	74	6	—	111	0,3	53	76	1,5
Porree	38	12	0,02	100	0,5	85	4	1,0
Zwiebeln	45	16	Spuren	33	0,2	31	42	0,5
Schnittlauch	55	79	2,6	140	0,6	129	75	1,9

Analysen nach S. W. Souci & H. Bosch (53); Sämtliche Vitamin C- und Carotingehalte sowie die mit einem * versehenen Analysen sind langjährige eigene Mittel.

Tabelle 6. Obst (nach S. W. Souci & H. Bosch (53) und eigene Analysenergebnisse).

Nahrung	Kalorien	Vitamin C	Pro-Vitamin A β-Carotin	B$_1$ Thiamin	B$_2$ Riboflavin	Niacin	Mineralstoffe Ca	P	Fe
	Kcal	mg/100 g		µg/100 g			mg %/100 g		
Rinderfilet	126	—	—	100	130	4,6	12	164	2,6
Äpfel	52	15	Spuren	27	30	0,1	8	10	0,3
Birnen	59	5	Spuren	40	30	0,2	17	22	0,3
Kirschen (süß)	64	10	Spuren	33	34	0,2	16	25	0,4
Kirschen (sauer)	60	12	Spuren	10	17	0,6	10	17	0,6
Pflaumen	53	6	Spuren	70	35	0,5	13	23	0,4
Pfirsiche	46	11	Spuren	40	50	0,8	10	30	0,6
Aprikosen	54	7	1	40	53	0,8	14	24	0,6
Johannisb. (rot)	37	32	Spuren	44	20	0,2	25	32	0,9
Johannisb. (schwarz)	46	170	Spuren	54	28	0,3	17	28	0,9
Stachelbeeren	44	35	Spuren	16	18	0,2	20	30	0,6
Himbeeren	40	25	—	20	50	0,3	40	44	1,0
Brombeeren	48	17	Spuren	30	40	0,4	30	30	0,9
Weintrauben	74	4	—	40	35	0,2	15	26	0,5
Erdbeeren	39	59	—	30	70	0,4	26	33	0,9
Apfelsinen	54	50	Spuren	70	50	0,3	44	23	0,5
Banane	90	11	Spuren	40	50	0,7	10	30	0,5

Tabelle 7. Empfehlungen der "Deutschen Gesellschaft für Ernährung" für die tägliche Nährstoffzufuhr Erwachsener (25 Jahre) mit vorwiegend sitzender Tätigkeit (150). Mittlere Verluste bei Zubereitung (20% bei Vit. A, B_1, B_2, B_6 und rd. 40% bei Vit. C) wurden in der Tabelle berücksichtigt.

Energie in Kalorien und Joule				Protein g/kg Körpergew.	Essent. Fetts. g	Na	Cl	K	Ca		P		Mg		Fe[2]		Fluorid	J
kg Cal		kg J*							m.	w.	m.	w.	m.	w.	m.	w.		μg
m.	w.	m.	w.						mg									
2600	2200	10900	9200	0,9	10	2–3	3–5	2–3	800	700	800	700	260	220	12	18	1,0	150

Vit. D	Fol-säure	Vit. B 12	Vit. A[1]	Vit. E	Vit. B_1		Vit. B_2		Niacin	Vit. B_6[4]		Pantothensäure	Vit. C
					m.	w.	m.	w.		m.	w.		
μg			mg										
2,5	400	5	0,9[3]	12	1,6	1,4	2,0	1,8	9–15	1,8	1,6	8	75

[1]) Retinol-Äquivalente (Retinol-Bildung aus A-Provitaminen beim Menschen)
[2]) Nicht menstruierende Frauen = 13 mg Eisen
[3]) Erwachsene über 65 Jahre: 1,1 mg Vitamin A
[4]) Erwachsene über 65 Jahre: 2,4 mg Vitamin B_6

* Neuerdings Joule (J): eine kg-kalorie (kcal = 4,184 kJ)
Umrechnungsfaktor: auf kJ = 4.184 von kJ auf kcal = 0,239.

minen und Mineralstoffen pflanzlicher Produkte keinesfalls ab. Rinderfilet hat kein Vitamin C und kein Carotin. Es zeichnet sich nur durch hohen Niacin-Gehalt (4,6 µg/100 g) aus. Diesem Wert kommt nur die reife Erbse mit 3,0 nahe. Reife Erbsen übertreffen aber das Rinderfilet in allen anderen wertgebenden Inhaltsstoffen, z.T. ganz beträchtlich. Allerdings halten reife Erbsen mit 370 kcal – zusammen mit dem hier nicht aufgeführten Reis (368 kcal) die absolute Spitze pflanzlicher Nahrungsmittel, wenn man von dem pflanzlich/tierischen Verarbeitungsprodukt, Milchschokolade, mit 560 kcal absieht.

Übrigens sind nach den Hülsenfrüchten die Brotarten die kalorienreichsten Lebensmittel pflanzlicher Herkunft. Vollkornbrot hat 20 Kalorien weniger als Weißbrot (Tab. 5).

Wie sich aus den Zahlen der 2. Übersicht (Tabelle 6) ergibt, ist Obst ebenfalls kalorienarm. Es weist gleichfalls hohe bis sehr hohe Vitamin C-Gehalte (schwarze Johannisbeeren) und in einem Fall (Aprikosen) auch – allerdings nur mäßige – Carotin-Gehalte (1 mg/100 g) auf. Im Vergleich zu vielen Gemüsen sind die Vitamin B- und die Mineralstoffgehalte der Obstarten meist geringer.

In den Tabellen nichtaufgeführte tierische Produkte erreichen eine einsame kalorienreiche Höhe mit - im Vergleich zu kalorienreichen Hülsenfrüchten – weit geringeren Vitamin- und Mineralstoffgehalten. Hier sind zu nennen Schweinebauch und Leberwurst mit je 450, Mettwurst mit 541, Frühstücksspeck mit 658, Butter mit 777 und fetter Speck mit 855 kcal.

Wenn Butter als tierisches Fett genannt wird, mussen auch, z.B. vitaminiertes Pflanzenfett (Margarine) mit 733 kcal sowie Maiskeim- und Olivenöl mit je etwa 930 kcal Erwahnung finden.

Die Gehaltszahlen wertgebender Inhaltsstoffe in Nahrungsmitteln besagen noch nichts über den Bedarf des Menschen, der bekanntlich nicht gleich ist. Zwischen dem sitzenden und dem körperlich arbeitenden Menschen bestehen ebenso Unterschiede, wie zwischen den verschiedenen Entwicklungsstufen, vom Säugling angefangen bis zum 18jährigen Jugendlichen. Auch muß der unterschiedliche Bedarf an einzelnen wertgebenden Inhaltsstoffen bei männlichen und weiblichen Personen sowie der Mehrbedarf bei schwangeren Frauen vom 6. Monat ab und von Stillenden berücksichtigt werden (54, 55).

In Tabelle 7 sind zur Grundorientierung nur Bedarfswerte des sitzenden Erwachsenen angeführt (vgl. (55)), wobei allerdings für viele dort angeführte Spurenelemente und Vitamine verläßliche Gehaltszahlen für Nahrungspflanzen fehlen.

Täglich 2.600 kcal für Männer, 2.200 für Frauen müssen für Erwachsene mit überwiegend sitzender Tätigkeit bereitgestellt werden.

Natrium und Chlorid – die zunächst erwähnten Stoffe der Tabelle – können außer Betracht bleiben, da sie als Kochsalz (NaCl) mit unserer Kost in ausreichenden, meist sogar übermäßigen Mengen zugeführt werden und daher unbedingt einer Kompensation durch Kalium bedürfen (55).

Der in Tabelle 7 angeführte Kaliumbedarfswert von 2,5 g/Tag kann von ca. 200 g Weißen Bohnen, 220 g reifen Erbsen, 400 g Linsen oder 450 g Kartoffeln oder einem anteilsmäßigen Gemisch verschiedener kaliumreicher Erzeugnisse bereitgestellt werden (vgl. (9) S. 144). Vergleichsweise wären zur Deckung des entsprechenden täglichen Kaliumbedarfs durch Rinderfilet eine Menge von etwa 700 g erforderlich.

Auch beim Calcium ließe sich ein, sogar noch treffenderer Vergleich anstellen. Mit 6.250 g Rinderfilet würde der mittlere Tagesbedarf des Erwachsenen von 750 mg Ca/Tag gedeckt sein. Dagegen könnten ca. 350 g Grünkohl dafür genügen.

Noch extremer zugunsten der Nahrungspflanzen würden diesbezügliche Berechnungen für Vitamin C und Carotin ausfallen, allerdings umgekehrt auch für Vitamin B_{12} (s. Tabelle 7).

Abgesehen vom Niacin, könnten auch solche Wertungen für Vitamin B_1 und B_2 meist zugunsten der pflanzlichen Nahrungsmittel ausfallen, zumal die heute vielfach verschmähten reifen Hülsenfrüchte über sehr

Tabelle 9. Gehalt an Nichteiweiß-N in % des Gesamt-N beim Gemüse im Vergleich zum Getreide und zum Rindfleisch.

Gemüsegruppen	Nichteiweiß-N in % des Gesamt-N		
	Minimum	Mittel	Maximum
1. Blattgemüse	(14)	35	(77)
2. Knollen- und Wurzelgemüse einschl. Kartoffeln	(38)	63	(80)
3. Hülsenfrüchte			
a) reif (Korn)	(7)	12	(16)
b) unreif (Korn)	(36)	40	(50)
c) Hülse und Korn	(31)	39	(45)
4. Fruchtgemüse einschl. Erdbeeren	(42)	59	(72)
5. Lauchgemüse	(23)	52	(77)
6. Blüten-, Stengel- und Sproßgemüse	(22)	46	(71)
Gemüse insgesamt	(7)	43	(80)
Desgl., aber ohne reife Hülsenfrüchte	(14)	48	(80)
Getreide zum Vergleich	(5)	10	(16)
Rindfleisch, schieres	(-)	7	(—)

Aus W. Schuphan, Gemüsebau auf ernährungswissenschaftlicher Grundlage. H. A. Keune-Verlag, Hamburg, 1948.

bedeutende Gehalte an B_1- und B_2-Vitaminen verfügen. Darauf ist auch später noch zurückzukommen.

Die Biologische Wertigkeit von pflanzlichem Eiweiß und die Bedeutung von Pflanzeneiweiß für die Ernährung wurde seit etwa 100 Jahren mehr oder minder in Frage gestellt. Tierisches Eiweiß galt als vollwertig, pflanzliches pauschal als minderwertig. Wie wir noch sehen werden, blieben damit bei Nahrungspflanzen und deren eßbarem Anteil die großen taxonomischen, morphologisch-anatomischen, genetischen und züchterischen Verschiedenheiten unberucksichtigt, die aber entscheidend bei einer differenzierten Beurteilung notwendig sind (43).

Zwar weisen pflanzliche Nahrungsmittel – insbesondere Fruchtgemüse und Obst – nur geringe bis sehr geringe Eiweißgehalte auf, während reife Hülsenfrüchte mit Fleisch direkt vergleichbare hohe Eiweißgehalte besitzen (vgl. Tab. 8).*

Eine weitere Tabelle 9 soll die beim Vergleich pflanzlicher Eiweisse recht trügerische Rolle des Rohproteins beleuchten, die oft in der Ernährungsphysiologie Verwirrung stiftete. Dazu zunächst im folgenden einige Erläuterungen und weitere Ergänzungen.

Wir unterscheiden zwischen Rohprotein (Gesamt-N × 6,25**, Reinprotein (Eiweiß-N*** × 6,25) und dem Relativen Eiweißgehalt (Eiweiß N in % Gesamt N). Der Relative Eiweißgehalt ist eine wertvolle Kennzahl, die nicht nur in morphologisch/anatomisch verschiedenen Pflanzenteilen unterschiedliche physiologische Funktionen charakterisiert, wie Stoffablagerung, Stofftransport und Photosynthese. Sie verschafft auch Einblick in die Hohe der Eiweißbildung bei der Dungung, z.B. bei steigenden N-Gaben und bei Sortenvergleichen (9, 21).

Eine weitere, allerdings schwieriger zu erhaltene Kennzahl mit analogem Anwendungsbereich ist der EAS-Index nach Oser (vgl. auch (56)), eine rechnerische Große fur die Biologische Wertigkeit von Proteinen, die sich aus dem jeweiligen Gehalt an essentiellen Aminosauren ergibt. Die essentiellen Aminosauren des zu vergleichenden Proteins werden als Prozentsatz der betreffenden Aminosaure im Standardprotein (Vollei oder neuerdings Muttermilch (Schwerdtfeger und Schuphan (43)) ausgedruckt.

Der EAS-Index ergibt sich dann als geometrisches Mittel dieser Prozentsatze. Fruher bezog man den EAS-Index auf 8 essentielle Aminosäuren. Da nach Angaben der 'Recommended Dietary Allowances' 1974 (54) auch Histidin fur den Erwachsenen als essentiel anzusehen ist, wird neuerdings auch diese Aminosaure in die Berechnung miteinbezogen. Der EAS-Index nach B. L. Oser (56) hat sich bisher bei uns fur die Betrachtung des Einflusses anthropogener Faktoren auf die Biologische Wertigkeit – genauso wie der Relative Eiweißgehalt – gut bewahrt. Der EAS-Index steht – mindestens fur bestimmte Erzeugnisse (vgl. (21) S. 88-90) – in enger Korrelation zur biologischen Eiweißwertigkeit, wie sie im Tierversuch bestimmt werden kann.

Nun zurück zur Übersicht (Tab. 9): Ohne reife Hülsenfrüchte weisen Gemüse, einschließlich Kartoffeln, im Mittel aller Arten in ihrem Rohprotein fast die Hälfte, nämlich 48% Nichteiweiß auf, z.B. präformiertes NH_3, NO_3, Amide, freie Aminosäuren und eine Reihe weiterer

---

* S. Ausschlagseite nach Textschluß am Ende des Buches.
** In der irrigen Annahme alle Eiweißkorper wurden genau 16% N enthalten.
*** Eiweiß-N = durch Trichloressigsaure gefallte N-Fraktion.

Tabelle 10.

Nahrungsmittel	Rohprotein (Gesamt-N · 6,25)	Reinprotein (Reineiw.-N ⋎ 6,25)	Relativer Eiweissgehalt (Einw. N in % Ges. N) R.E.G.	EAS-Index*
Rindfleisch (mager)	24,7	22,8	93	?
1 Sojabohnen	30,8	28,8	93	72
2 Linsen	23,3	19,6	84	57
3 Erbsen, reif	19,8	17,7	90	67
4 W. Bohnen	18,2	15,6	86	70
5 Pahlerbsen	6,6	4,1	63	49
6 Puffbohnen	5,7	3,6	64	55
7 Markerbsen	5,4	2,7	50	?
8 Blattpetersilie	4,7	4,0	86	?
9 Grunkohl	3,6	3,0	81	73
10 Rosenkohl	3,5	2,8	79	73
11 Fruhkartoffeln	3,3	0,9	28	?
12 Herbst-Spinat	3,0	2,1	71	69
13 Kohlrabiknolle	2,8	0,5	28	40
14 Schnittlauch	2,4	1,7	76	?
15 Fruhj.-Spinat	2,4	1,8	76	70
16 Feldsalat	2,2	1,8	79	71
17 Gr. Bohnen	2,1	1,2	57	70
18 Blumenkohl	2,1	1,5	75	70
19 Spatkartoffeln	2,0	1,3	64	73
20 Spargel	2,0	0,9	46	44
21 Fruhwirsing	1,9	0,9	45	58
22 Treibkohlrabi	1,9	0,5	28	40**
23 Stangenbohnen	1,8	1,0	55	?
24 Spat-Rotkohl	1,8	0,4	23	44
25 Fruh-Porree	1,8	1,0	54	64
26 Chinakohl	1,8	1,3	74	56
27 Rote Bete	1,7	0,5	28	?
28 Wurzelpetersilie	1,7	0,8	50	?
29 Knollensellerie	1,6	0,7	41	?
30 Wachsbohnen	1,6	0,9	55	?
31 Dauerzwiebeln	1,6	0,5	28	?
32 Endivien (gebleicht)	1,6	0,5	33	?
33 Gemusepaprika	1,5	0,6	44	?
34 Madeirazwiebeln	1,5	0,3	23	?
35 Spatwirsing	1,4	0,6	42	47
36 Spatrettich	1,3	0,5	36	?
37 Chikoree	1,3	0,4	29	51
38 Treibtomaten	1,3	0,5	35	?
39 Fruhmohren	1,2	0,8	61	52**
40 Kohlruben	1,1	0,3	26	52
41 Kopfsalat	1,0	0,6	56	51
42 Freilandtomaten	0,9	0,4	43	?
43 Spätmohren	0,7	0,3	41	52
44 Spätweißkohl	0,6	0,2	27	43
45 Treibgurken	0,6	0,2	27	?

* EAS-Index nach B.L. Oser, berechnet auf 8 Essentielle Aminosáuren.
** = Spatkohlrabi, · Spätmöhren.

N-haltiger Pflanzenbestandteile. Bei Knollen- und Wurzelgemüse ist der Anteil von Nichteiweiß besonders hoch (63%) und somit der an Reineiweiß mit 37% recht gering, wobei starke Schwankungen beim Nichteiweiß von 38 bei Frühmöhren bzw. 80% bei Schwarzwurzel auftreten. Sehen wir von reifen Samenträgern, Getreide und Hülsenfrüchten, ab, die Reineiweiß in größeren Mengen als Reserve zum späteren Auskeimen speichern, so schneiden Blattgemüse im Mittel mit 35% Nichteiweiß recht günstig ab. Allerdings schwanken die Werte stark, nämlich von 14 (Blattpetersilie) und 77% (Rotkohl).

Dieser Befund gab zunächst Anlaß, durch eine Übersicht (Tab. 10) zu prüfen, ob Gemüsearten mit freiinserierten Blättern (wie bei der Blattpetersilie) immer hohe, solche in einer Großknospe (Kopf) eingeschlossenen Blätter immer niedrige 'Relative Eiweißgehalte' (REG) besitzen.

In der Tat lassen unsere Tabellenwerte diesen Schluß zu.

So weisen – neben Blattpetersilie mit dem höchsten REG von 86% – Frühjahrs-Spinat, Schnittlauch, Feldsalat und Grünkohl sowohl hohe Werte für den REG mit 76 bis 81%, als auch hohe für den 'Essentiellen Aminosäuren Index' (EAS-Index) von 69–72 auf.

Der EAS-Index nach B. L. Oser (56) charakterisiert bei solchen oder ähnlichen Vergleichen die 'Biologische Eiweißwertigkeit', kurz die Eiweißqualität einer Nahrungspflanze.

Dagegen haben festgeschlossene Köpfe der späten Sorten von Rot- und Weißkohl sowie die noch nicht aufgebrochenen unterirdischen Knospen von Chikoree sehr niedrige Werte des REG von 23 bis 29%. Diese Werte korrespondieren ebenfalls mit niedrigen EAS-Indices von 43 bis 51. Ein lockerer gebauter Kopf, z.B. des Spätwirsings, weist einen höheren REG-Wert von 42%, aber einen kaum günstigeren EAS-Index von 47, auf.

Zwischen beiden Extremen, freiinserierte und in einem Kopf eingeschlossene Blätter, liegen lockere oder zeitlich nur kurze Kopfschlüsse aller Variationen. Hier sind zu nennen, Kopfsalat, Chinakohl und Rosenkohl mit Werten des REG von 56 bis 79% bzw. von 51 bis 73 der EAS-Indices.

Dies erhärtet die Auffassung, daß Lichtausschluß der entscheidende Faktor sein muß.

Um dies schlüssig zu beweisen, führten wir physiologisch-chemische Studien durch und fanden eine eindeutige Bestätigung. Die Tabelle 11 veranschaulicht dies. Die Werte besagen im einzelnen:
a) Der Lichtausschluß der Innenblätter, der – gegenüber freiinserierten Blättern – durch Bildung einer Großknospe (Kopfbildung) auftritt, resultiert in einem mehr oder minder schroffen Rückgang fast aller, in der Tabelle 11 angeführten Gehalte, so an Roh- und Reinprotein, einschließlich der essentiellen Aminosäuren sowie an anderen Wertstoffen,

Tabelle 11. Einfluß der Kopfbildung bei *Brassica oleracea* L. auf den N-Haushalt, den Schwefel- und Carotingehalt sowie den Gesamt-Chorophyllwert der Pflanzen (alle Werte bezogen auf Frischgewicht). (Nach W. Schuphan) (57).

Kohlart	Besondere Bemerkung	Gesamt-N %	Eiweiß-N %	Relativ. Eiweißgeh.	Eiweißqualität EAS-indices für 8 EAS	Lysin	Methionin	S	Carotin	Gesamt-Chlorophyll
						g in 100 g Rohprotein		mg in 100 g		K-Wert 100 g/100 cm^3
Grünkohl (Ernte: 10.10.1955)	Blätter ohne Mittelrippen	0,58	0,47	81	73	7,0	—*	172	1,8	49,2
Weißkohl (Unters.: 12.12.1956)		0,24	0,09	37	43	3,7	—*	74	ohne Befund	ohne Befund
Adventivwirsing (Unters.: 6.6.1956)										
a) A.-Schnittkohl (rosettenartiger offener Typ)	ganze Rosette	0,64	0,41	64	75	6,7	1,0	112	1,0	83,0
b) A.-Kopfkohl (lockere Kopfbildung)	ganzer Kopf	0,45	0,24	53	58	5,8	0,8	75	0,2	15,2

* Gefundene Werte infolge abgeänderter Methodik nicht vergleichbar

aber mit Ausnahme des Gesamtzuckers. *Dieser Rückgang an wertgebenden Inhaltsstoffen ist abhängig von der zeitlichen Dauer des Kopfschlusses und von der Festigkeit der Kopfbildung, die die Photosynthese praktisch ausschliessen und den sonstigen Stoffwechsel der Pflanze stark negativ beeinflussen.*

b) Morphologisch/anatomisch stark ausgeprägte, Leitbündel führende Blattmittelrippen, wie beim Grünkohl und – im Kopf verborgen – beim Weißkohl, sind erheblich ärmer an wertgebenden Inhaltsstoffen, einschließlich der essentiellen Aminosäuren und des Reinproteins, als das übrige plasmareiche Blattgewebe (57).

Die beobachteten morphologisch-chemischen Korrelationen bei Blattgemüsen veranlassen dazu, nach weiteren diesbezüglichen Beziehungen zu suchen:

Die Gemüsefrüchte besitzen sehr geringe bis mäßige Gehalte an Roh- und Reinprotein sowie an Relativem Eiweiß. Der REG reicht vom Tiefstwert 27% bei der wasserreichen Cucurbitacee, Treibgurke, über 35 bei Treib- und 43 bei Freilandtomaten bis zu 44% bei wasserarmem Gemüsepaprika. Alle drei sind Vertreter der Solanaceen.

Von den Gemüsen mit Speicherwurzeln liegen Spätrettich mit 36, Spätmöhren mit 41, Wurzelpetersilie mit 50 und Frühmöhren mit 61% REG unerwartet hoch.

Die Vertreter mit Hypokotyl- bzw. Stammknollen, Kohlrüben, Treib- und Freilandkohlrabi sowie Rote Bete, die fälschlich zu den Wurzelgemüsen gezählt werden, haben dagegen sehr niedrige Relative Eiweißgehalte, die sich in morphologisch-chemischer Relevanz um nur 26 bis 28% gruppieren.

Aus den Werten der Tabelle ist weiterhin zu folgern, daß der Relative Eiweißgehalt in den meisten Fällen positiv korreliert mit dem essentiellen Aminosäuren-Index. Der Gebrauch der REG-Werte und der EAS-Indices hat sich bisher hervorragend bewährt, zum bewertenden Vergleich verschiedener Nahrungspflanzen, aber auch zur Beurteilung von Sorten und von verschiedenen Düngungsstufen (s. Spezialabschnitte).

In einer 1976 erschienenen Arbeit von E. Schwerdtfeger und W. Schuphan (43) brachten Vergleiche der einzelnen, bereits genannten morphologisch differenzierten Gemüsegruppen und des Obstes charakteristische Spektren der Aminosäuren und der EAS-Indices. Aus Raummangel kann hier darauf nicht näher eingegangen werden.

Der EAS-Index eignet sich nicht – wie Kraut 1976 (59) darlegte – zur Beurteilung der Biologischen Eiweißwertigkeit von Gemischen, z.B. aus Nahrungspflanzen verschieden hoher Biologischer Wertigkeit. Hier können analytisch bisher nicht erklärbare Aufwertungen der Eiweißqualität von Diäten im Kinder- und Erwachsenen-Versuch beobachtet werden. Dies stellten Kofranyi & Jekat (46) durch ihre experimentellen Untersuchungen an Studenten in den sechziger Jahren in Dortmund, Kraut und Mitarbeiter 1970 (58) und 1976 (59) an eingeborenen Kindern in Tansania fest.

So ermittelten Kofranyi & Jekat (46) in zahlreichen Ernährungsversuchen mit Erwachsenen, daß Kartoffelprotein, das zu etwa 2% in den Knollen enthalten ist, fast dieselben täglichen Minimalmengen an Eiweiß/kg Körpergewicht erfordert, um eine ausgeglichenen Eiweißbilanz zu erzielen, wie das Eiweiß des Hühnervolleis. Der hohe ernährungsphysiologische Wert des Kartoffelproteins war an sich seit über 50 Jahren bekannt (vgl. (28, 29)). Neu war aber folgendes:

Werden dem Erwachsenen kombiniert 2/3 Kartoffeleiweiß und 1/3 Hühnervollei – in anderen Worten 500 g Kartoffeln und ein Hühnerei – verabfolgt, so ergeben sich die geringsten Eiweißbedarfswerte, die je ein Forscher ermittelt hat. Daß sich diese Nahrungskombination klinisch als Diät für Nierenkranke mit großem Erfolg bewährte, sei nur noch am Rande vermerkt.

Kraut (58, 59) hatte durch seine Untersuchungen in Ostafrika an mangelernährten Kindern eine signifikante Rehabilitierung ihres Ernährungszustandes herbeiführen können, und zwar mit einem gemahlenen Gemisch von einem Teil reifer Phaseolus-Bohnen und zwei Teilen Mais, wobei sicherlich die zur Behebung des Vitamin A-Mangels mitverabfolgten grünen Gemüse auch 'einen Beitrag zur Proteinversorgung und zur Verbesserung der biologischen Wertigkeit' (58, 59) geleistet haben dürften.

Aus diesen Befunden können zwei fundamentale Schlüsse gezogen werden:

1. Die Kartoffel ist mit einem Kaloriengehalt* von 85 je 100 g Frischsubstanz relativ kalorienarm. Das von ihr – selbst von Menschen, die es eigentlich besser wissen müßten – oft entworfene Bild eines dickmachenden, von Schlankheitsbewußten zu vermeidenden, leeren Kalorienträgers (28, 29, 175) ist absolut falsch, was ja auch ihre überragende Rolle in Notzeiten eindeutig unter Beweis stellte.

Jugoslawische Ernährungsforscher hatten übrigens 1957 in Paris bekannt gegeben (69), daß – dank des hohen Gehalts der Kartoffel an Tryptophan und an Niacin – der Bevölkerung in typischen jugoslawischen Maisanbaugebieten eine tägliche Kartoffelzulage von 500 g zur einseitigen Maiskost verabfolgt wurde, die die gefürchtete Vitamin B-Mangelkrankheit, die Pellagra, zum völligen Verschwinden brachte.

Pellagra verursacht schwere physiologische Schäden, Geschwure in der Mundhohle, Magen- und Darmstorungen mit Durchfällen und Blutungen, krankhafte Hautveränderungen und Schädigung des Zentralnervensystems.

2. Gemische ('Quer durch den Garten') aus verschiedenen Gemüsearten und Kartoffeln, wie sie als Hauptbestandteile der Eintopfgerichte während und unmittelbar nach dem zweiten Weltkrieg üblich waren,

* Neuerdings Joule (J): Eine Kg-Kalorie (Kcal) = 4,184 KJ.
  Umrechnungsfaktor: auf KJ = 4,184;
                      von KJ auf Kcal = 0,239 (vgl. (59), S. 25).

kann man ernährungsphysiologisch durchaus als vollwertig ansehen, insbesondere, wenn auch geringe Anteile an reifen Hülsenfrüchten beigefügt werden.

c. Qualitätsbewertungen

Über die Qualität pflanzlicher Nahrungsmittel eine allgemeingültige Aussage zu machen, die alle Beteiligten befriedigt, scheitert an der komplexen Natur des Begriffs. Der Begriff 'Qualität' orientiert sich an ganz verschiedenen subjektiven und objektiven Anforderungen der jeweiligen Interessentengruppe: Erzeuger, Handel, Verarbeiter und Verbraucher. Er ist nicht, wie in einem möglichen Idealfall, für alle Interessentengruppen gleichgerichtet, er läuft häufig divergent (21).

Für den *Erzeuger* muß in erster Linie der Anbauwert, z.B. einer Apfel- oder einer Möhrensorte, hervorstechendes Wertmerkmal sein. Der vielschichtige Anbauwert wird genetisch und ökologisch bedingt und ist gekennzeichnet durch erwünschte hohe Erträge von höchstmöglichem Marktwert. Dabei spielen eine entscheidende Rolle für die Wirtschaftlichkeit des Anbaues ein optimaler Einsatz an Produktionsmitteln, von Düngern und Pestiziden, eine möglichst leichte, mechanisierbare Ernte von Feld- und Gartenfrüchten, eine gute Haltbarkeit bei Transport und Lagerung sowie leichte Absetzbarkeit zu guten Preisen.

Darst. 1

Am Anbauwert des Erzeugers ist der *Händler* nur teilweise interessiert, z.B. an guter Haltbarkeit der Erzeugnisse und ihrem leichten Absatz zu vorteilhaften Preisen, was wiederum auch durch geeignete Sortenwahl bedingt wird. Daneben interessiert ihn für den Handelswert seiner möglichst makellosen Ware u.a. ihr vorteilhaftes Aussehen. Gut sortiert, in ansprechender Verpackung soll sie dem Verbraucher attraktiv erscheinen und zum Kauf anregen. Das Auge ißt bekanntlich mit.

Zur besseren Vermarktung – auch über Landesgrenzen hinweg – wurden für den Handel sog. 'Handelsklassen', angelsächsisch 'Standards', heute 'EG-Qualitätsnormen' geschaffen. Sie orientieren sich vornehmlich an äußeren Wertmerkmalen, z.B. an Größe, Form, Farbe, Fehlerfreiheit (Darst. 1), was vom Anbau her einen relativ hohen Aufwand an Düngemitteln und Pestiziden erfordert.

Dem Verbraucher bescheren sie aber möglicherweise als 'Danaergeschenk' Geschmackseinbußen, verminderte Haltbarkeit sowie Rückstände an Pestiziden und/oder deren Metaboliten (60, 61). Der Vorwurf einer verkaufsfördernden Kosmetik, die echte Qualität verdeckt, ist hart, in vielen Fällen aber berechtigt. Wir sehen daraus, daß man den 'Anbauwert' des Erzeugers mit dem 'Handelswert' des Händlers nicht zur Deckung bringen kann, daß beide Begriffe aber auch mit der Qualitätsvorstellung des aufgeklärten Verbrauchers wenig gemein haben.

Der Qualitätsbegriff, wie er sich vom Standpunkt des *Verbrauchers* zwangsläufig ergeben muß, kann an einem Beispiel aus der Technik erläutert werden (9, 21, 60):

Ein Verbrennungsmotor – hier im Vergleich der menschliche Organismus – wird in seiner Lebensdauer begrenzt durch seine Qualität, aber auch durch die Qualität der verwendeten Schmieröle und Kraftstoffe – vergleichbar mit qualitativ hochwertigen Lebensmitteln. Ansprechendes Aussehen von Motor, Schmieröl und Kraftstoff ist für Leistung, Wirkungsgrad und Lebensdauer völlig bedeutungslos, wohl aber Materialqualität des Motors und chemische Beschaffenheit bei Öl und Kraftstoff.

Obwohl man den sinnenphysiologischen Reiz des menschlichen Auges, auch zur Anregung des Appetits, nicht unterschätzen sollte, dürfte doch folgender Analogieschluß richtig sein: *Anbauwert und Handelswert haben für die Qualitätsbeurteilung durch den Verbraucher nur bedingt Bedeutung.* Ein spezielles, auf Verbraucher und Verarbeiter ausgerichtetes Bewertungssystem ist vonnöten. Es muß auf der gegebenen Situation einer Handelsklassenbewertung aufbauen und – analog zum angeführten technischen Beispiel – die pflanzlichen Erzeugnisse *auch nach Gesichtspunkten der Ernährungsphysiologie und der Gesunderhaltung mitbewerten.* Denken wir daran, daß gerade die pflanzlichen Erzeugnisse im Vitamin C- und Provitamin A-Gehalt, in den Gehalten an Mineralstoffen und Spurenelementen sowie an geschmackgebenden organischen Säuren und physiologischen Duft- und Schmeckstoffen, an stoffwechselregelnden und antimikrobiell wirkenden ätherischen Ölen, für die Gesunderhaltung von Mensch und Nutztier wichtig sind.

Darst. 2

Schematische Darstellung des Qualitätsbegriffs bei pflanzlichen Nahrungsmitteln

nach W. Schuphan

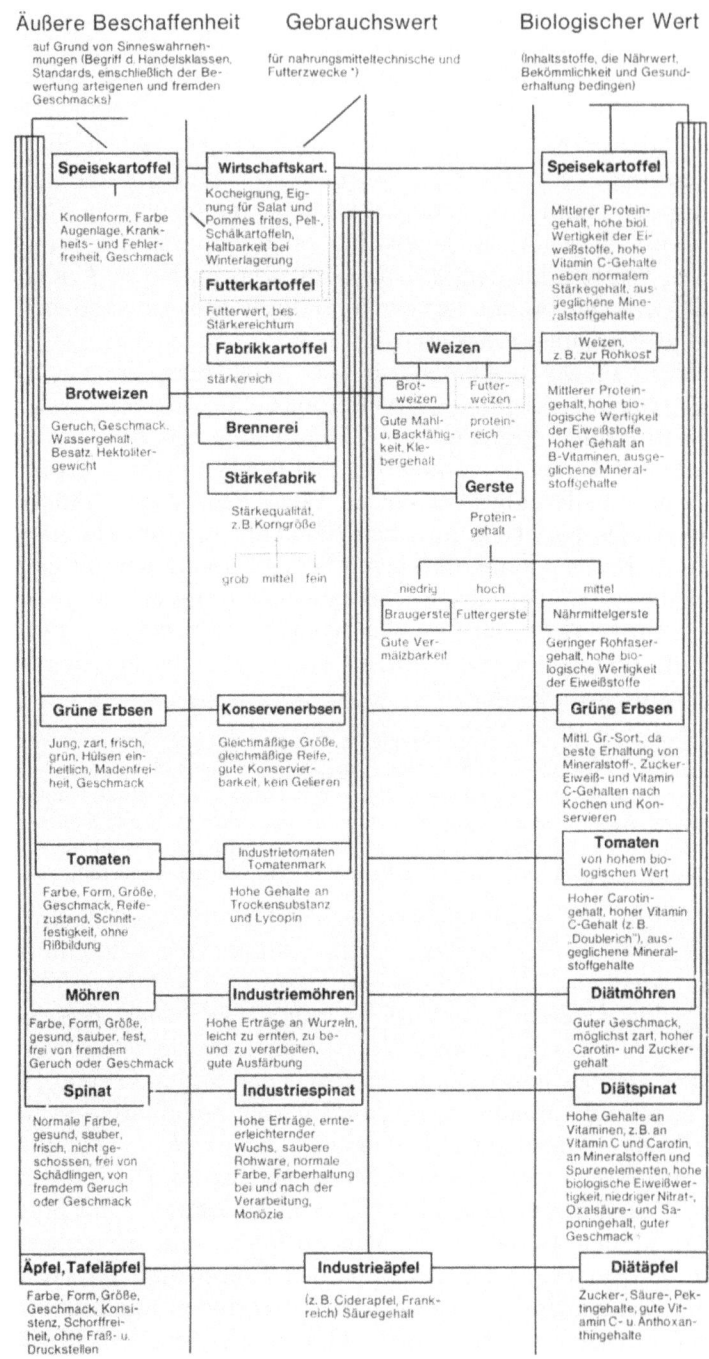

Unter Berücksichtigung der eingangs erwähnten Beschränkungen erarbeiteten wir 1953 in der Bundesanstalt für Qualitätsforschung pflanzlicher Erzeugnisse, Geisenheim, ein Begriffssystem zur Beurteilung der Qualität von Nahrungspflanzen, das dem Stand neuester Erkenntnisse angepaßt wurde. Es ist geeignet, praktisch alle pflanzlichen Erzeugnisse in das dreigeteilte System
'Äußere Beschaffenheit',
'Gebrauchswert' und
'Biologischer Wert'
einzuordnen (vgl. Darst. 2).

Der Biologische Wert kann – darüber muß man sich im klaren sein – letztlich nur durch den Ernährungsversuch am Menschen eindeutig bestimmt werden. Dennoch läßt er sich in gewissen Grenzen meß- und reproduzierbar mit Hilfe einzelner wertgebender Inhaltsstoffe kennzeichnen, was besonders auch für die Bewertung von Sorten, Neuzüchtungen und Kulturmaßnahmen von großer Bedeutung ist. Dazu seien einige Beispiele gegeben, die durch Abbildungen zu erläutern sind:

Das Grundprinzip unseres Qualitätsschemas geht aus der Abbildung klar hervor, z.B. für Kartoffeln. Es soll aber des weiteren durch zwei pflanzliche Nahrungsmittel erläutert werden, durch den Apfel und durch die für die Kinderernährung wichtige Möhre.

Wie aus Tabelle 12 ersichtlich ist, variieren Äpfel je nach Sorte stark in ihrem Vitamin C-Gehalt. Bekannte Apfelsorten, die zu verschiedenen Zeiten genußreif werden, wie 'Freiherr von Berlepsch', 'Ananas-Renette', 'Ontario', 'Winter-Goldparmäne', 'Boskoop' und 'Weißer Klarapfel' sind sehr Vitamin C-reich, dagegen enthalten z.B. 'James Grieve', 'Prinzenapfel', 'Morgenduft' und 'Geheimrat Oldenburg' sehr wenig bzw. praktisch kaum Vitamin C. Die heute vielbegehrte Sorte 'Golden Delicious' mit einem recht eigenartigen, viele Verbraucher ansprechenden Aroma ist ebenfalls arm an Vitamin C.

Man mag der Ansicht sein, der Vitamin C-Gehalt des Apfels spiele eine nur untergeordnete Rolle gegenüber den sonstigen Werteigenschaften des Apfels, schätzt man doch bei dieser Frucht – neben dem ansprechenden Farbenspiel – vor allem die erfrischende Apfelsäure und den Wohlgeschmack. Fachleute bewerten auch den Mineralstoffgehalt des Apfels hoch. Als 'Pausenapfel' hat er auch für das Schulkind Bedeutung erlangt. Ein genügend hoher Vitamin C-Gehalt ist für diesen Zweck erwünscht, da das lebensnotwendige Vitamin C nach *Prokop* auch leistungssteigernd wirkt.

Unter diesem Aspekt sollte man den Darst. 3 und 4 Beachtung schenken. Der 'Berlepsch' erfüllt alle an einen Pausenapfel zu stellende Forderungen. Er ist appetitanregend gefärbt und nur mittelgroß – also von einem Kind gut zu bewältigen – er besitzt einen erfrischenden Wohlgeschmack und verfügt über einen Vitamin C-Gehalt, der dem der Zitrusfrüchte gleichkommt. Um dieselbe Vitamin C-Menge zu erhalten, müßte ein Kind von der Sorte 'Golden Delicious' sechs Früchte – also eine unzumutbare Menge – verzehren, falls der tägliche Vitamin C-

Tabelle 12. Ascorbinsäuregehalt von Apfelsorten

Lfd. Nr.	Apfelsorte	Vitamin C-Gehalt (Ascorbinsaure mg/100 g Frischsubst.)	Zahl der Untersuchungen	empfehlenden Landwirtschaftskammern 1951	Genußreife (Monat)
a) Vitamin C-reiche Sorten					
1	Apfel aus Croncels	26,4	10	12	IX–X
2	Gelber Edelapfel	25,1	7	3	XI–II
3	Freiherr v. Berlepsch	23,5	7	16	XII–III
4	Ananasrenette	21,1	6	8	XII–I
5	Ontario	20,6	1260	19	I–V
6	Wintergoldparmane	18,1	26	18	X–I
7	Schoner aus Boskoop	16,4	16	18	I–III
8	Baumanns Renette	16,2	11	7	I–III
9	Weißer Klarapfel	15,3	6	19	VIII
10	Kaiser Wilhelm	14,9	7	15	II–III
11	Rhein. Winterrambur	14,8	6	8	XII–V
12	Echter Altländer (Pfannkuchenapfel)	14,2	5	5	III–IV
13	Zuccalmaglios Renette	14,0	6	17	I–III
b) Vitamin C-arme Sorten					
14	Jonathan	8,8	45		
15	Golden Delicious*	8,0	10		
16	Gravensteiner	7,8	7		
17	James Grieve	6,8	5		
18	Minister von Hammerstein	5,1	10		
19	Landsberger Renette	4,7	11		
20	Prinzenapfel	4,5	1		
21	Kalterer Bohmer**	4,3	10		
22	Abbondanza**	3,7	10		
23	Morgenduft (Rome Beauty)**	3,6	10		
24	Geheimrat Oldenburg	3,1	2806		
25	Belfort**	2,9	10		

An der Geisenheimer Bundesanstalt für Qualitätsforschung untersuchte Proben schweizerischer* und italienischer** Herkunfte mit einbezogen. Auszug aus einer Tabelle von 134 Apfelsorten (62).

Bedarf mit 50 mg angesetzt wird und dem Kind der gesamte Tagesbedarf an Vitamin C mit einem Apfel zugeführt werden soll.

Darst. 4 zeigt Entwicklung und Wachstum von Meerschweinchen in Abhängigkeit von den in zwei verschiedenen Apfelsorten vorhandenen Vitamin C-Gehalten. Nur 6 g eines Vitamin C-reichen 'Ontario'-Apfels – an Meerschweinchen verfüttert – geben den gleichen Wachstumserfolg

Darst. 3

Den Tagesbedarf eines Erwachsenen an Vitamin C
— etwa 50 mg Ascorbinsäure —

enthalten:

SÜDFRÜCHTE

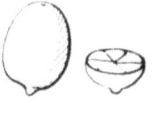

etwa 1 Apfelsine (161 g)   etwa 1¼ Zitronen (122 g)   etwa 11 Bananen (710 g)
29 % ungenießbarer Abfall   28 % ungenießbarer Abfall   43 % ungenießbarer Abfall
65 mg Vit. C   50 mg Vit. C   51 mg Vit. C

ÄPFEL

„Ontario"   „Freiherr von Berlepsch"   „Golden Delicious"

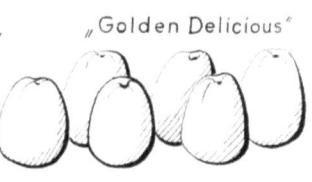

etwa 1 Apfel (310 g)   etwa 1 Apfel (230)   etwa 6 Äpfel (710 g)
3 % ungenießbarer Abfall   4 % ungenießbarer Abfall   10 % ungenießbarer Abfall
62 mg Vit. C   52 mg Vit. C   52 mg Vit. C

wie die 5fache Menge, also 30 g eines Vitamin C-armen Apfels der Sorte 'Geheimrat Oldenburg'.

An dieser Stelle sei eine Abschweifung zu einem Diskussionsbeitrag des Obstbauwissenschaftlers Prof. Dr. Fritzsche, Wädenswil, Schweiz – gestattet, der auf einer Qualitätstagung 1964 in der Schweiz zur Sprache kam (62):

'Leider wird in der Praxis bei der Wurdigung des Wertes einer Sorte nicht auf die Höhe der Inhaltsstoffe in erster Linie abgestellt. Man muß sich auch darüber im klaren sein, daß nicht nur der Obsterzeuger und der Konsument über den 'Wert', einer Sorte entscheiden, sondern auch die Großverteiler-Firmen ganz entscheidend mitsprechen. Dies ist wenigstens in der Schweiz so, wo diese Großverteiler einen hohen Prozentsatz des Detailhandels in der Hand haben. Das beste Beispiel ist der 'Berlepsch', dessen innerer Wert und innere Qualität jedem Obstfachmann bekannt ist. Hingegen weigerten sich in unserem Lande vor allem die Großverteiler, den 'Berlepsch' weiterhin als Handelssorte anzuerkennen'.

Das bestätigt auch unsere Erfahrungen aus dem Jahre 1954. Ein bekannter Frankfurter Feinkosthändler sagte, er hätte zwar für 'Berlepsch' einen großen, festen Kundenkreis, wisse aber nicht, woher er ihn be-

Darst. 4

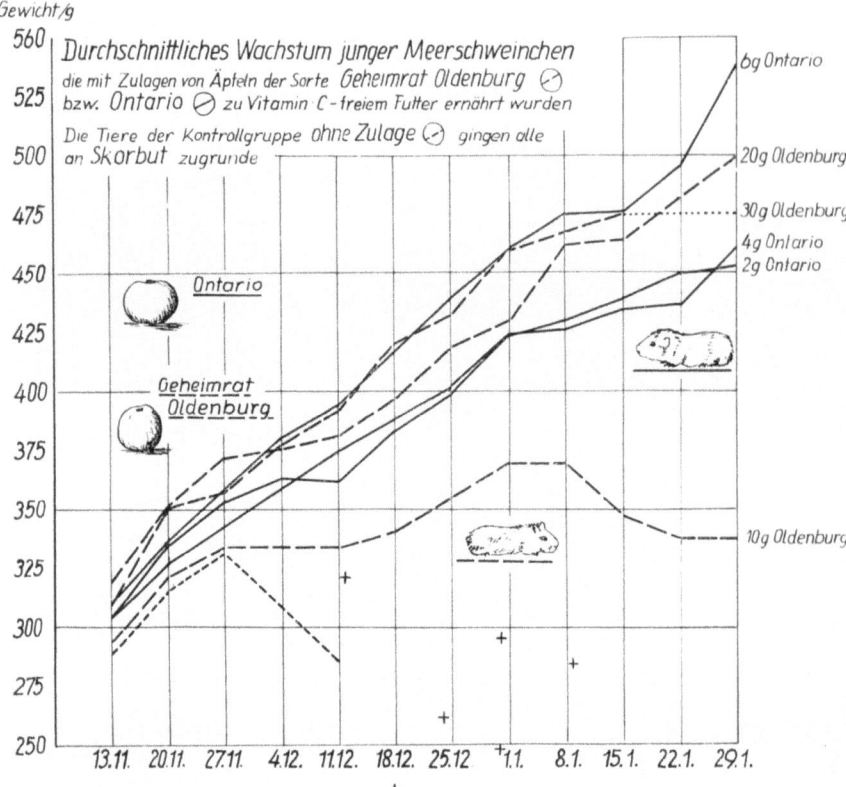

kommen solle. Aus unbekannten Gründen stelle sich der Großhandel gegen diese Sorte. Ein Obsterzeuger aus dem Bodenseegebiet bedauerte, seine 'Berlepsch'-Bestände aus dem gleichen Grunde abholzen zu müssen, obwohl dieser Apfel für das Gebiet einen hohen Anbauwert besitze. Hierauf ist noch im nächsten Kapitel zurückzukommen (62).

Aus diesen Beispielen – sie ließen sich auch für Kartoffelsorten erweitern – geht wohl am besten die Machtposition des Handels hervor.

Abschließend sei für den Apfel festgestellt, daß z.B. bei der Sorte 'Freiherr von Berlepsch' hoher Anbauwert, ansprechende äußere Beschaffenheit und hoher Biologischer Wert in geradezu idealer Weise zusammenfallen.

Bei Möhren ist für die Ernährung des Kleinkindes das Provitamin A (Carotin) – neben Zucker und Pektingehalt – von Bedeutung. Obwohl nur ein relativ geringer Teil des mit der Nahrung aufgenommenen Möhren-Carotins physiologisch als Vitamin A verwertet wird, scheint

Darst. 5

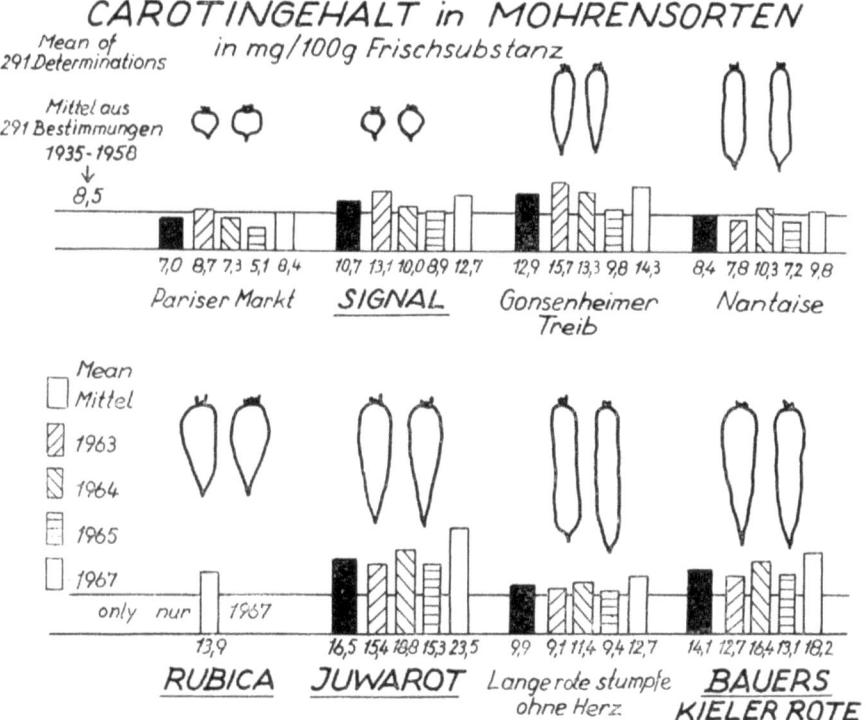

The underlined cultivars are newly bred

Die unterstrichenen Sorten sind Neuzüchtungen

es doch wichtig zu sein, das Angebot je Verzehrseinheit durch Verabfolgung carotinreicher Möhrensorten möglichst hochzuhalten. Zur Zeit enthält die deutsche Möhrenzüchtung 'Juwarot' den höchsten Carotin-Gehalt aller Speisemöhren-Sorten (63). Die Darst. 5 und 6 lassen deutlich die Abhängigkeit des Carotingehalts von der jeweiligen Möhrensorte und – innerhalb ihrer genetisch festgelegten Carotin-Gehalte – den Einfluß von Umweltbedingungen auf das Provitamin erkennen.

Wie aus der Darst. 2 zu erkennen ist, läßt sich das Qualitätsschema ebensogut für Kartoffeln verwenden, wie es sich für Äpfel und Möhren als geeignet erwies.

Darst. 6

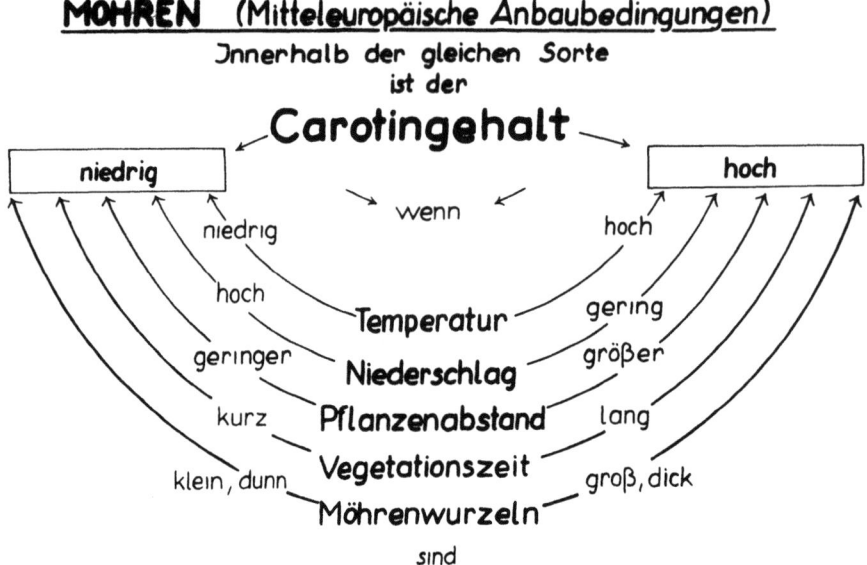

Daß die äußere Beschaffenheit, die den Handelsklassen zur Qualitätsbeurteilung zugrunde liegt, für die Interessen der Verbraucher nicht allein maßgebend sein kann, geht bereits aus den Ausführungen beim Apfel hervor. Noch schärfer läßt sich dies an Möhren beweisen, die – wie früher auch bei uns üblich – mit Aldrin -/Dieldrin-Pestiziden zur Bekämpfung der Möhrenfliege behandelt wurden.

Die Höchstmengenverordnung duldet bei pflanzlichen Nahrungsmitteln keine Rückstände an chlorierten Dien-Mitteln, wie Aldrin, Dieldrin, Heptachlor, Chlordan. Diese persistenten, toxischen Pestizide dringen während der Jugendentwicklung in die Möhrenwurzel ein, werden durch das als Lösungsmittel dienende ätherische Möhrenöl festgehalten und dadurch einem Abbau in der Möhrenwurzel entzogen. Leider sind durch häufige Anwendung dieser toxischen Mittel, namentlich im Ausland, die Böden langjährig verseucht, da Dien-Mittel – je nach Bodenart – maximal neun Jahre und länger im Boden wirksam bleiben und z.B. in Möhren Rückstände hinterlassen können (64, 65). Möhren bester Handelsklassen-Qualität, aber mit Rückständen kontaminiert, konnen daher auf den Markt kommen. Nur wenn sie von der Lebensmittel-Kontrolle zufällig erfaßt werden, fallen sie als ungenießbar der Vernichtung anheim. *Die hochwertige Handelsklassen-Qualität ist also in diesem Fall hinsichtlich ihres Biologischen Wertes infolge ihrer toxischen Rückstände nicht handelsfähiger Ausschuß.*

Dieses Beispiel scheint zwar extrem überspitzt zu sein. Bei der Weitmaschigkeit und Unzulänglichkeit unserer Lebensmittel-Überwachung, die unter großem Personalmangel leidet, sind diese Fälle aber nicht konstruiert, sondern praktisch auch bei anderen Erzeugnissen und mit anderen Pestiziden möglich.

Äußere Beschaffenheit der Handelsklassen ist daher keine Gütegarantie für den Verbraucher in ernährungsphysiologischer Hinsicht.

d. Kritik an Handelsklassen

Im vorigen Abschnitt klangen bereits starke Vorbehalte gegenüber den Handelsklassen in den EG-Qualitätsnormen an. Hier sollen weitere Begründungen folgen. Dabei sollen diejenigen unserer untersuchten Obst- und Gemüsesorten berücksichtigt werden, die den erwünschten Erfordernissen, Anbau- und Marktwert, guter Geschmack, hoher Vitamin C- oder Carotin-Gehalt bzw. zusätzlich hohe Zucker-, Säure-, ätherische Ölgehalte und ggf. weitgehende Schädlings- und Krankheitsfreiheit der Sorten entsprechen.

In diesem Zusammenhang möchte ich noch auf aktuelle britische Untersuchungen von Ellis, Hardman, Dowker & Jackson (66) hinweisen. Es gelang diesen Forschern, bestimmte marktgängige Möhrensorten bzw. neue Selektionen herauszufinden, die über völlige bzw. über Teilresistenz gegen die Möhrenfliege verfügen.

Diese Forschungsarbeit scheint mir überaus wichtig zu sein, weil sie eine Gemüseart betrifft, deren Wert namentlich für die Kleinkinderernährung als Träger des Provitamin A Carotin (5), antimikrobieller und antiphlogistischer Wirkstoffe nicht hoch genug eingeschätzt werden kann (7, 11, 12).

Diejenigen wertgebenden Inhaltsstoffe unserer Nahrungspflanzen können als Richtmaß für den Biologischen Wert der Obst- und Gemüsesorten angesehen werden, die in unserer Ernährung Monopolcharakter haben, Vitamin C und Carotin.

Antiskorbutisches Vitamin C - Ascorbinsäure + Dehydroascorbinsäure - wird praktisch nur in pflanzlichen Lebensmitteln gefunden, ebenfalls pflanzenbürtige Flavonoide, die die Wirkung von Vitamin C verstärken. Beide spielen zusammen eine Rolle als essentielle anticarcinogene Substanzen (6, 67).

Daher liegen schwerpunktmäßig Vitamin C- und Carotingehalte bei der folgenden Wertbeurteilung marktgängiger Obst- und Gemüsesorten an der Spitze. Geschmack - auch in Beziehung zum Zucker/Säure-Verhältnis - sowie Resistenz in der schon genannten einschränkenden Definition, sind integrierende Teilbestände der Kriterien für eine potentielle Aufwertung der EG-Gütenormen (70).

Obst

Beim *Obst* treten bedeutende Sortenunterschiede im Vitamin C-Gehalt nur bei Äpfeln, Erdbeeren, Süßkirschen, bei Pfirsichen und bei schwarzen Johannisbeeren – im Carotingehalt nur bei Aprikosen in Erscheinung.

Spitzensorten bei *Äpfeln* sind im Vitamin C-Gehalt Berlepsch, auch

Darst. 7

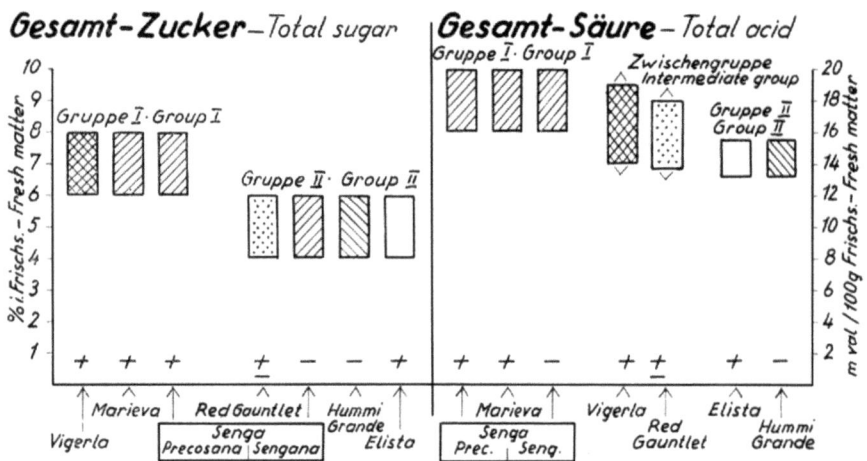

die rote Form, Ontario, beides Daueräpfel, Goldparmäne, Boskoop und Weißer Klarapfel.

Erfreulicherweise scheint sich im deutschen Apfelanbau nunmehr eine Wandlung zu vollziehen. Im Bereich der Landwirtschaftskammer Rheinland verzichtet man gemäß einem Pressebericht im August 1974 auf die Vitamin C-armen Massensorten 'Golden Delicious' und 'Jonathan'. Neben 'Cox Orange' mit mittleren Gehalten werden vornehmlich die Vitamin C-reichen Qualitatssorten 'Boskoop' und 'Roter Berlepsch' empfohlen (71).

Die gut schmeckenden *Erdbeersorten* 'Vigerla' und 'Senga-Precosana' zeichnen sich durch hohe Vitamin C- und Zuckergehalte aus. Sie sind auf geeigneten Standorten auch Botrytis-frei (s. Darst. 7).

Süßkirschen galten bisher als Vitamin C-arm. Von 6 untersuchten Sorten wiesen jedoch 3, die schmackhaftesten Frühkirschensorten der 2. und 3. Kirschenwoche, 'Bigarreau Jaboulay' und 'Bigarreau du Charme', sowie die Sorte 'Kemps'braune', doppelt so hohe Gehalte an Ascorbinsäure, nämlich 20–30 mg/100 g Frischsubstanz auf, wie die übrigen.

Von 6 untersuchten *Pfirsichsorten* erwies sich nur eine, die Sorte 'Rekord aus Alfter' den anderen im Vitamin C-Gehalt überlegen.

Im Carotingehalt überragte die *Aprikosensorte* 'Ungarische Beste' eindeutig zwei andere untersuchte Sorten.

Gemüse

Bei den Gemüsen lagen 2 gutschmeckende *Tomatensorten*, 'Eurocross' und 'Sioux F_1' gegenüber 16 anderen untersuchten Sorten im Vitamin C-Gehalt deutlich höher. 'Eurocross' gilt überdies als weitgehend resistent gegenüber 'Cladosporium fulvum' (Darst. 8).

Die *Gemüse-Paprika-Sorte* 'Kalinkow', bulgarischer Herkunft, überrascht durch sehr hohe Vitamin C-Gehalte bis 250 mg/100 g Frischsubstanz. 10 andere Sorten waren Vitamin C-ärmer, jedoch blieben sie immerhin über der 100 mg-Grenze.

Keine andere Nahrungspflanze reicht im Carotin-Gehalt auch nur annähernd an die *Möhre* heran (3, 21, 70). Bei den Früh-Möhren überragen verschiedene Herkünfte der geschmacklich ausgezeichneten Sorte 'Gonsenheimer Treib' mit nur relativ geringen ätherischen Ölgehalten, bei den Mittelfrühen die sehr gut schmeckende 'Rubica' und schließlich bei den Spätsorten die Sorte 'Juwarot', die von 36 insgesamt untersuchten Sorten und Herkünften den höchsten Carotin-Gehalt erreichte, der in den verschiedenen Untersuchungsjahren witterungsbedingt zwischen 15 und 22 mg Carotin/100 g Frischsubstanz lag.

In der dichtauf folgenden Gruppe fielen 2 Carotin-reiche Sorten bzw. Herkünfte die Sorte 'Rothild' und die Herkunft 'van Waveren' der Sorte 'Lange rote Stumpfe ohne Herz' durch höchste Geschmacksbewertung auf. Nur bei letztgenannter Sorte wurden die ätherischen Öle mitbestimmt. Sie lagen niedriger als die bei 'Juwarot' und 'Bauers Kieler rote' (70).

Darst. 8

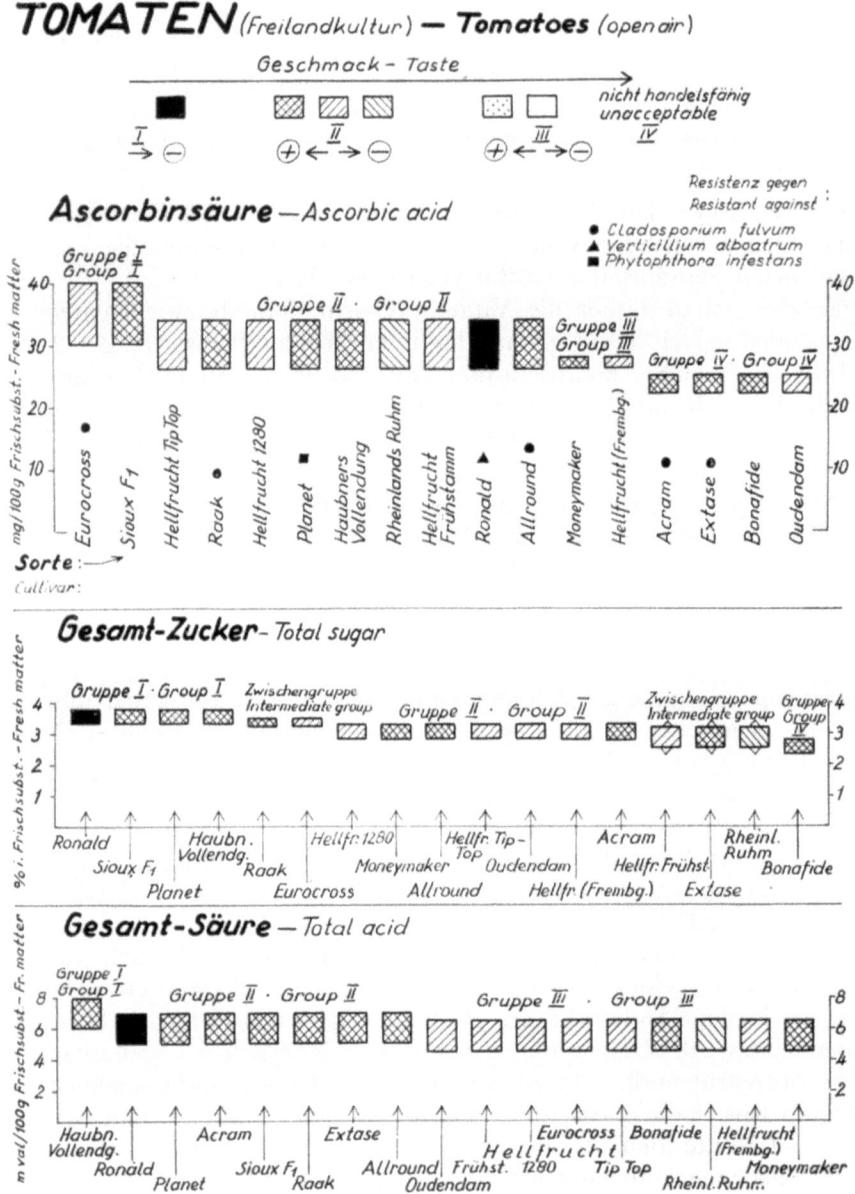

Der für den Verbraucherschutz wichtige Passus in den Qualitätsnormen, daß die Erzeugnisse frei sein müßten von fremden Geschmack und Geruch ist sehr überzeugend. Ohne Nachweis langwieriger Rückstandsanalysen mit ggf. gerichtlichen Auseinandersetzungen können

Importe an der Grenze unbürokratisch und rechtskräftig zurückgewiesen werden, wenn sie den genannten Anforderungen nicht genügen.

Bei der weitverbreiteten und in diesem Fall nicht einmal unbegründeten 'Giftfurcht' ist es den amtlichen Prüfern nicht zu verdenken, wenn sie bei der Grenzkontrolle ständige Stichproben kontaminierter Früchte durch Geschmacksteste ablehnen. Ein entsprechendes Kontrollgerät, das den Geschmacks- und Geruchtest mit hoher Geschwindigkeit ersetzt, fehlt bisher.

So wird der für den Verbraucherschutz wichtigste Teil der geltenden Qualitätsnormen praktisch aufgehoben.

Damit klafft eine empfindliche Lücke in der amtlichen Qualitätsüberwachung.

Bereits 1969 hatten wir in einer Veröffentlichung (62) u.a. darauf hingewiesen, daß jahrelang völlig unbeanstandete Wintereinfuhren von Tomaten aus Anbaugebieten der Kanarischen Inseln erfolgten, die einen abstoßenden chemischen Fremdgeruch und -geschmack aufwiesen. Auch im September 1974 nahmen wir solche Mängel an importierten Freilandtomaten wahr.

Hier könnte – ebenso wie bei unseren Reformvorschlägen – ein Einfuhrzertifikat helfen, dem zwar anfangs – um möglichen Einwänden zu begegnen – Manipulierbarkeit zu unterstellen ist. Sie würde aber – wenn man bei Verstößen scharf durchgreift – allmählich verschwinden.

Darst. 9

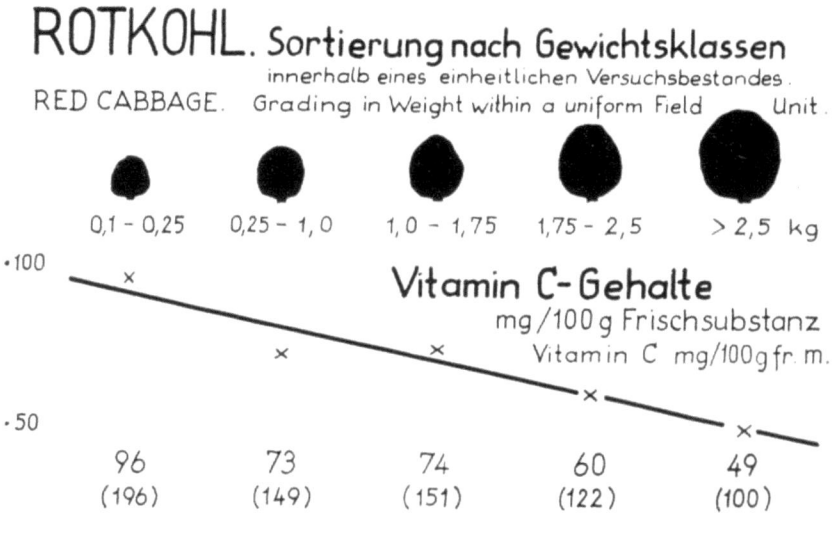

Nun wollen wir uns noch mit der angeblichen Verbraucherbezogenheit der geltenden EG-Qualitätsnormen befassen, sowie mit ihren Zwängen für die Erzeuger.

Zunächst ist festzustellen, daß nicht – wie vielfach behauptet wird – die Qualitätsnormen auf die Interessen des Verbrauchers abgestimmt sind. Zwar dienen diese Normen teilweise auch dem Verbraucher, z.B. zur besseren Beurteilung des Marktangebotes. Der Verbraucher hat auch einen gewissen Nutzen von den Qualitätsnormen als Orientierungshilfe für die äußere Beschaffenheit der Produkte, denn auch das Auge ist für die Erweckung der Kauflust bedeutsam.

Dennoch sollten wir uns darüber im klaren sein, daß die Gütenormen doch wohl zum größten Teil für den Handel, insbesondere für den grenzüberschreitenden, sowie zur Erleichterung einer einheitlichen Vermarktung geschaffen wurden. Diese Erleichterungen sind jedoch nicht verbraucherrelevant. Zum Beispiel haben größte Erzeugnisse mit höchsten Preisen meist geringste Wertstoffgehalte, wie dies für den Gehalt an Vitamin-C in Darst. 9 gezeigt werden kann. Der kleinste Rotkohlkopf hat 96% mehr an Vitamin C als der größte (72). Beim Obst sind die im Schatten herangereiften (meist grün gebliebenen) Früchte Vitamin C-ärmer als besonnte.

Die Erleichterungen für den Handel – das muß hier einmal ausdrücklich betont werden – belasten auch die Anbauer. Die Belastungen dürften im Zeichen der Energiekrise noch erheblich größer werden.

In den Gütenormen liegt zweifellos für den Anbauer der unausgesprochene Zwang, höchstbezahlte Kriterien wie Größe und absolute Makellosigkeit der Erzeugnisse durch Maximierung des Einsatzes von Düngern und Pestiziden zu gewinnen mit dem Nachteil für die Verbraucher, für mehr Geld weniger haltbare, oft schlechter schmeckende Erzeugnisse zu erhalten, die auch in ernährungsphysiologischer und -hygienischer Hinsicht von minderem Wert sein können.

Überdies bemerkte vor einiger Zeit J. M. Franz, Darmstadt, diese Zwänge würden auch den Bestrebungen eines heute besonders empfohlenen integrierten Pflanzenschutzes entgegenwirken.

Die graphische Übersicht (Darst. 1) veranschaulicht bisher wenig bekannte Zusammenhänge zwischen der Forderung, wie sie nach den EG-Gütenormen anzustreben sind, und einer zwangsläufigen Maximierung des Aufwandes für Dünger und für mehr oder minder toxische Pestizide auf Kosten des trophischen Wertes unserer pflanzlichen Nahrungsmittel. Daß daraus auch verbraucherfeindliche Maßnahmen resultieren, die wir mit der abwertenden Bezeichnung 'Kosmetik' belegten, ist leider nicht auszuschließen.

Beispielsweise werden im Apfelanbau ungünstiger Standorte die Früchte nicht richtig ausgefärbt. Bei Anwendung bestimmter Pestizide, z.B. des arsenhaltigen, heute verbotene Tuzets, ferner von Captan und Pomarsol forte, wird eine lebhafte, vom Verbraucher geschätzte Ausfarbung erhalten (21).

Diese täuscht aber Sonnenlichteinwirkung und damit höhere Vitamin C-Gehalte vor.

Wir wissen sehr wohl, daß Interessengruppen der Erzeuger, des Handels und nicht zuletzt der chemischen Industrie für unsere verbraucherbezogenen Vorschläge aus verschiedenen Gründen kein Verständnis aufbringen.

Wir möchten jedoch meinen, daß die Verbraucher, denen die augenblickliche Regelung der Qualitätsnormierung von Gemüse und Obst unbefragt aufgezwungen wurde, ein Recht darauf haben müssen, zu entscheiden, was sie im Interesse ihrer Gesundheit zu verzehren wünschen.
Dieser Forderung haben sich der Erzeuger, der Handel und die chemische Industrie – ob sie wollen oder nicht – anzupassen, denn alle produzieren letztlich – so sollte es jedenfalls sein – für den Verbraucher und sein Wohlbefinden.

2. GENETIK UND UMWELT

Gegenüber ihren wilden Ursprungspflanzen verfügen unsere Kulturpflanzen über größere Zellen. Kulturpflanzen sind durch sogenanntes 'Gigaswachstum' gekennzeichnet.

Dieses 'Riesen'wachstum erzielt man einerseits durch eine spontane, also natürliche, oder induzierte, also künstliche Genommutation, die zur Polyploidie (Vervielfachung des Chromosomensatzes) führt, andererseits durch eine Genmutation. Diese verändert nur einzelne Gene (Erbträger), aber nicht den ganzen Chromosomensatz. Damit bleibt z.B. eine normale diploide Pflanze (zweifacher Chromosomensatz), mit allerdings veränderten Merkmalen oder Eigenschaften, diploid, während sie im Falle einer Genommutation z.B. tetraploid (mit vierfachem Chromosomensatz) werden kann.

Durch Kreuzung von tetraploiden mit diploiden Sorten derselben Art gewinnt man in der Nachkommenschaft triploide, die infolge unregelmäßiger Reduktionsteilung der Chromosomen in deren Nachkommenschaft Formen, z.B. mit einzelnen überzähligen Chromosomen oder Genomen, bilden können. Triploide Sorten verlieren infolgedessen ihre normale generative Vermehrungsfähigkeit. Ihre Pollenfunktionstüchtigkeit ist stark herabgesetzt.

Nur der Fixierung des triploiden Zustands durch ungeschlechtliche Vermehrung, z.B. durch Veredelung (Okulieren, Pfropfen, Triangulieren), verdanken wir leistungsfähige, triploide Sorten, z.B. beim Apfel die Vitamin C-reichen Sorten 'Ribston Pepping', 'Harberts Renette', 'Kanada Renette', 'Boskoop' und 'Bramley's Seedling'.

Allerdings ist hoher Vitamin C-Gehalt beim Apfel nicht an Triploidie gebunden. Andere wertvolle Vitamin C-reiche Apfelsorten, z.B. 'Gelber Edelapfel', 'Berlepsch', 'Ontario', haben einen diploiden Chromosomensatz.

Triploide Apfelsorten sind im Anbau auf Pollenspender angewiesen, um gute Erträge zu erzielen. Dies erreicht man durch Zwischenpflanzung geeigneter diploider Sorten.

Von den genetischen Eigenschaften der jeweiligen Nahrungspflanzen hängt auch die Zuverlässigkeit chemischer Qualitätsanalysen ab. Dies wird häufig zu wenig beachtet (23, 24).

Bei überwiegend obligaten Selbstbefruchtern (Weizen, Gerste, Erbsen, Phaseolus-Bohnen) haben wir es mit verschiedenen homozygoten (reinerbigen) Biotypen zu tun. Hier ist die Probeentnahme (73, 74) für die chemische Untersuchung daher durch Einheitlichkeit des Analysenguts relativ problemlos.

Dagegen liegt bei Fremdbefruchtern (Roggen, Mais, Gräsern, Kleearten, Beta-Rüben, Möhren, Kohlarten, Spinat) eine Mischung variierender Heterozygoten vor, bei denen die jeweilige Untersuchungsprobe (Zahl der Individuen) groß genug sein muß (73, 74), um zuverlässige Analysenergebnisse zu gewinnen.

Die Übersicht in Tabelle 13 soll – getrennt nach Familie, Art und Rasse, nach unter- und oberirdischen, morphologisch differenzierten Organen – die wesentlichen darin vorkommenden wertgebenden Inhaltsstoffe und einen potentiellen Schadstoff, die Oxalsäure, erfassen.

So konzentrieren sich Vitamin C in Vertretern der Kreuzblütler (Rettich, Kohlarten), der Gansefußgewächse (Spinat), aber auch der Nachtschattengewächse (Kartoffel, Tomate), wobei die alles überragende Paprikafrucht mit Werten von 200–250 mg/100 g Frischgewicht hier nicht mit aufgeführt wurde. Im Carotingehalt steht die Umbellifere, Möhre, weit an der Spitze.

OXALSÄURE

Die Gesundheitsschädlichkeit der Oxalsäure, z.B. im Spinat, wird in letzter Zeit ebenso hochgespielt (76, 77), wie die anderer potentieller Schadstoffe in einigen Nahrungspflanzen. Bereits 1958 haben W. Schuphan & I. Weinmann (78) sich eingehend mit diesem, besonders für die Ernährung von Kleinkindern wichtigen Problem experimentell befaßt. Durch Bilanzierungen, unter Zugrundelegung einer Reihe praxisüblicher Kostpläne, konnten sie die relative Ungefährlichkeit der Spinat-Oxalsäure beweisen.

Hierzu wurde u.a. zusammenfassend festgestellt:

Bei *normaler* Ernährung mit *ausreichenden* Calciummengen in der täglichen Nahrungsaufnahme kann es weder bei Kindern noch bei Erwachsenen zu Kalkmangelzuständen kommen, da für den Verzehr von Spinat und anderen oxalsäurehaltigen Gemüsen ein genugender Kalkuberschuß nach Abbindung der zugeführten Oxalsäure zur Verfügung steht.

Neben der kalkentziehenden Wirkung als wichtigstem Oxalsäureschaden treten spezifische Toxizität und Bedeutung für die Nierensteinbildung zurück. Eine spezifische Giftigkeit fur den Menschen wird praktisch nicht beobachtet, da durch die Affinitat zwischen Calcium- und Oxal-Ion freies Oxalat im Stoffwechsel nicht auftreten kann. Die Nephrolithiasis wird heute in der Klinik nicht mehr mit der exogenen Oxalsäure in Beziehung gebracht.

Die Oxalsäure ist nur dann als wertmindernder Faktor fur Spinat und andere Gemuse zu betrachten, wenn diese Gemuse im Übermaß und ohne eine ausreichende Calciumzufuhr gegessen werden.

Maßnahmen zur Senkung des Oxalsauregehaltes sind unter Berucksichtigung von genetischen und okologischen Faktoren der Oxalsäuregenese erfolgreich. Sie bestehen in einer sorgfältigen Sorten- und Standortwahl einerseits und geeigneten Kultur- und Düngungsmaßnahmen andererseits.

9 Jahre später, 1967, kommt der Amerikaner D. W. Fasset (in (79)) in seiner Monographie zu dem gleichen Schluß: 'Der allgemein' (mit der Nahrung) 'hohe Calcium- und Vitamin D-Konsum in den USA scheint eine weitere Sicherheit zu gewähren, daß keine schädlichen Wirkungen von solchen Nahrungsmitteln ausgehen. Es scheinen erst ziemlich unwahrscheinliche Kombinationen von Umständen fur chronisch toxische Wirkungen erforderlich zu sein, z.B. sehr starker Verzehr von oxalathaltiger Nahrung und niedriger Calcium- und Vitamin D-Aufnahme uber eine ausgedehnte Zeitspanne.'

Dieser Fall steht nicht allein da.

Tabelle 13. Chemische Stoffe, taxonomisch und morphologisch verteilt. Familie – Art – Rasse.

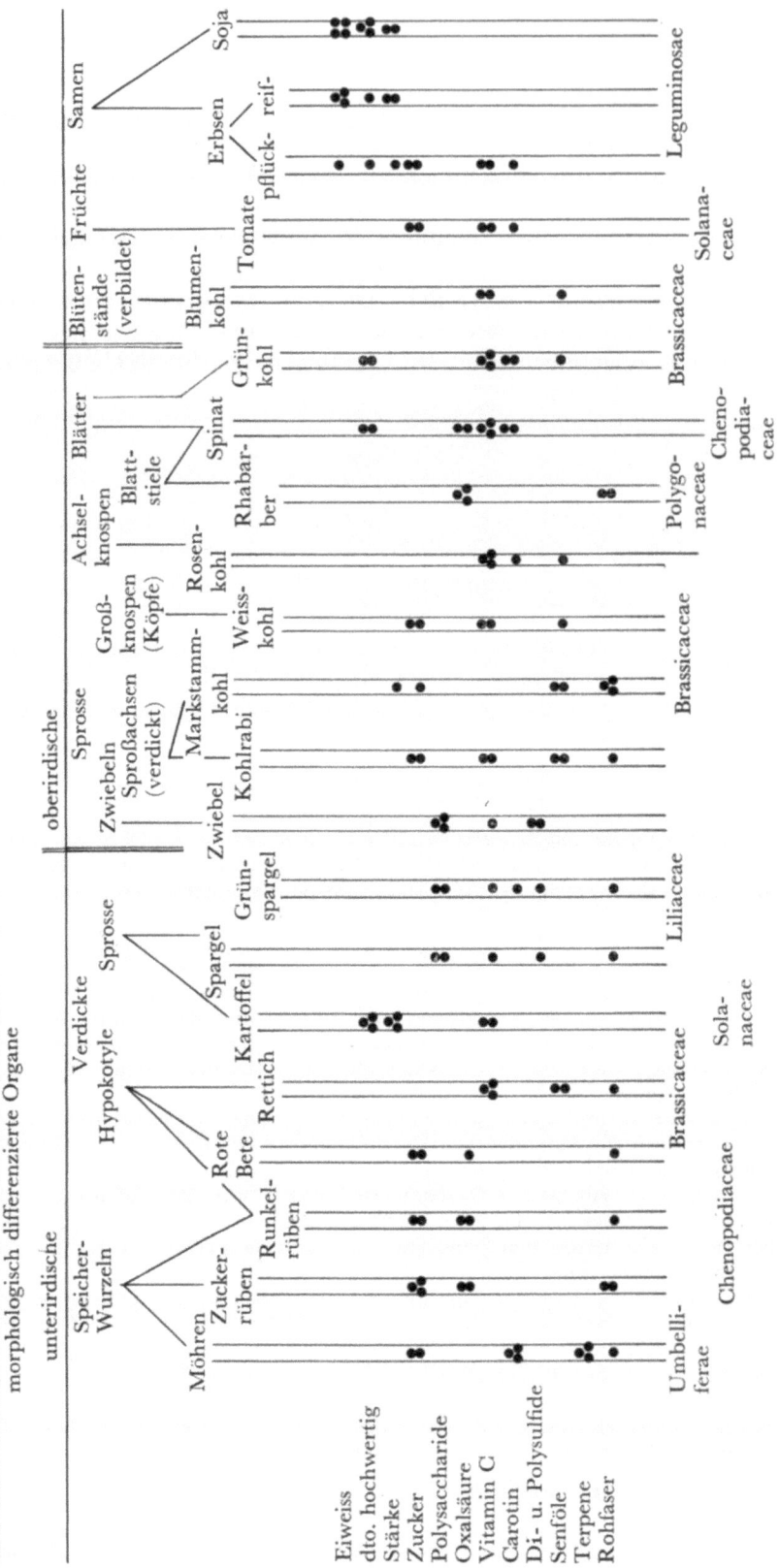

Das neuerdings ganz allgemein festzustellende Interesse an natürlichen toxischen Inhaltsstoffen in Nahrungspflanzen (75, 76), ist recht auffällig. Die Vermutung, es liege hier zumindestens teilweise, eine gelenkte Aktion von interessierter Seite vor, wird genährt durch eine diesbezügliche, vor Jahren erschienene Pressenachricht.

Solanin-Cholinesterasehemmer

In Nummer 10 der Presseinformation der Pflanzenärzte (PIP) erschien 1970 eine als Glosse getarnte Verunglimpfung der Kartoffel, der Kartoffel, die dank ihres hohen Biologischen Wertes in und nach dem letzten Weltkrieg Millionen Menschen das Leben gerettet hat. Die Pressemitteilung unter der Schlagzeile, 'Wann wird die Kartoffel endlich verboten?', zielte auf das Kartoffel-Solanin, einem toxischen Glycoalkaloid ab und sollte offenbar von dem Problem toxischer Pflanzenschutz-Rückstände ablenken.

Solanin kommt in normalen Kartoffeln in harmlosen Mengen von 3 bis 7 mg/100 g Frischsubstanz vor. In vergrunten, teilweise an der Bodenoberfläche offenliegenden Kartoffeln oder in bestimmten Sorten steigen aber die Werte auf unzulässig hohe Gehalte von 20–40 mg an (zit. bei (9)). Nach Crosby (in (79)) können amerikanische Kartoffeln bis 84 mg enthalten.

Kartoffeln mit unzulässig hohem Solaningehalt haben einen metallisch, gerbstoffbitteren bis kratzenden Geschmack und können leichte Gehirnschwellung, Schwindel, Kopfschmerz und Übelkeit mit Erbrechen verursachen.

Unsere amtliche Sortenzulassung läßt neuerdings Kartoffel-Neuzüchtungen auf verschiedenen Standorten auf Solaningehalt überprüfen. Im Erzeugerbetrieb werden vergrunte Kartoffeln beim Sortieren ausgeschieden. Überdies geht das wasserlösliche Solanin beim Kochen in das Kochwasser über, bei geschälten Kartoffeln weitgehend, bei Pellkartoffeln in geringerem Maße. Hier lassen sich aber beim Pellen vergrunte Knollen oder Knollenteile entfernen.

Während in der Kriegs- und Nachkriegszeit durch Genuß von vergrunten 'Stoppelkartoffeln', die nach der Ernte längere Zeit auf dem Felde liegen blieben, hier und da Vergiftungserscheinungen beobachtet wurden, fehlen sie heute praktisch vollständig.

Weniger bekannt ist die Funktion des Kartoffelsolanins als Cholinesterasehemmer. In dieser Hinsicht ist dagegen das verwandte Tomaten-Glykoalkaloid, Tomatin, inaktiv.

Cholinesterase-Hemmer unbekannter chemischer Konstitution kommen – nach D. G. Crosby (in (79)) – auch in der Eierfrucht und in Äpfeln der amerikanischen Sorte 'Stayman' vor.

Er sagt dann wörtlich:

'Eine Anzahl von Wildpflanzen, die ohne Zweifel gelegentlich von Haustieren und von Kindern verzehrt werden, entwickeln einen hohen Grad von Aktivität'.

D. G. Crosby fährt dann, unter Hinweis auf die gefährlichen Cholinesterasehemmer der Organophosphor-Insektizide fort:

'Dennoch ist es sehr wohl möglich, daß es unter diesen Cholinesterasehemmern strukturchemische Typen gibt, die Anregung zur Entwicklung neuer synthetischer Insektizide mit einer niedrigen Saugetiertoxizitat geben.

D. G. Crosby (in (79)) schließt seine Monographie über 'Natürlich vorkommende Inhibitoren in der Nahrung' mit folgender Feststellung ab:

'Im Gegensatz zum Menschen kann der Kartoffelkäfer allein und ohne Schaden von Kartoffellaub leben, das die höchsten in der Natur vorkommenden Gehalte an Solanin enthält.'

'Möglicherweise zeigen die Menschen als Gegenstück, daß sie täglich ohne ersichtlichen Schaden natürliche Cholinesterase-Hemmer zu sich nehmen können'.

Östrogene

Die Kartoffel wird in dem Buch 'Toxicants Occuring Naturally in Foods' auch als östrogenhaltig aufgeführt und zwar – neben Möhren – Sojabohnen, Weizen, Reis, Hafer, Gerste, Äpfel, Kirschen, Pflaumen, Knoblauch, Salbei, Petersilie, Weizenkleie und -keime, Reiskleie, alle Pflanzenöle sowie – über den Pollen – Honig und viele tierische Nahrungsmittel.

'Östrogene, die in Pflanzen gefunden wurden' – so sagt M. Stob (in (79)) – *'haben eine sehr schwache Östrogenwirkung. Es ist praktisch unmöglich, so viele östrogenhaltige Nahrungsmittel zu verzehren, um einen Östrogen-Effekt hervorzurufen'.*

Antienzyme oder Inhibitoren

Antienzyme oder Inhibitoren beziehen sich in vorliegendem Fall auf proteolytische Enzymhemmer. Das alte Paradebeispiel ist hier die Sojabohne (Glycine hispida Maxim), genauer nicht erhitzte, also rohe Sojagerichte. Sie enthalten einen Trypsin-Hemmer, der die biologische Eiweißwertigkeit verändert und Wachstumsdepressionen bei Ratten auslöst. *Durch Hitzeeinwirkung (Dämpfen, Autoklavieren) wird der Hemmeffekt und damit die Wachstumsdepressionen aufgehoben.*

Trypsin-Inhibitoren, die ebenfalls hitzelabil sind, fand W. Jaffé (zit. in (79), S. 106) bei sieben weiteren Leguminosen, bei schwarzen und roten Bohnen *(Phaseolus vulgaris)*, bei Helmbohnen *(Dolichos Lablab)*, bei Mond- oder Limabohnen *(Phaseolus lunatus)*, bei Straucherbsen *(Cajanus indicus)*, bei Langbohnen *(Vigna sinensis)* und bei Linsen *(Lens esculenta)*. Bei Limabohnen kommen außerdem Blausäureglycoside vor, die ebenfalls durch grundliches Kochen inaktiviert werden konnen.
Zum Gesamtkomplex nahm 1976 M. Stein (186) zusammenfassend Stellung.

Kropferzeugende Pflanzenstoffe

Die chemische Verbindung 1-5-Vinyl-2-thiooxazolidon, die in ihrer Vorstufe in Vertretern der Brassicaceen vorkommt, erzeugt bei Kaninchen, die nur mit Kohl gefüttert werden, Kropf. Das Kaninchen nimmt im Verhältnis zu seinem Körpergewicht ungleich viel mehr Kohl zu sich, als der Mensch.

Nach J. H. Wills, USA, (in (79)) ist die kropfbildende Wirkung beim Menschen als Folge des Genußes von Kohl – mit Ausnahme von Stoppel- und Kohlrübe – nicht klar erwiesen.

Wills meint, dies sei auf die Art der bisher vorliegenden Versuchsanstellung zurückzuführen. Einmal seien den Versuchen rohe oder nur wenig erhitzte Kohlproben zugrundegelegt worden, das andere Mal jedoch normal gekochte.

Wir haben bereits 1958 darauf hingewiesen (9), daß in deutschen Kohlanbaugebieten trotz verstärkten Kohlverzehrs, keine anormale Kropfbildung festgestellt wurde. Auch haben wir zeigen konnen, daß slowakische Autoren in einer experimentellen Arbeit, aufgrund von Kropfvorkommen in der Slowakei, im Kopfkohl sehr hohe Gehalte an flüchtigen, S-haltigen atherischen Ölen fanden. Sie hatten allerdings eine falsche Probeentnahme angewandt und nicht den ungenießbaren kegelartigen Strunk entfernt, der sehr hohe S-haltige atherische Ölgehalte besitzt. Die angewendete Probeentnahme tauschte 23% mehr an Senfolgehalten vor. Die Probeentnahme, die sich als allein richtig erwiesen hat, ist die Sektorialmethode (80, 74) (s. Darst. 35a).

Wills, der auch über besonders hohe Gehalte an Thiocyanat im Blumenkohl und Grünkohl berichtete, sagte hierzu:

'Ich beeile mich zu sagen, daß ein täglicher Verzehr von 9,1 kg Blumen- oder Grünkohl erforderlich wäre, um eine Senfölkonzentration im Blut zu erzeugen, die Kropfbildung auslösen könnte'.

Wills stellt dann noch folgende berechtigte Überlegung an:

'Um seine schädliche Wirkung zu entfalten, muß 1-5-Vinyl-2-thiooxazolidon in Kohlgewachsen erst enzymatisch aus einer inaktiven Vorstufe freigemacht werden. Es wäre daher denkbar, daß intensives Kochen, das die Enzyme inaktiviert, zu einem in jeder Hinsicht unbedenklichen Nahrungsmittel fuhren kann'.

M.E. müßte dann aber auch die Kochtechnik – etwa an die des Knollenselleries – angepaßt werden. Die Kopfe mußten – sorgfaltig gereinigt und nur vom keilartigen Strunk* befreit – zur Enzyminaktivierung unzerkleinert oder wenigstens nur halbiert in das kochende Wasser gebracht werden. Erst nach diesem kurzem Vorkochen sollte die Zerkleinerung erfolgen und zu Ende gegart werden.

Damit glauben wir, vor allem durch neutrale Zeugen, zu einer objektiven Klärung der von interessierter Seite hochgespielten Frage der toxischen Inhaltsstoffe unserer pflanzlichen Nahrung beigetragen zu haben.

Der Vollstandigkeit halber bleibt noch zu berichten, daß in dem Werk Toxicants Occuring Naturally in Foods eine Reihe von Beiträgen den Toxinen in tierischen Nahrungsmitteln gewidmet ist, die uns aber vom Thema her hier nicht interessierten dürfen.

---

* Der Strunk enthält nach unseren Untersuchungen die höchsten Gehalte des gesamten Kopfes an S-haltigen flüchtigen Senfölverbindungen (57).

Darst. 10

Die Pflanze als Ergebnis innerer Bedingtheit und äusserer Einwirkungen.
nach W. Schuphan

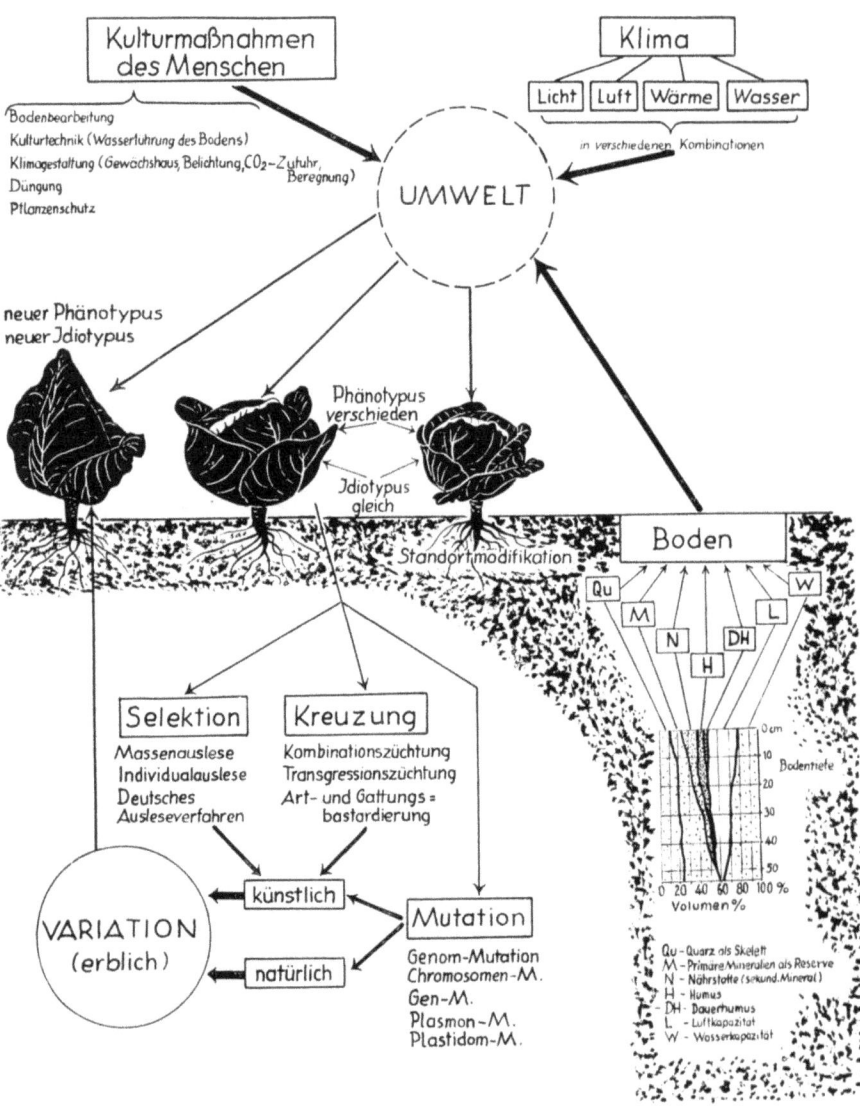

Nach der doch notwendigen Abschweifung in den toxischen Bereich soll nun wieder das eigentliche Thema dieses Kapitels aufgenommen werden.

Die Übersicht in Darst. 10 zeigt die verschiedenen genetischen Möglichkeiten, um bei Nahrungspflanzen über Selektion, Kreuzung und

Mutation zu neuen Sorten zu kommen, die morphologisch, anatomisch und physiologisch geändert, den an sie gestellten Anforderungen des Anbaues, des Marktes und der Verarbeitungsindustrie besser entsprechen. Für den Qualitätsforscher spielt eine ganz besondere Rolle die Züchtung auf wertgebende Inhaltsstoffe, deren Problematik bezüglich ihrer Anwendung in der Praxis (EG-Qualitätsnormen) gerade ausführlicher behandelt wurde.

Die Darst. 10 läßt aber auch erkennen, und zwar dargestellt am Weißkohl, in welcher Weise die Umweltfaktoren Boden und Klima nichterbliche sog. Standort-Modifikationen auslösen können, die sich auch auf die jeweiligen Kulturmaßnahmen z.B. durch geringen Schädlingsbefall und vermindertes Auftreten von Pflanzenkrankheiten auswirken.

Standortmodifikationen sind außerdem in der Lage, besonders gute lokale Qualitätseigenschaften zu entwickeln, die bestimmte Landstriche fur die jeweiligen Kulturen beruhmt gemacht haben. Hier sind zu nennen, Ostpreußische und Baltische Äpfel, Werdersche Kirschen, Schwetzinger Spargel, Dithmarscher Kopfkohl, Znaimer Gurken und Ostprignitzer Kartoffeln.

Auch in der Pflanzenzüchtung hat seit altersher die Maximierung des Ertrages eine Rolle gespielt. Beim Obst war z.B. immer sowohl der Gesamtertrag an Früchten als auch der Ernteanteil an großen Früchten mitausschlaggebend. Wohin dieses einseitige Zuchtziel führen kann, sei an einem treffenden Beispiel aus der Vergangenheit erläutert.

Die hochkultivierten Urvolker Zentralamerikas lebten hauptsächlich von Mais, dessen sehr kleine Korner daher damals noch eine gute Biologische Eiweißwertigkeit gehabt haben mussen. Mit der Zuchtung auf Großkernigkeit und hohe Ertrage verlor sich diese lebensentscheidende Eigenschaft des Mais. Ungewollt gingen damit die Gene fur normalhohe Gehalte der essentiellen Aminosauren, Lysin und Tryptophan, verloren. Eine schlechte Eiweißqualitat der Neuzuchtungen war die Folge (81). Tryptophan ist ubrigens auch die Vorstufe des wichtigen B-Vitamins Niacin.

Es nimmt daher nicht Wunder, daß jugoslawische Forscher (69) noch 1957 uber endemische Pellagra-Gebiete in ihrem Land berichteten, in denen die Bevolkerung fast nur Maisspeisen verzehrte. Als man ihre tagliche Nahrung durch eine ausreichende Menge an Kartoffeln umstellte, verschwand die Pellagra-Erkrankung infolge ausreichender Erganzung ihrer Nahrung an Lysin, Tryptophan und Niacin aus Kartoffeln.

Inzwischen haben Pflanzenzuchter durch Kreuzungen mit Sorten, die das Gen 'opaque 2' enthalten, Maissorten erhalten, die den Bestand an essentiellen Aminosäuren im Maiseiweiß wieder normalisieren (81). Damit wird der Schaden, der früher ungewollt durch einseitige Züchtung auf hohe Erträge angerichtet wurde, wieder bereinigt.

L. Genevois (187) kommt das Verdienst zu, immer wieder mit seinen Schülern auf die Verbesserung der Biologischen Wertigkeit des 'Cerealien-Eiweiß' hingewiesen zu haben und aktiv in experimentellen Arbeiten daran beteiligt gewesen zu sein.

Aus dieser Erfahrung scheint man jedoch noch keine ernsthafte Lehre in der Gemüsezüchtung gezogen zu haben. Wenn wir im folgenden amerikanische Beispiele apostrophieren, so soll dies keinesfalls bedeuten, daß auf diesem Gebiet bei uns alles in Ordnung ist.

Neue, ungewöhnliche Praktiken der amerikanischen Pflanzenzüchter hatten Anfang der 70er Jahre bei den Verbrauchern in den USA heftige Proteste und ein Eingreifen der obersten amerikanischen Gesundheitsbehörde, der 'Food and Drug Administration' (FDA) ausgelöst (82, 83).

In das Schußfeld der 'Food and Drug Administration' gerieten 1971 bestimmte pflanzliche Erzeugnisse. Es handelte sich um Kartoffelverarbeitungsprodukte – bei uns irreführend Veredelungsprodukte genannt – sowie um die in der Weltgemüse-Erzeugung an der Spitze stehende Tomate, aber auch um Möhren, Phaseolusbohnen, Kopfkohl, Weizen, Erdnüsse und Apfelsinen. Die verstärkte Aufmerksamkeit der FDA galt aber nicht etwa wie zu vermuten war – der Überdüngung von Produkten oder dem Überschreiten der Pestizid-Toleranzen. Ihr Interesse war vielmehr auf neue Sorten der amerikanischen Pflanzenzüchter gerichtet.

Bei zur Herstellung von Kartoffelchips besonders geeigneten stickstoffreichen Kartoffelsorten wurden in einigen Fällen unzulässig hohe Gehalte an giftigem Solanin festgestellt. Solche Sorten wurden aus dem Verkehr gezogen (83, 84).

Amerikanische Neuzüchtungen von Tomaten verlieren – so die Meldung – mehr und mehr ihren arttypischen Tomatengeschmack und erleiden vor allem beträchtliche Einbußen an wichtigen wertgebenden Inhaltsstoffen. Gleiche oder ähnliche Beobachtungen machte man bei Neuzüchtungen der übrigen genannten pflanzlichen Erzeugnisse. Dabei gingen meist durch Gen-Mutation einzelne oder mehrere erwünschte Eigenschaften verloren. Dies kann auch durch gekoppelte Vererbung von Eigenschaften bei Kreuzungen der Fall sein.

Die amerikanischen Pflanzenzüchter hatten bei ihrer Kreuzungs- und Selektionsarbeit in erster Linie wirtschaftliche Zuchtziele einer hochmechanisierten Landwirtschaft und einer anspruchsvollen Verarbeitungs-Industrie im Auge. Neben Höchsterträgen waren es Eignung zur mechanischen Ernte, zur Naßkonservierung, zum Tiefgefrieren, ferner Eigenschaften, wie gleichmäßige Reife, Platz- und Transportfestigkeit, gute Haltbarkeit, ansprechendes Aussehen, usw.

Bei diesen Zuchtzielen gingen ungewollt die finanziell weniger attraktiven, aber für den Verbraucher überaus wichtigen Eigenschaften verloren, derentwegen er vornehmlich Gemüse und Obst verzehrt, nämlich guter, arteigener Geschmack und Geruch, möglichst hohe Gehalte an pflanzenspezifischen, für eine vollwertige Ernährung und für die Gesunderhaltung wichtigen Inhaltsstoffen.

Hier nun setzten die US-Qualitätsschützer in der FDA mit ihren weittragenden und für die Betroffenen höchstempfindlichen Neuerungen ein (83, 84), die zunächst erprobt, bei Bewährung Gesetzeskraft erlangen können.

Den Pflanzenzüchtern empfiehlt man danach ihre neuen Sorten und Hybriden auf Gehalte an wertgebenden Inhalts- und giftigen Schadstoffen untersuchen zu lassen. Sie müssen darüber Meldung an die FDA erstatten sowie entsprechende Vermerke in ihren Katalogen aufnehmen, falls ihre neuen Sorten in den Wertstoffgehalten um mehr als 20% abgesunken sind und im Gehalt an toxischen Inhaltsstoffen um 10% zugenommen haben.

Wenn bedacht wird, daß die heute im Sortiment stehenden deutschen Möhren im Carotin-Gehalt um 325%, die von uns untersuchten 134 Apfelsorten im Vitamin C-Gehalt um über 2000% variieren (81), so würden im FDA-Maßstab unsere Bestrebungen nach einer trophischen Aufwertung der 'Gemeinsamen EG-Qualitätsnormen' mehr als gerechtfertigt erscheinen.

Das Erstaunliche an den Forderungen der FDA ist zweifellos der Einbezug des Nitrats, der in einigen Vertretern bestimmter Pflanzenfamilien, so in den Chenopodiaceen (Spinat, Rote Bete) und in den Brassicaceen (Kohlarten), bei normaler Düngung in unbedenklichen Mengen vorkommt. Erst durch Einwirkung verschiedener Umweltfaktoren, besonders bei Überdüngung mit Stickstoff, kann Nitrat zu einer potenten Vorstufe des Schadstoffs Nitrit werden (23).

Die diesbezüglichen Forderungen der FDA lauten: '*Nahrungspflanzen, die Nitrate akkumulieren und die in N-reichen Böden unter reduzierten Licht- und Wasserverhältnissen heranwachsen*', *müssen von toxischen Nitraten frei sein.*

Dies ist allerdings eine praktisch nicht erfüllbare Forderung. Darauf soll noch im Kapitel I 3a und b zurückgekommen werden.

a. Familien und Arten

Aus der Übersicht (Tabelle 13) war ersichtlich, daß in bestimmten Pflanzenfamilien und -arten in größeren Mengen spezifische wertgebende Inhaltsstoffe, aber auch gewisse Schadstoffe, z.B. Oxalsäure, vorkommen, die allerdings, wie wir bereits zeigen konnten, praktisch wenig Beachtung verdienen.

So zeichnen sich die Solanaceen im Vitamin C-Gehalt durch höchste Gehalte im Paprika, hohe in Tomaten und mittlere Gehalte in Kartoffeln aus. Paprika besitzt außerdem mäßige Mengen an Carotin und – je nach Sorte – Null-, mittlere oder hohe Mengen an dem scharfen Gewürzstoff Capsaicin. Die Schärfe ist weder an die Form noch an die Farbe der Früchte gebunden (85).

Kartoffeln können auch – zwar sehr selten – behandlungs- und sortenbedingt, den Schadstoff Solanin enthalten. Solaninhaltige Kartoffeln sind oft schon augenscheinlich durch vergrünte Knollenteile und bei der gekochten Kartoffel durch einen metallisch-kratzenden, bitteren Geschmack zu erkennen. Kartoffeln haben wenig (rd. 2%), aber ein sehr hochwertiges Eiweiß, welches das Fleischeiweiß in der Biologischen

Darst. 11

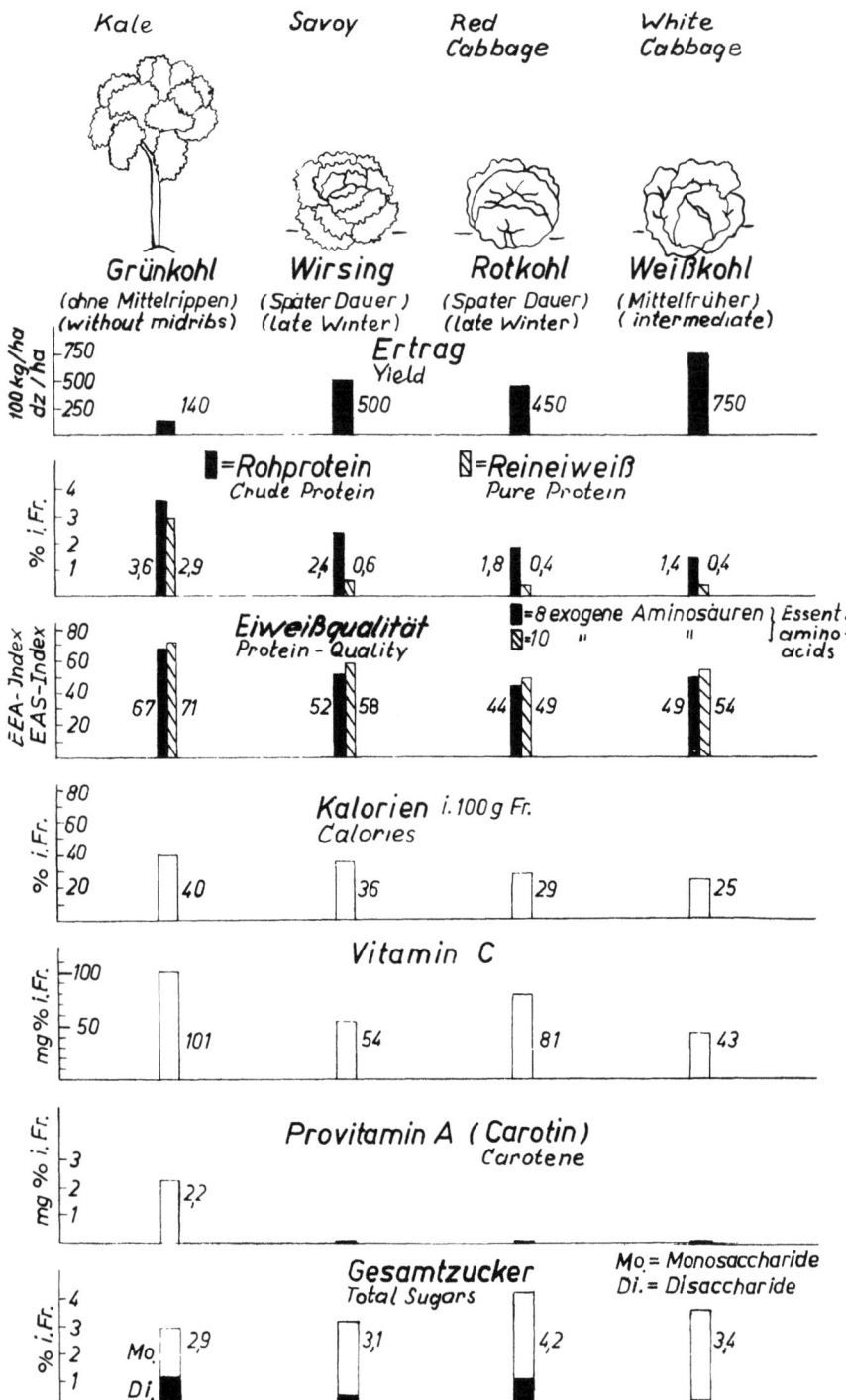

Wertigkeit übertrifft und dem Eiweiß des Volleis gleichkommt (46).
Sehr Vitamin C-reich sind Kreuzblütler, z.B. Rettich und Radies sowie alle Kohlarten. Sie verfügen auch über S-haltige ätherische Öle, die antimikrobielle, teils cholagoge (Rettich), thyreostatische, blutdrucksenkende und geschmackgebende Eigenschaften besitzen und deren Gehalte nach Art und Sorte variieren (9).
Darst. 11 zeigt die Gestaltwandlung beim Kohl, z.B. durch Bildung einer ertragsfördernden Großknospe bei den Subvarietäten des Kopfkohls und die durch Ausschluß, hauptsächlich des Lichtes, bedingten Veränderungen im Gehalt an wertgebenden Inhaltsstoffen.
Den Liliaceen (Zwiebel, Porree, Schnittlauch, Knoblauch) sind S-haltige ätherische Öle, bei der Küchenzwiebel vom Charakter der S-Alkylcystein-Sulfoxide, eigen (13). Die S-haltigen Wirkstoffe des Knoblauchs und der Zwiebel besitzen blutdrucksenkende Eigenschaften. Es ist auch bekannt, daß sie stark antimikrobiell wirken (13) und gegen Erkältung und Grippe wirksam sind* (vgl. auch (184)).
Einer anderen Familie, der Umbelliferen, gehören die Gemüsearten, Möhren, Pastinaken, Sellerie und die sehr Vitamin C-reiche Petersilie an. Sie verfügen über ätherische Öle, hauptsächlich der Terpenreihe, die weder Schwefel noch Stickstoff enthalten. Nur Möhren, beim Stein- und Kernobst nur Aprikosen, enthalten das Provitamin A Carotin, Möhren allerdings mit weit höheren Gehalten.

Die Gemüsearten, einschl. Kartoffeln, sind relativ arm an Kalorien, aber reich an Vitaminen, Mineralstoffen und Spurenelementen (53). Sie übersteigen nur in Ausnahmefällen, z.B. bei reifen stärkereichen Hülsenfrüchten (Erbsen mit 370, Linsen mit 354 und Weißen Bohnen mit 353 Kcal) den von uns gesetzten Grenzwert der Speisekartoffeln von 85 Kcal (53). Der Genuß von Gemüse und von ebenfalls kalorienarmen Obst kommt daher dem heutigen Trend nach Erhaltung des Idealgewichts beim modernen Menschen in optimaler Weise entgegen.

b. Sorten

In den Kapiteln I 1a und 1b wurden bereits Sortenfragen im Zusammenhang mit Vorschlägen zur trophischen Aufwertung der Handelsklassen in den heutigen EG-Qualitätsnormen für Gemüse und Obst behandelt und ihr Wert für Ernährung und Gesunderhaltung herausgestellt.
Deshalb soll hier nur an 2 Beispielen, an Süßkirschen- und am Tomatensorten, die Wichtigkeit einer kritischen Sortenwahl dargelegt werden: *Süßkirschen* mit 64 Kcal enthalten nach S. W. Souci & H. Bosch (53) an Vitamin C nur 10 mg/100 g Frischgewicht. Sie müssen demnach als

---

* Beobachtungen von W. Schuphan seit 1947 und von Nobelpreisträger Prof. Dr. med. U.S. von Euler, Stockholm (pers. Mitt.).

Vitamin C-arm gelten, was wir auch bis zu unseren einschlägigen Untersuchungen annahmen.

Mittel mehrjähriger Analysen von 6 Süßkirschen-Sorten gleichen Standorts, gleicher Pflanzung und gleicher Behandlung zeigten zwar, daß 3 Sorten, 'Hedelfinger Riesen', 'Haumüller' und 'Napoléon', nur Vitamin C-Gehalte von 10 bis 15 mg/% hatten. Die Sorten, 'Kemps braune Knorpelkirsche', 'Bigarreau du Charme' und 'Bigarreau Jaboulay' wiesen dagegen relativ hohe Vitamin C-Gehalte von 20 bis 30 mg/% auf, also 100% mehr. Diese Vitamin C-Werte korrelieren weder mit den gefundenen Zucker- noch mit den Säuregehalten der Kirschen (70).

Tomaten sind die in der Welt am meisten angebauten Gemüsearten. Sie müssen mit 19 Kcal als sehr calorienarm angesehen werden.

Die Darst. 8 läßt erkennen, daß bei Tomatensorten beträchtliche genetisch bedingte Geschmackunterschiede bestehen, ebenso sortentypische Unterschiede in den Gehalten an wertgebenden Inhaltsstoffen. Die einigen Tomatensorten eigenen Resistenzeigenschaften gegen typische Krankheiten sind bei Erzeugern, Händlern und Verbrauchern in gleicher Weise erwünscht.

Die bei uns mehrjährlich untersuchten Tomatensorten stammten vom gleichen Standort und wurden während der Kultur auch einheitlich behandelt. Dies ist für die Aussagekraft einer vergleichenden Sortenprüfung von ganz entscheidender Bedeutung (70).

Die Tomatendarstellung 8 gestattet eine rasche Orientierung. So erringt zwar die Sorte 'Ronald' mit bestem Geschmack (schwarze Säule) auch im Gesamtzuckergehalt den Spitzenwert. Ebenso ist sie gegen *'Verticillium alboatrum'* resistent. Doch liegt sie im Vitamin C- und im Säuregehalt nur in der Gruppe II.

Im Vitamin C- und im Zuckergehalt schneiden die drei ebenfalls gutschmeckenden Sorten 'Acram', 'Extase' und 'Bonafide' noch schlechter ab. 'Acram' und 'Ekstase' zeigen allerdings Resistenz gegen *'Cladosporium fulvum'*.

Die recht gutschmeckende, kleinfrüchtige Spitzensorte, 'Sioux F 1', die nach meiner Erfahrung bei Kompostdüngung sehr gesund bleibt, ist – zusammen mit der gegen *'Cladosporium fulvum'*-resistenten, ebenfalls noch gut schmeckenden Sorte 'Eurocross' – Spitzenklasse im Vitamin C-Gehalt.

Die langjährigen Vitamin C-Werte dieser beiden Sorten bewegen sich zwischen 30 und 40 mg/%, die der Vertreter der Gruppe II zwischen 27 und 34 mg/%, während die Sorten der Gruppe IV (z.B. 'Acram', 'Extase' und 'Bonafide') nur Vitamin C-Gehalte von 22 bis 25 mg/% erreichen.

Damit liegt der maximale Vitamin C-Wert von Tomatensorten um 80% höher als der Minimalwert (70).

Der Vollständigkeit halber sei an dieser Stelle zum Vergleich noch einmal daran erinnert, daß der Vitamin C-Gehalt von Apfelsorten um 2000%, der Carotingehalt der deutschen Möhrensorten um 335% erheblich variiert.

Mit diesen Beispielen soll die Wichtigkeit einer auch auf wertgebende Inhaltsstoffe ausgerichteten biochemischen Qualitätsforschung unterstrichen werden.

c. Morphologie/Anatomie

Wir hatten bereits zur Frage der morphologischen Gestaltwandlung und ihrer biochemischen Auswirkung Blatt- und Kopfkohlarten herangezogen (Darst. 11). Diese mehr pauschale Darstellung soll durch eine

Darst. 12

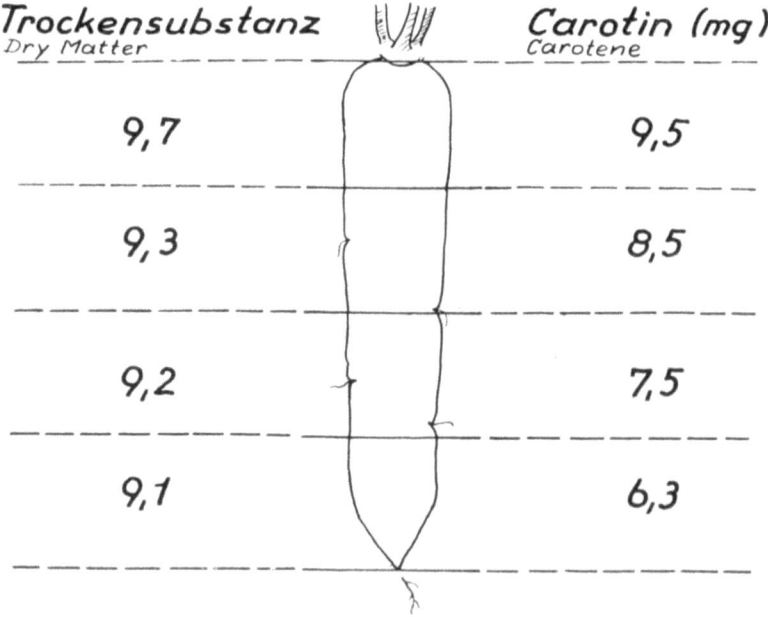

spezielle ergänzt werden, wobei wir zunächst beim Beispiel 'Kohl' bleiben wollen (57).

In Tabelle 11 sind zwei Beispiele angeführt. In dem ersten wird Grün- und Weißkohl behandelt, d.h. Kohl-Untervarietäten, die einerseits dem morphologisch normalgegliederten Pflanzentyp mit freiinserierten Blättern (Grünkohl), andererseits dem durch Stauchung der Sproßachse morphologisch veränderten Typ 'Großknospe' mit eingeschlossenen Innenblättern (Weißkohl) zuzuordnen sind. Hier wurden für die Analyse zum besseren Vergleich Blätter ohne Mittelrippen verwendet (57).

Die analytischen Vergleichzahlen lassen erkennen, daß die morphologische Abweichung beim Kopfkohl gegenüber dem Normaltyp (Grünkohl) in erster Linie durch Lichtausschluß (farblose Blätter) bedingt ist und eine unerwartet starke Abnahme wertgebender Inhaltsstoffe zur Folge hat (57). Hervorstechend sind das völlige Verschwinden von Carotin und von Gesamt-Chlorophyl in den inneren Kopfblättern des Weißkohls, ferner die starken Verluste beim Relativen Eiweißgehalt, bei der Eiweißqualität (EAS-Indices für 8 EAS), beim Lysin-, Methionin- und beim Schwefelgehalt. Auch die hier nicht mitaufgeführten Vitamin C-Gehalte sinken bei Kopfbildung ebenso stark ab.

Das in der gleichen Tabelle 11 angeführte Beispiel für Unterschiede in wertgebenden Inhaltsstoffen bei rosettenartig offenem Advents-Schnitt-

Darst. 13

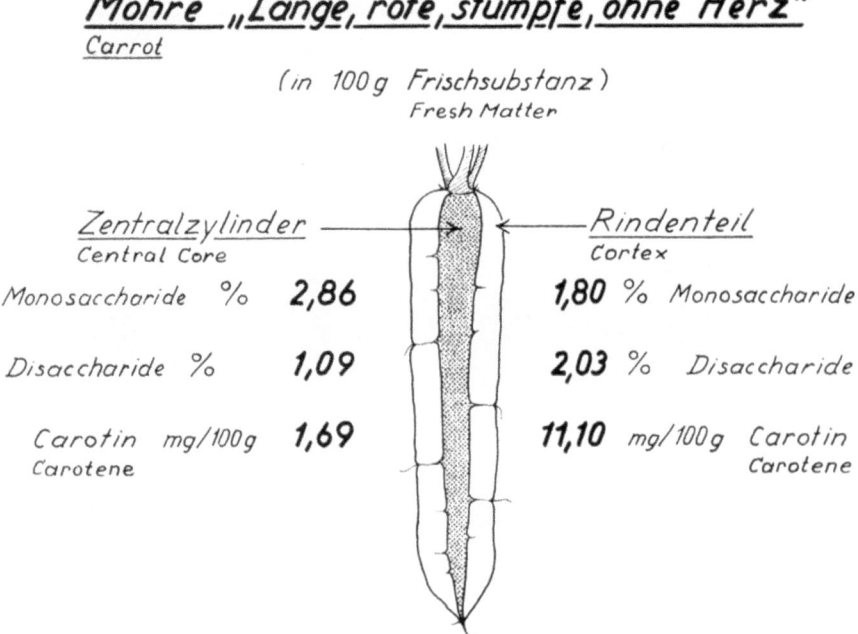

kohl und Advents-Kopfkohl mit lockerer Kopfbildung zugunsten des offenen Schnittkohls erhärtet die obige Beweisführung. Ausführliche experimentelle Unterlagen können einer Spezialarbeit entnommen werden (57).

An Möhren (Kaloriengehalt 35 Kcal) können wir die Wichtigkeit morphologisch/anatomischer Verschiedenheit für die Qualitätszüchtung wohl am besten darlegen (3, 86). In der Darst. 12 ist eine viergeteilte Möhrenwurzel abgebildet. Sie läßt, beginnend vom Kopfteil – dem zuerst entwickelten Wurzelabschnitt – bis hinab zur Wurzelspitze sukzessiv-abnehmende Trockensubstanzprozent und Carotingehalte (mg %) erkennen.

Eine in den äußeren Rindenteil und in den inneren Zentralzylinder aufgeteilte Möhrenwurzel zeigt ferner (Darst. 13), daß in den meisten Sorten im Rindenteil sehr viel höhere Carotin- und Disaccharidgehalte als im Zentralzylinder sind, während Monosaccharide in geringerem Maß im Rindenteil der Wurzel gefunden werden.

Diese Feststellungen – 1942 in einer größeren Arbeit veröffentlicht (3) – lieferte den deutschen Mohrenzüchtern Unterlagen zur Schaffung neuer carotinreicher Möhrensorten (s. Darst. 5), die wohl in der Welt ohne Konkurrenz sein dürften.

Hohe Carotingehalte in Möhren können sich übrigens nach

Darst. 14

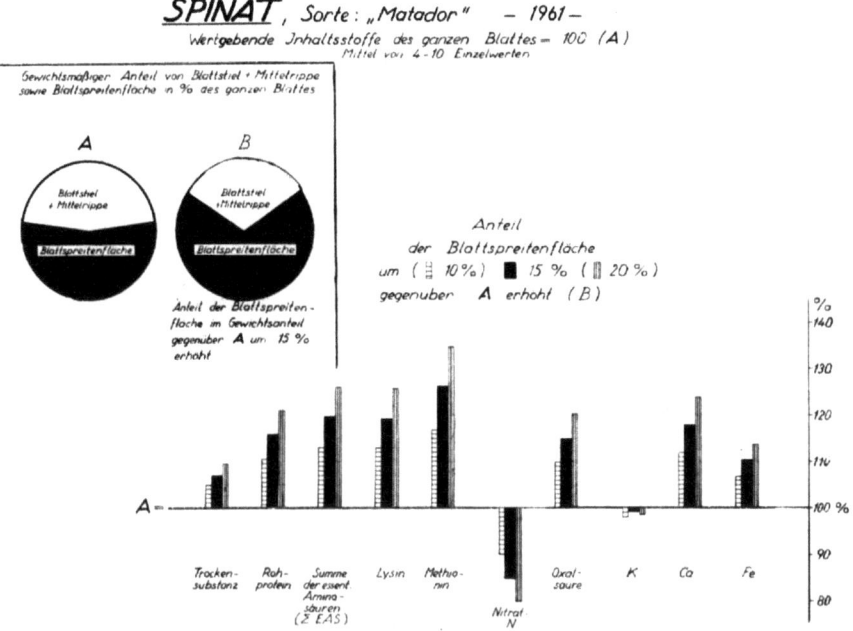

W. Kübler (87) auf Säuglinge und Kleinkinder nicht gesundheitsschädlich auswirken. Ohne Beweise zu erbringen, hatte nämlich ein Züchter vor carotinreichen Möhren gewarnt (88).

Diese und andere hier nicht genannten Befunde (86) geben dem Züchter einfache Hilfsmittel zur planvollen Selektionsarbeit an die Hand. Blattspreitenflächen, z.B. von Spinat (23 Kcal), enthalten bedeutend mehr an wertgebenden Inhaltsstoffen und weniger an potentiellen Schadstoffen als Mittelrippen, einschließlich Stengelanteilen und Sproßachsen, die z.B. alle das unerwünschte Nitrat in erheblichen, von der jeweiligen Höhe der N-Düngung abhängigen Menge speichern können (89).

Wie in Darst. 14 gezeigt wird, kann durch praktische Züchtungsmaßnahmen der erwünschte Blattspreitenanteil – auf Kosten der nitratreichen Leitbündelträger (Sproßachse, Blattstiele und Mittelrippe) – erhöht werden. Dies bringt eine Steigerung der Gehalte an Rohprotein, Lysin, Methionin, Calcium und Eisen sowie eine Erhöhung der Summe der 8 essentiellen Aminosäuren.

Allerdings sind dem Ausmaß dieser Züchtungsmaßnahmen Grenzen gesetzt durch die unentbehrliche Statik und Leistungsfunktion der Sproßachsen und Mittelrippen, die bei der Nahrungspflanze unbedingt erhalten bleiben müssen.

Die Darst. 14 läßt mögliche Gewinne an wertgebenden Inhaltsstoffen durch eine 10 bzw. 15%ige züchterische Erhöhung des Anteils der Blattspreitenfläche an der gesamten oberirdischen Spinatmasse erkennen. Weitere Beispiele sind einer Spezialarbeit (86) zu entnehmen.

d. Umwelt

Die Umwelt der Pflanzen mit ihren Faktoren, Boden, Klima und anthropogenen Kulturmaßnahmen, prägt – zusammen mit dem erbbedingten, also genetisch fixierten Eigenschaften (Genotyp) – den Phänotyp unserer Nahrungspflanzen aus. Dies ist der Darst. 10 zu entnehmen.

J. E. Hårdh (86a) wies nach, daß die Umwelt nördlicher Breitengrade unter den gleichen edaphischen Bedingungen einen deutlichen Einfluß auf wertgebende Inhaltsstoffe (Carotin, Vitamin C, Zucker und Aromastoffe) in 14 Gemüsearten hat. Carotin wird durch Wärme, Vitamine C offenbar durch Temperaturschwankungen, insbesondere niedrige nächtliche Temperaturen, gefördert.

Aus Raumgründen ist hier anstelle vieler Einzelbeispiele, nur ein einziges, aber sehr aufschlußreiches Schaubild (Darst. 15) über die ursächlichen Zusammenhänge des Befalls der Mohren durch die Mohrenfliege angeführt. Das Mohrenbeispiel schließt praktisch alle ökologischen Einflußmöglichkeiten mit ein und hat überdies den Vorzug, sinngemäß zum nächsten Hauptkapitel überzuleiten.

Darst. 15

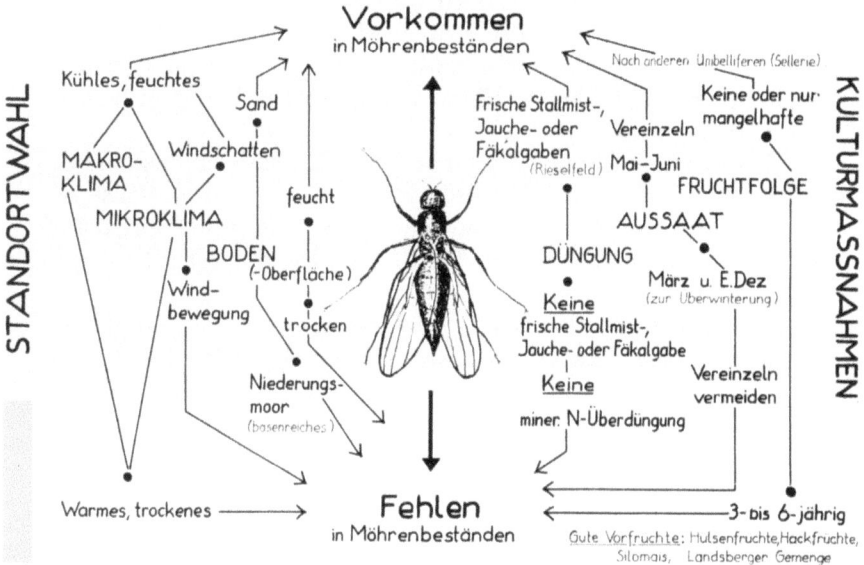

Dem Schaubild ist zu entnehmen, daß das Auftreten oder das Fehlen der Möhrenfliege in Möhrenbeständen in erster Linie der Standortwahl, dann aber auch den Kulturmaßnahmen des Menschen zuzuschreiben sind (90).

Der von uns geprägte Begriff 'Standortgerechter Qualitätsanbau' kann bei Berücksichtigung aller Kriterien des Schaubildes eine augenfällige kausale Stütze erhalten: Man kann danach im positiven Sinne sagen, daß die Möhrenfliege dann keinen Schaden anrichtet, wenn
1. die Anbauflächen den Winden ausgesetzt, nicht von Hecken, Gräben, Unkrautnestern usw. umgeben und weit in den Gemarkungen verstreut sind,*
2. die Böden an der Oberfläche reich an Temperaturextremen und trocken (puffig) sind, im Untergrund aber ausreichend Wasser führen (Moorböden) und
3. das Makroklima überwiegend kontinentalen Charakter besitzt, das Mikroklima – in gewissen Grenzen durch falsche Kulturmaßnahmen

---

* Dies wurde spater in Holland als praxisrelevant erprobt und berücksichtigt (mundl. Mitteilung von Dr. L. Brader, Plant Protection Service, FAO, Rom, am 22.1.1976 in Stuttgart.

beeinflußbar – starke Tag-Nachtschwankungen der Temperatur sowie eine geringe relative Luftfeuchte aufweist.

Daneben ist aber – wie das Schaubild weiter zeigt – eine Reihe von Kulturmaßnahmen zu berücksichtigen, ohne die die Möhrenfliegen abweisenden Eigenschaften des Standortes u.U. wirkungslos bleiben. Als maßgeblich werden erkannt: Fruchtwechsel, Vorfruchtwahl, Bodenvorbereitung, organische und mineralische Düngung, Aussaattermin, Saatgutauswahl, Bestandesdichte, Verziehen, Beregnen, Berieseln, Ernteweise und Erntezeitpunkt.

Entscheidend wichtig ist auch, daß man bei dem relativ engbegrenzten Verbleib der Möhrenfliege am Befallsstandort eine 3–6jährige Pause bis zum Wiederanbau von Möhren einlegen sollte. Als gute Vorfrüchte gelten, Hülsenfrüchte, Silomais, Hackfrüchte und Landsberger Gemenge.

Wesentlich ist auch, daß sich als eindeutig befallsfördernd erwiesen haben frischer Stallmist, Fäkalien- und Jauchegaben sowie Überdüngung mit mineralischem Stickstoff.

3. CHEMISCH-ÖKONOMISCHE KULTURMASSNAHMEN

a. Allgemeines

Spätestens mit Justus von Liebigs epochaler Entdeckung um die Mitte des vorigen Jahrhunderts war es Ziel der Agrikulturchemie durch maximalen Einsatz der sogen. Kernnährstoffe Höchsterträge bei Nahrungs- und Futterpflanzen zu gewinnen. Maximierung der Erträge ist auch heute noch erstrebenswertes Ziel im Pflanzenbau (22, 81).

Der Ertrag als Ergebnis progressiven Wachstums ist polyfaktoriell bedingt. Wie das Schema (Darst. 16) zeigt, ist der Ertrag das Endergebnis von Auswirkungen einer Reihe verschiedener Faktoren in mannigfachem Wechsel ihres Zusammenspiels und ihrer Wirkungsstärke. Diese natürlichen Faktoren beeinflussen den Ertrag, aber nicht immer in gleicher Weise die phytochemische Produktivität im Sinne einer höheren oder einer geringeren ernährungsphysiologischen Qualität. So haben Licht und Temperatur einen großen Einfluß auf die Photosynthese-Intensität und damit auf die Photosynthese-Produktivität, d.h. auf das Verhältnis 'Photosynthese zu Atmung'. Eine mögliche Variation kann sich in den Gehalten an wertgebenden Inhaltsstoffen wiederspiegeln (91).

Der Mensch kann – wie wir sahen – durch zielbewußte Pflanzenzüchtung genetisch festgelegte Ertrags- und Qualitätsmerkmale weitgehend verändern, jedoch die naturgegebenen ökologischen Bedingungen nur in relativ engen Grenzen. Durch Kulturmaßnahmen, z.B. durch Bodenbearbeitung, Bodenpflege, Düngung und Pflanzenschutz, sind jedoch Erträge, Marktqualität und wertgebende Inhaltsstoffe der Erzeugnisse in bemerkenswert weiten Grenzen zu beeinflussen.

Von den anthropogenen Maßnahmen* sind die Düngung und der mit diesen Maßnahmen eng korrelierte Pflanzenschutz besonders hervorzuheben. Beide üben auf Ertrag, Marktqualität und Biologischen Wert einen bedeutenden Einfluß aus.

Die Mineraldüngung hat seit 40 Jahren mit einer steigenden Verknappung organischer Dünger ständig an Bedeutung zugenommen, sehr zum Nachteil des Qualitätsanbaues von Kartoffeln und Gemüse. Hackfrüchte, namentlich ihre früher in die 1. Stallmisttracht gestellten Vertreter, Kartoffeln, Kopf-, Blumen- und Rosenkohl, Tomaten, Gurken und Sellerie (32), sind davon in erster Linie betroffen.

Über die Problematik einer organischen, mineralischen und einer

---

* Auch Kulturen unter Glas und Folien, unbeheizt oder beheizt.

Darst. 16

SCHEMA

WACHSTUM und ERTRAG in Abhängigkeit von genetischen ökologischen und anthropogenen Faktoren. (Nach W. SCHUPHAN)

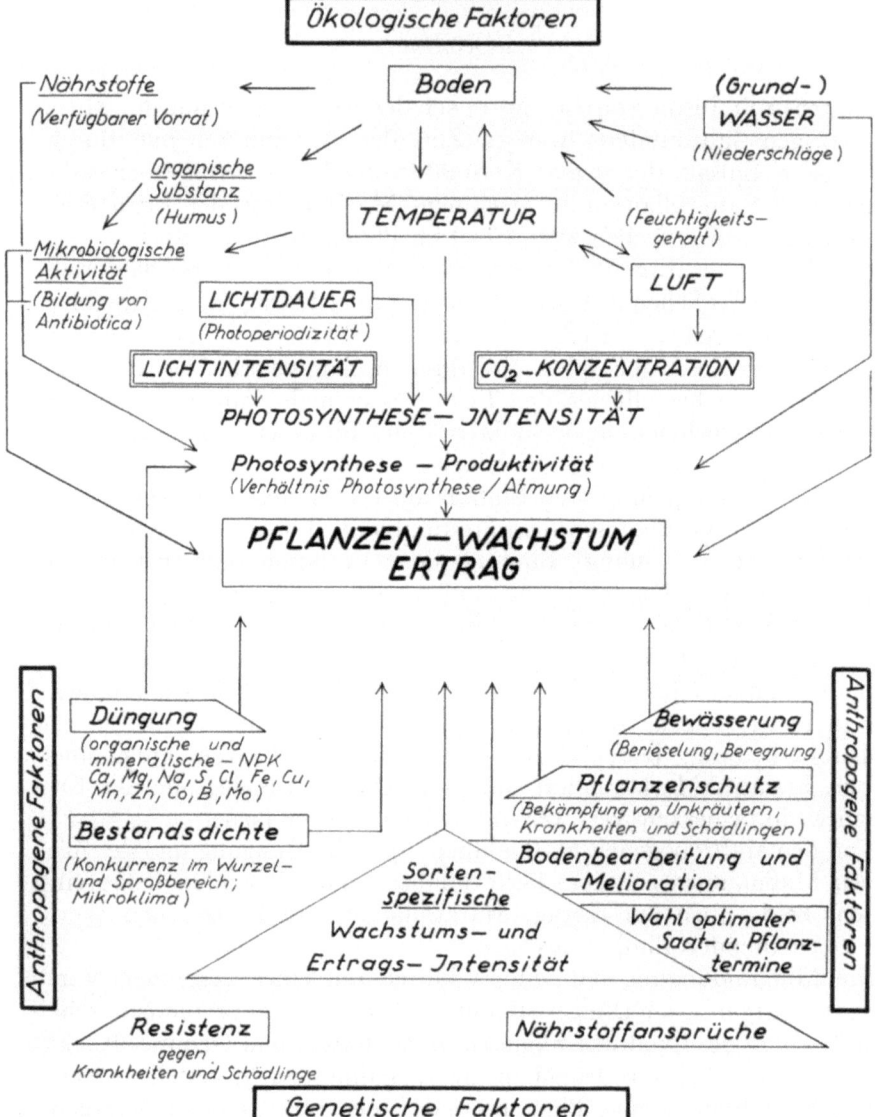

kombiniert organisch-mineralischen Düngung wird noch im Kapitel II ausführlich aufgrund 12 jähriger experimenteller Arbeiten berichtet.

b. Mineraldüngung

Bei chemischen Analysen zur Klärung der sogen. Rostverfärbung angeschnittener Sellerieknollen – sie wurde als Verharzung ätherischer Öle unter Einwirkung von Peroxydasen nachgewiesen (93) – ergab sich 1935 ein überraschender Nebenbefund.

Begleitende orientierende Versuche über die Düngungsabhängigkeit der Verfärbung und des sie verursachenden ätherischen Sellerieöls zeigten folgendes: Mit steigenden Stickstoffgaben – nicht aber mit steigenden P- und K-Gaben – sank der Gehalt der Sellerieknollen an geschmackgebendem ätherischen Öl laufend ab, ein Befund, der auch geschmacklich nachweisbar war (93).

Diese Ergebnisse wurden 1937 von Chemikern der Düngemittelindustrie – auch im Hinblick auf die Treffsicherheit der ausgearbeiteten Analysenmethoden – bestätigt* (hierzu auch (94))**.

Diese Resultate über eine eindeutig abträgliche Wirkung der Stickstoffdüngung auf einen geschmacksaktiven, sekundären Pflanzenstoff wurden richtungsweisend auch für die Überprüfung anderer Inhaltsstoffe und für den Ansatz langjähriger Versuche und Untersuchungen mit Gemüse unter meiner Leitung im Institut für Gemüsebau Großbeeren/Berlin und mit Gemüse, Obst, Kartoffeln und Getreide in der Bundesanstalt für Qualitätsforschung pflanzlicher Erzeugnisse in Geisenheim/Rhg.

Dabei kamen auch andere Forschungsergebnisse zu Hilfe, die sich zwar zentral am Biologischen Wert der Nahrungspflanzen orientierten, die aber auch andere Sachgebiete und Einflußsphären betrafen. Es waren: Abhängigkeit von der Anbauart (Freiland- oder Gewächshauskultur), von verschiedenen genetisch fixierten Sorten (Selbst- und Fremdbefruchter), von Großensortierungen der Handelsklassen ('Gemeinsame EG-Qualitatsnormen') und von deutlich differenzierbaren Standortfaktoren (lehmiger Sand und Moorboden) (95).

Aber auch Fragen der Beziehungen düngungsabhängiger wertgebender Stoffe von der Ertragshöhe, von der Zu- bzw. Abnahme von Pflanzenkrankheiten und -schädlingen mit ihren Folgen, stärkerer oder schwächerer Pestizideinsatz und mögliche toxische Rückstände nahmen ein hohes Maß an Interesse in Anspruch.

Wie die Darst. 17 erkennen läßt, nahm seit 1935 der Verbrauch an Mineraldüngern in Deutschland ständig zu, mit Ausnahme des Phosphats, das ab 1960 eine nur bescheidene Steigerung erfuhr. Nach 1961 erhöhte

---

* Mündliche Mitteilung von Herrn Dr. Hubert Roth, IG-Farben, Ludwigshafen.
** Bei verschiedenen Selleriesorten ist die Übereinstimmung nicht so treffend (sortentypisches ätherisches Ölspektrum mit spezifischen Bestandteilen!)

Darst. 17

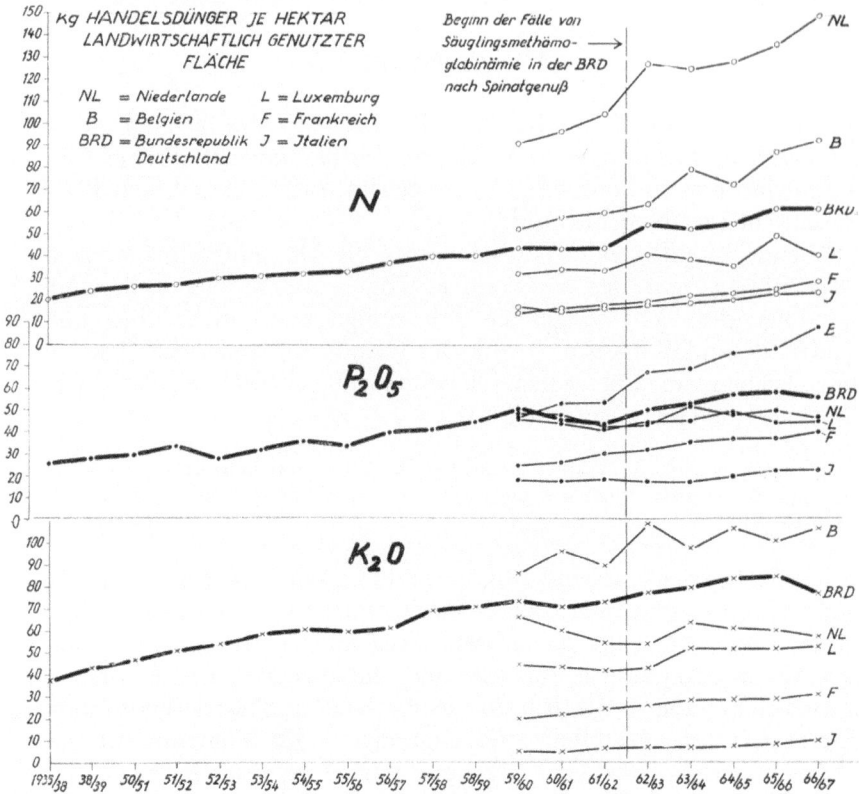

sich der Stickstoffverbrauch in Deutschland, besonders aber in den EG-Ländern mit intensiv betriebenen Gemüse- und Obstkulturen (Belgien und Niederlande) beträchtlich.

In den Anfangsjahren der Stickstoff-Steigerungsperiode fielen in Berlin, Hamburg und Kiel die Erkrankungen von Säuglingen (Kreislaufzusammenbrüche und Methämoglobinämie) nach Genuß stickstoffüberdüngten, nitratreichen Spinats (96, 97, 98). Darauf ist noch zurückzukommen.

Die Darst. 17 zeigt weiter, daß Belgien von 1959 bis 1967 mit steigender Tendenz im Verbrauch an Phosphat und an Kali weit an der Spitze lag. Sonst war in Deutschland, besonders in den Niederlanden und in Italien, ein überbetontes Nährstoffangebot an Stickstoff unter z.T. starker Vernachlässigung der pflanzlichen Kaliversorgung (Niederlande, Italien) charakteristisch.

Der Stickstoff gilt mit Recht als wirksamster Ertragsfaktor unter den Pflanzennährstoffen. Sein Nutzen ist – wie bei keinem anderen Hauptnährstoff – bis zu einem erreichten Optimum der N-Zufuhr deutlich ausgeprägt, ebenso deutlich wie sein Schaden nach Überschreiten der Optimalschwelle.

Mit der N-Überdüngung entsteht ein bedeutendes 'Stickstoffproblem', dessen gesundheitliche Tragweite wir im Augenblick nur teilweise kennen. Alle Folgen können wir allerdings z.Zt. noch nicht mit genügender Sicherheit übersehen. Bildung von krebserregenden Nitrosaminen im Darmtrakt aus nitratreicher Nahrung wird z.Zt. von Toxikologen diskutiert.

Zunächst sollen die ertragsfordernden Eigenschaften des Stickstoffs behandelt werden.

Seit altersher ist das Streben der landbebauenden Menschen auf die Bekämpfung des Hungers ausgerichtet. Es galt, dem Boden hohe Erträge abzuringen. Nun sind hohe Erträge, z.B. bei Kartoffeln und bei Äpfeln, nicht nur das Ergebnis eines erhöhten Anteils großer Knollen oder Früchte an der Gesamternte, sondern auch einer Vielzahl mittelgroßer bis kleiner Exemplare. Deshalb werden bei den Massenträgern im Obstbau, z.B. bei der Apfelsorte 'Golden Delicious' Ausdünnungshormone angewendet.

Auch heute strebt man gemäß EG-Qualitätsnormen nach großen und schweren Erzeugnissen. Diese Tendenz wird für zu kochende pflanzliche Erzeugnisse mit der Zunahme von Großküchenverpflegung und Herstellung von Fertiggerichten aus arbeitstechnischen Gründen weiter anhalten.

Aus Fachzeitschriften des vorigen Jahrhunderts, wissen wir bereits, daß auf Gartenbau-Ausstellungen die Übergröße als Leistungsmaß prämiert wurde (21), z.B. Riesenäpfel, Riesenkürbisse und gigantische Kohlköpfe. Dem Idol maximaler Größe huldigen auch heute noch, nicht nur Liebhaberkreise, sondern auch die Jury auf internationalen Gartenbau-Ausstellungen.

Größe und Gewicht pflanzlicher Erzeugnisse sind zunächst einmal genetisch bedingt. Die erbliche Schwelle kann allerdings sowohl durch ökologische Einflüsse als auch durch Kulturmaßnahmen durchbrochen werden. Maßgeblichen Anteil haben hierbei Einflüsse der Temperatur, des Wassers, des Bodens, vor allem aber der Düngung, insbesondere mit Stickstoff. Das Ausmaß der Größen- und Gewichtsveränderung ist dabei von der Wirkungsstärke einzelner oder kombinierter Außenfaktoren abhängig (vgl. auch Darst. 16). Bei Kartoffeln, Kopfkohl und Äpfeln sind übergroße Exemplare das Ergebnis reichlicher Wasser- und Stickstoffzufuhr, Kriterien, die auch bei Rieselfeldkultur von Kohl maßgeblich zu einem üppigen Wachstum führen.

Zwei völlig verschiedene Ursachen – hier 'innere' Bedingtheit, dort 'äußerer' Einfluß – können somit bei unseren Nahrungspflanzen das gleiche Ergebnis – maximale Große und Höchstgewicht – hervorrufen. Hier ist es ein genetischer, dort ein physiologischer Vorgang. Trotz übereinstimmender phänotypischer Merkmale – Größe und Gewicht – können sie sich aber grundlegend und zwar biochemisch, ernährungsphysiologisch und in ihrem biologischen Verhalten, z.B. bei der Haltbarkeit im Winterlager, unterscheiden.

So bilden kleinköpfige Dauersorten eines aus Rieselfeldanbau stammenden Weißkohls infolge zu reichlicher Stickstoffzufuhr, bei gleichzeitiger guter Wasserversorgung, atypisch große Köpfe. Sie zeichnen sich durch geringe Haltbarkeit im Winterlager aus und müssen deshalb früh verbraucht werden.

Dagegen kann eine erblich großausfallende Weißkohl-Dauersorte von gleicher Größe – bei normaler physiologisch ausgewogener Düngung – eine ausgezeichnete Lagerfähigkeit aufweisen.

Ähnlich wie Weißkohl verhalten sich Kartoffeln, Möhren, Knollensellerie, Pastinaken, Kohl- und Speiserüben, Dauerkohlrabi, Winterrettiche, Äpfel und Birnen.

Als chemische Qualitätsmerkmale können die Höhe des Gesamt-Stickstoffs und des Relativen Eiweißgehaltes, des Nitrat-N-Gehaltes, der freien Aminosäuren und des Methionins angesehen werden. Ein hoher Wert für Gesamt-N bei verhältnismässig geringem Eiweißgehalt – in anderen Worten ein relativ geringer Relativer Eiweißgehalt – kann Geschmacksrückgang und geringe Haltbarkeit bedingen.

Langzeitversuche mit steigenden Stickstoff-, Kali- und Phosphatgaben zeigten wohl beim Stickstoff, nicht aber beim Kali und bei der Phosphorsäure eine wesentliche Veränderung der wertgebenden Inhaltsstoffe, wenn von einer Abnahme des Magnesiumgehalts bei steigenden Kaligaben abgesehen wird (21, 22).

Mit steigender Stickstoffdüngung steigt zwar, wie die Darst. 18, 19 zeigen, Ertrag und Rohproteingehalt steil an. Der Reineiweißgehalt folgt aber nur verhalten. Sein Anstieg wird mit der Höhe der N-Düngung (gegenüber dem Rohproteingehalt) immer geringer und damit auch der Relative Eiweißgehalt (Darst. 18).

Die düngungsbedingte Erhöhung des Rohproteingehalts hat auch einen Abfall der Biologische Eiweißwertigkeit und – wie die Darst. 19 erkennen läßt – einen unerwünschten Anstieg der freien Aminosäuren zur Folge; unerwünscht deshalb, weil in ihnen hauptsächlich Glutaminsäure, Glutamin und kaum essentielle Aminosäuren vorherrschen.*

Ausser dem Rohproteingehalt der Nahrungs- und Futterpflanze wurde schon im vorigen Jahrhundert der Stärke- und der Zuckergehalt in Industriekartoffeln und in Zuckerrüben laufend analytisch bestimmt. Bei Braugerste ermittelte man in Betriebskontrollen den sogen. 'schädlichen Stickstoff'.

Dies waren damals die einzigen chemisch ermittelten Qualitätsmerkmale, die man – neben dem erzielbaren Höchstertrag – als Kriterien

---

* Freie Aminosauren treffen als unvollständiges Aminosäurengemisch auch zeitlich früher im Verdauungstrakt ein als die mehr oder minder ideal zusammengesetzten Eiweißkörper, die erst abgebaut werden mussen.

Darst. 18

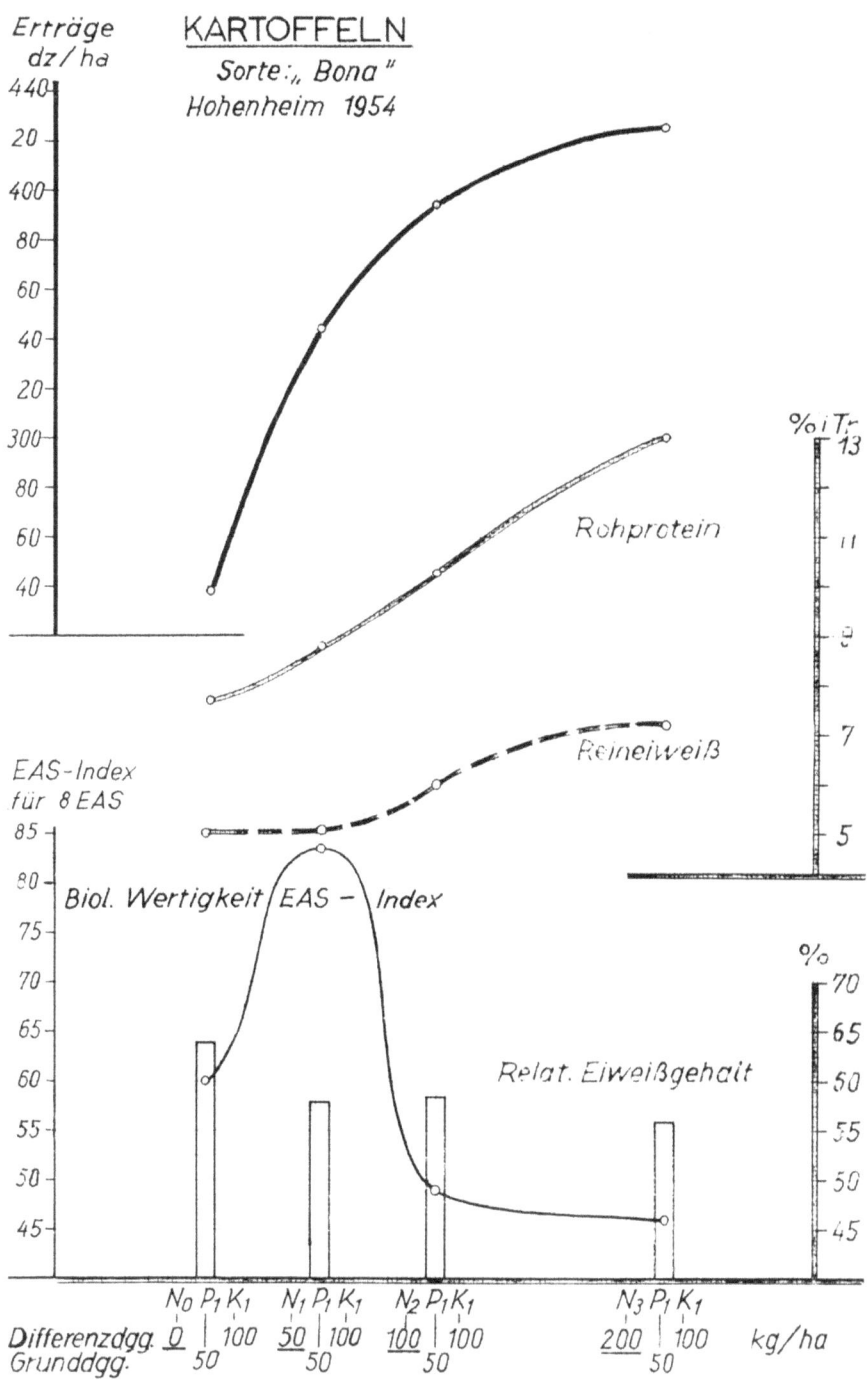

Darst. 19

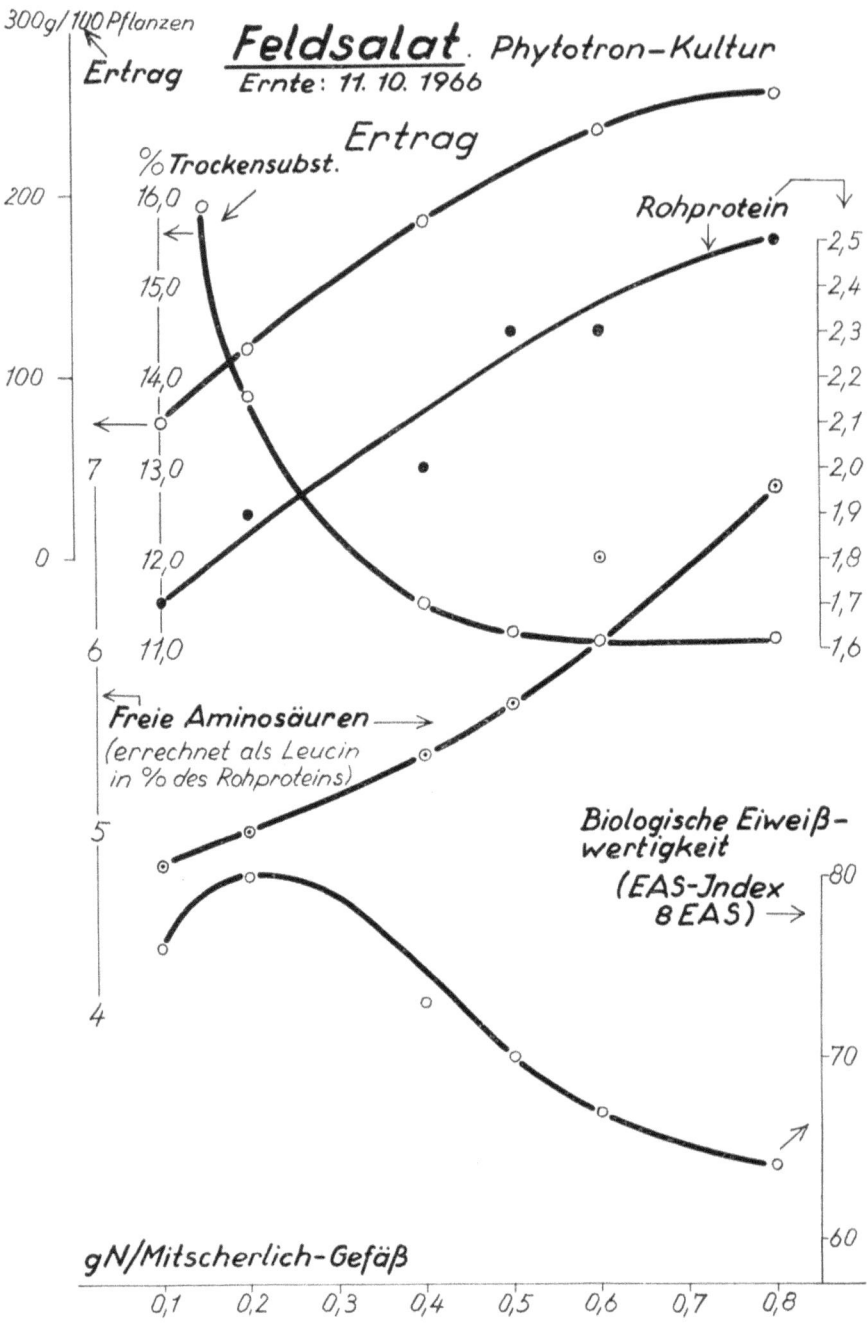

des qualitativen Anbauerfolgs herausstellen konnte. In Feld-, Betonrahmen- und Klimakammerversuchen haben wir seit 1953 in der Geisenheimer Bundesanstalt für Qualitätsforschung pflanzlicher Erzeugnisse den Mechanismus der Nitrat- und Nitritbildung – meist an der Modellpflanze Spinat – unter verschiedenen ökologischen Bedingungen geprüft (99).

Neben den natürlichen ökologischen Bedingungen spielen die Kulturmaßnahmen des Menschen eine Rolle, die die ökologischen Gegebenheiten maßgeblich beeinflussen können. Ökologische Faktoren sind Klima und Boden. Beim Klima interessiert uns der langjährige Einfluß des Witterungsverlaufs, insbesondere die Sonnenscheindauer, Temperatur und Niederschläge, bei den Kulturmaßnahmen – außer Zeit und Aufgog der Saat – die Abhängigkeit dieser Kriterien von ökologischen Faktoren und von der Düngung.

Nach Befunden der Weltliteratur und nach eigenen experimentellen Ergebnissen seit 1953 ist zusammenfassend folgendes zu sagen:
1. Die Pflanze nimmt – je nach physiologischer Konstitution – den Stickstoff als NO_3'- oder als NH_4-Ion auf, um daraus Aminosäuren und hochmolekulares Eiweiß zu bilden.
2. Dieser Prozeß erfolgt in der Pflanze nur dann nahezu vollständig, das heißt ohne nennenswerte Restmengen von Nitrat-N, wenn alle Wachstumsfaktoren optimal sind. Insbesondere gelten als ausschlaggebende Wachstumsfaktoren Wasserversorgung der Pflanze aus dem Boden, Lichtintensität und bedingt auch Temperaturhöhe.
3. Bei Dürre, also anhaltender Bodentrockenheit, reagiert die Pflanze – selbst bei gleichbleibendem Stickstoffangebot – mit hoher Nitratkonzentration. So traten Mitte 1950 im Staate Missouri als Folge dürrebedingter, hoher Nitratgehalte im Futter gehäuft Todesfälle beim Vieh auf.
4. Hohe Lichtintensität bei sonst auch günstigen Wachstumsbedingungen, insbesondere der Wasserversorgung, fördert Photosynthese und damit Eiweißbildung und bewirkt andererseits ein Absinken des Nitratspiegels in der Pflanze, auch bei stärkerer N-Zufuhr aus Bodenvorrat und Düngung.
5. Neben den genannten ökologischen Faktoren, Licht und Wasser, sind die Kulturmaßnahmen des Menschen, insbesondere die N-Düngung, für die Höhe der in Pflanzen vorkommenden Nitrat-N-Düngung verantwortlich. Hohe N-Gaben haben hohe Nitratgehalte zur Folge. Auch eine zusätzliche Versorgung (zu dieser hohen N-Düngung) mit Spurenelementen (Kupfer, Zink, Bor, Molybdän und Kobalt) hat keinen Einfluß auf die Höhe des Nitratgehalts der Pflanze. Nach Anwendung des Herbicids 2,4-D steigt – wie bei hohen N-Gaben – der Nitratgehalt in Pflanzen an.
6. Allein hohe Nitratgehalte – z.B. im Spinat, bedingt durch hohen N-Gehalt des Bodens und/oder übermässige N-Düngung (> 80–90 kg N/ha) – sind Voraussetzung für Nitritgehalte in gesundheitsbedrohender Höhe. Durch längeren rüttelnden Transport und anschliessende Lagerung

erfolgt beim Spinat Selbsterhitzung und bakterielle Reduktion des Nitrats zu Nitrit in der geernteten Rohware. Die Möglichkeiten einer bakteriellen Nitratreduktion sind im nitratreichen, tiefgefrorenen Spinat nach J. Borneff (100) auch gegeben, ebenso nach Aufbewahrung gekochten und wiederaufgewärmten Spinats.*

7. Ruderalpflanzen aus der Familie der Chenopodiaceen, wie Spinat und Betarüben, ferner monströse Formen der als Nahrungs- und Futterpflanzen genutzen Kruziferen, hier insbesondere die Brassica-Vertreter, z.B. Marktstammkohl, Kopfkohl, Grünkohl, Blumenkohl, die Hypokotyl- und Wurzelknollen von Raphanus, insbesondere Radies und Rettich, speichern Nitrat-N in relativ großen Mengen. Auffallend gering – selbst nach starker N-Düngung – ist der Nitratgehalt der Möhren, falls keine Herbizide, z.B. 2,4-D-Präparate verwendet werden. Die Möhre scheidet nur dann als Gefahrenquelle für Nitritvergiftung aus ((21) S. 50), (101).

Zur Erläuterung seien bisherige Ergebnisse mit unserer Modellpflanze Spinat, z.T. aus langjährigen Düngungsversuchen in Tabellen und graphischen Darstellungen angeführt. Tabelle 14 gibt Befunde aus dem Jahre 1954 wieder, die in Geisenheimer Klimakammerversuchen mit Spinat gewonnen wurden (89). Hiernach wiesen Pflanzen, die bei 5000–6000 Lux gezogen worden waren, deutlich höhere Nitratgehalte auf als solche bei einer Anzucht unter 6000–7000 Lux. Bei der niedrigeren Lichtintensität waren die Nitratgehalte – gegenüber den Vergleichspflanzen mit stärkerer Belichtung – um 60 bis 85% höher. Eine organische Düngung mit Jauche wirkte – wie aus der Tabelle hervorgeht – stark nitraterhöhend beim Spinat. Die gefundenen Werte entsprechen etwa denen einer mineralischen N-Düngung der Reihe N_3. Zu ähnlichen Ergebnissen über den Lichteinfluß auf den Nitratgehalt kamen 1956 Scharrer & Seibel (102) bei Futterpflanzen.

1955 legten wir an zwei klimatisch sehr verschiedenen Standorten, in Kiel und in Geisenheim/Rheingau, Stickstoffsteigerungsversuche mit Spinat an. Bezogen auf Trockensubstanz wurde unter den lichtärmeren

Tabelle 14. N-Fertilizing trials in Mitscherlich-Pots. Spinach (cultivar: 'Universal'). Experiments in a Phytotrone.

Intensity of Light in Lux	Liquid Manure mg NO_3 in %	N_0 mg NO_3 in %		N_1 mg NO_3 in %		N_2 mg NO_3 in %		N_3 mg NO_3 in %	
	Fr. Dr.	Fr.	Dr.	Fr.	Dr.	Fr.	Dr.	Fr.	Dr.
5000–6000	410 3460	270	3170	280	3120	260	2920	400	3820
6000–7000	280 2430	180	2040	180	2090	200	2090	200	2050

* Die Rolle des Nitrats in Gemusekonserven siehe unter III, 6, "Dosenkonservieren".

Vegetationsbedingungen Kiels bei den direkt vergleichbaren Düngungsreihen N_1 und N_2 rund 40 bzw. 20% höhere Nitratgehalte im Spinat ermittelt als unter den lichtintensiveren Verhältnissen in Geisenheim-

In langjährigen N-Düngungsexperimenten auf 10 m² großen Betonrahmenparzellen leiteten wir 1960 in 4 facher Wiederholung siebenjährige Spinatversuche ein. Bis 1963 wurden sie mit den N-Düngungsstufen Null, 60, 120, 180 und 240 kg/ha 4jährig wiederholt.

Dann veranlasste uns die Tatsache, daß beim Spinat im Vertragsanbau fur die Gefrierindustrie z.T. bis uber 300 kg N/ha gegeben wurde, zu einer Änderung des Versuchsplans ab 1964. Wir setzten – neben der N-Null-Reihe – die in Lehrbüchern für Gemusebau als Normalgabe zu Spinat empfohlene N-Düngung von 80 kg/N/ha als mittlere Gabe ein und steigerten die Stickstoffdüngung auf 160, 240 und 320 kg/ha. Somit wurden vergleichbare, siebenjahrige Dungungsbefunde vom gleichen Standort erhalten, die statistisch verrechnet, signifikante bis hochsignifikante Ergebnisse brachten.

Die in den folgenden Darstellungen wiedergegebenen Kurven zeigen auf den Ordinaten die Gehaltszahlen der wertgebenden Stoffe, auf den Abszissen die Ertragswerte, die bei einer bestimmten N-Gabe erreicht wurden.

Aus den Darstellungen ist zu entnehmen, daß die Ergebnisse der Mittelwerte von wertgebende Inhaltsstoffen des Spinats der 4- bzw. 3 jährigen Versuche in der Tendenz völlig übereinstimmen. Unter dem Einfluß einer steigenden Stickstoffdüngung fallen die Trockensubstanzgehalte gleichmässig ab, Gesamt-N nimmt zu, Eiweiß-N auch, aber verhaltener. Der Nitratgehalt steigt ziemlich steil an (98, 99).

Die Darstellung 20 zeigt die positiven Beziehungen zwischen stickstoffbedingter Ertragssteigerung und steigenden Nitratgehalten, die Darstellung 21 beim Zucker, unter den gleichen Bedingungen, stark abfallende Gehalte, bei der Ascorbinsäure mäßigen und beim Carotin praktisch keinen Verlust. Zur Erzielung maximaler Erträge sind gegenwärtig in der Praxis hohe Gaben an Stickstoff üblich. Bei nitratspeichernden Pflanzen der Chenopodiaceen und der Brassicaceen kann sich düngungsbedingt Nitrat in unerwünscht hohen Mengen speichern. Nitrat ist die Ausgangssubstanz für das durch Reduktion gebildete toxische Nitrit. Es kann bei Kleinstkindern Kreislaufkollaps und Methämoglobinämie hervorrufen. Derartige Vergiftungsfälle wurden nach Verfütterung N-überdüngten, nitratreichen Spinats vor mehr als 10 Jahren in Berlin, Hamburg und Kiel registriert.

Die Bildung von Nitrat bei starker Düngung wird auch durch den zusätzlichen Einsatz von Herbiziden sehr begünstigt. Im übrigen korreliert positiv intensive Düngung und verstärkter Einsatz toxischer Pestizide.

Die Tabelle 15 läßt erkennen, daß die Biologische Eiweißwertigkeit (EAS-Index) mit steigenden N-Gaben absinkt und daß dies signifikant auf den Rückgang der wichtigen schwefelhaltigen essentiellen Aminosäure Methionin zurückzuführen ist.

Darst. 20

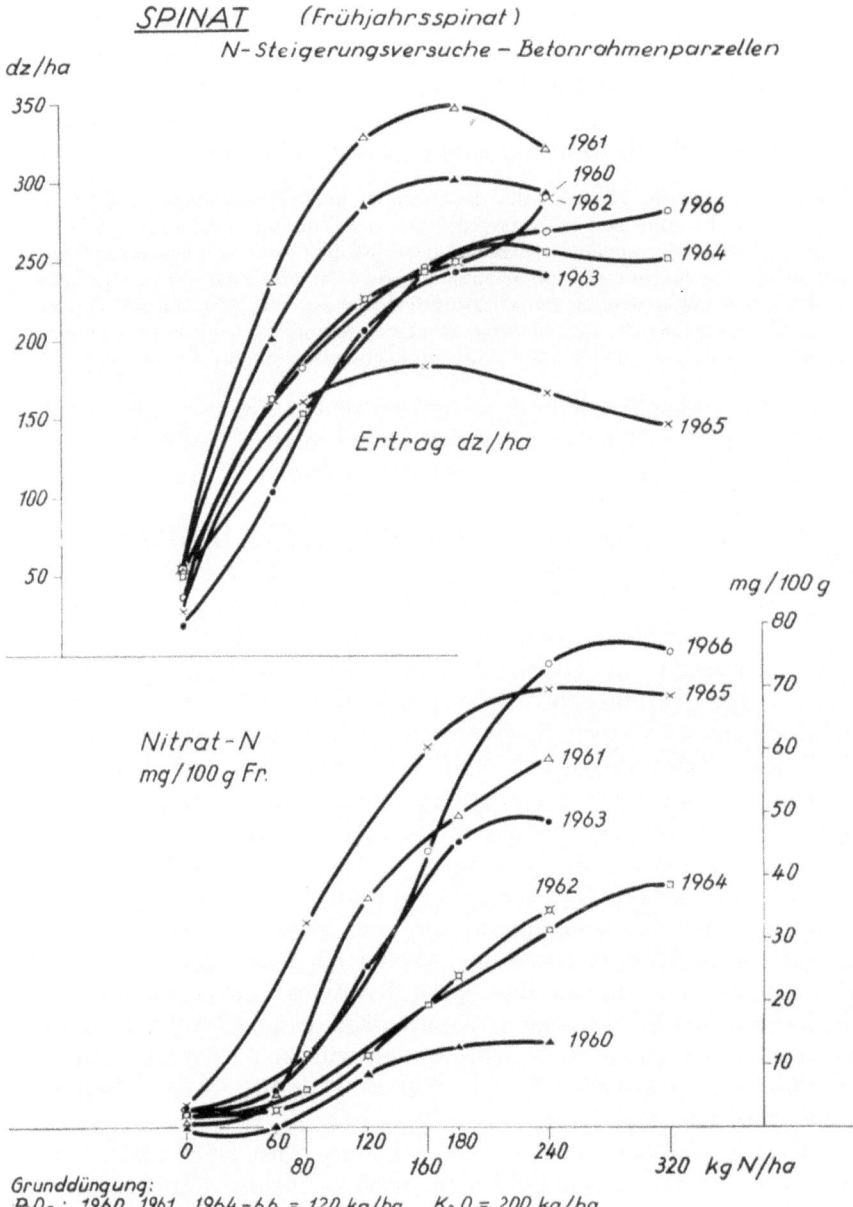

Darst. 21

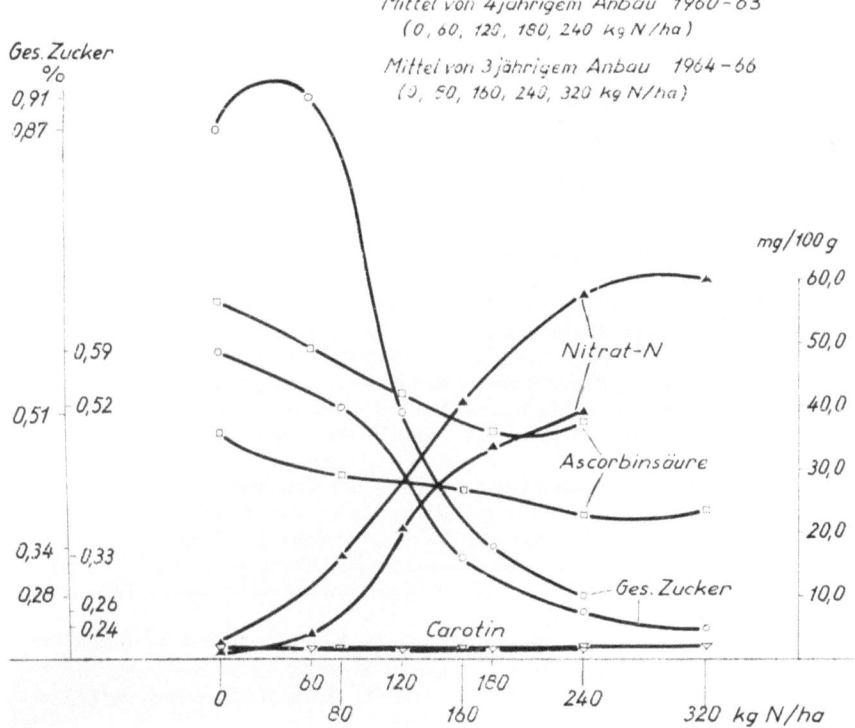

Tabelle 15. N-Steigerungsversuch, Spinat 'Matador'. Betonkastenversuch, Geisenheim, Ernte: 16.5.1960.

N-Gabe	Methioningehalt in %		Statistische Sicherung				EAS-Indices (8 EAS)	Dto. aber Methionin = 0
	Fr.*	Tr.**	m	m%	t	P		
N_0	0,017	0,24	± 0,00016	0,94			72	47
					3,83	< 0,05		
N_1	0,019	0,30	± 0,00048	2,53			71	47
					2,26	> 0,05		
N_2	0,018	0,33	± 0,00056	3,11			71	47
					27,08	< 0,001		
N_3	0,007	0,13	± 0,00040	5,71			60	45
					9,44	< 0,001		
N_4	0,003	0,06	± 0,00016	5,33			54	44

* der Frischsubstanz
** der Trockensubstanz

Über das Kalium wußte man in der Ernährung des gesunden Menschen lange Zeit relativ wenig.

Heute weiß man mehr und zwar sowohl über die Rolle des Kaliums im tierischen (103) als auch im pflanzlichen (104) Organismus. Dieses Wissen ist notwendig, wenn über Kalium und Ernährung gesprochen werden soll.

Im tierischen Organismus ist Kalium und sein Partner Natrium in charakteristischer Weise ungleich verteilt. Das K-Ion findet sich in den Zellen, das Na-Ion tritt in extrazellularen Flussigkeiten, vor allem in den interstitiellen Räumen auf. Dabei ist die K-Ionen-Konzentration in den Zellen geringer als die der extrazellulären Na-Ionen, um das osmotische Gleichgewicht nicht zu gefahrden. Intrazellulár sind bekanntlich relativ viel osmotisch wirksame Substanzen vorhanden. Somit wird das osmotische Gleichgewicht in sinnvoller Weise erhalten. Fur Nerven und Muskeln ist die ungleiche Verteilung die Basis ihrer Funktion, nämlich die Reizbarkeit.

Die Natriumaufnahme schwankt zwischen 75–300 m Äq/Tag. Bei Mangelzuständen kann auf die erhebliche Reserve in der Knochensubstanz zurückgegriffen werden, die 1/3 der gesamten vorhandenen Menge an Na-Ionen umfaßt. Die Niere scheidet mit dem Harn nur soviel Na-Ionen aus, wie nach Abzug des Verbrauchs im Organismus aufgenommen wurde. Dadurch kann die Konzentration im extrazellularen Raum mit 135–140 m Äq/l sehr konstant gehalten werden, wobei noch ein weiterer Effekt – die Wasserverschiebung von den Zellen in das Interstitium – mitwirkt, der erste Stöße auffangt.

Die Ruckresorption von NaCl wird hormonal von der Nebennierenrinde gesteuert. Storungen in der Drusentatigkeit fuhrt zu starken Na- und Cl-Ionen-Verlusten. Das Aldosteron, das wichtigste 'Mineralcorticoid' – wie es Karlson (103) bezeichnet – wird hierbei in erster Linie wirksam. Dieser Stoff beeinflußt auch die K-Ionen-Ausscheidung, aber im entgegengesetzten Sinn. Das Na^+/K^+-Verhältnis im Harn ist deshalb Indikator für die Nebennierenrindenfunktion.

Bei normaler Ernährung werden täglich 100 mg Äq K^+ zugeführt. Nicht alles wird resorbiert. Mit dem Kot werden 5–10% ausgeschieden, der Rest durch die Niere. *'Die Ruckresorption in der Niere ist nie vollstandig, auch bei starker K^+-Verarmung nicht. K^+-Mangel außert sich u. a. in Muskelschwache und Lethargie' (103).*

Chlorid – mit dem Kochsalz aufgenommen – findet sich hauptsächlich im extrazellulären Raum. Es stellt im Blutplasma die Hauptmenge der Anionen.

Auf dem 5. Internationalen Ernährungskongreß, der 1960 in Washington DC stattfand, überraschte der amerikanische Physiologe und Biophysiker G. R. Meneely (105) die Anwesenden mit Ergebnissen, die er und seine Mitarbeiter (16–20) in jahrelangen Tierexperimenten durch Variation oral verabfolgter Natrium- und Kalium-Mengen gefunden hatten.

Meneely und Mitarbeiter (105) fanden in 9 Versuchen mit 945 Ratten zur Ermittlung ihrer Lebensdauer, daß durch steigende NaCl-Gaben per os der systolische Blutdruck, das Serum-Cholesterin, das gesamte austauschbare Körper-Natrium und abnorme Elektrokardiogramme zunahmen. Wenn durch Zufuhr von KCl das Verhältnis K/Na = 1 erreicht wurde, war damit eine überraschende Verlängerung des mittleren Lebensalters verbunden. Bei höheren NaCl-Gaben vermochte zugeführtes KCl den hohen Blutdruck wieder zu normalisieren.

Das Kalium ist ein für Leben und Gesunderhaltung des Menschen außerordentlich wichtiges Kation. Akuter Kaliummangel kann lebensbedrohend sein bei Zuckerkrankheit (Koma), beim Herzinfarkt und bei Nierenerkrankung. Von großer klinischer Bedeutung ist Kalipenie (Kaliummangel im menschlichen Organismus) u. a. auch bei der saluretischen, der Corticoid- und der Infusions-Therapie (104a).

Die im tierischen Organismus ermittelten Stoffwechselbefunde kann man im pflanzlichen nicht erwarten.

Dem Kalium/Natrium-Metabolismus des tierischen Organismus mit Ausscheidungsmöglichkeiten über Nieren und Darm steht bei der Pflanze ein regulierender Ionen-Antagonismus als physiologisches Stoffwechselsystem gegenüber.

Antagonismus besteht u. a. zwischen den beiden Alkalimetallen, Kalium und Natrium, und zwischen Kalium und den Erdalkalimetallen, Calcium und Magnesium. Im Gegensatz zu beiden kann das in der Pflanze sehr bewegliche K-Ion über das Phloem, z. B. aus den Blättern über Petiolen und Stengel basipetal wandern.

Kalium strebt als stoffwechselaktives Kation vornehmlich zu meristematischen Geweben, so auch – und zwar im Gegensatz zum Calcium – zu jüngeren Blättern. Kalium hat – ebenso wie Natrium und Chlorid und konträr zum Calcium – Einfluß auf einen ausgeglichenen Wasserhaushalt durch Begünstigung der Wasseraufnahme und Verhinderung der Wasserabgabe durch Transpiration sowie auf die Aktivierung von Enzymen.

Zunächst sei anhand der Tabelle 16 auf unterschiedliche Mengen an Kalium und Natrium in tierischen und pflanzlichen Nahrungsmitteln hingewiesen.

Hieraus ist zu entnehmen, daß tierische Nahrungsmittel, z. T. sehr hohe Na-Gehalte aufweisen und daß diesen Werten oft keine entsprechend hohen K-Werte gegenüberstehen. Besonders augenfällig ist dies bei Blutwurst, beim Camembert, beim Salzhering, beim Schinken sowie bei Salamiwurst zu beobachten. Tierische Nahrungsmittel haben meist kein so günstiges Verhältnis von Na/K aufzuweisen, wie die meisten pflanzlichen Erzeugnisse (21).

Bei Nahrungspflanzen oder ihren Teilorganen überragen z. B. Weiße Bohnen, reife Erbsen, Spinat und Kartoffeln alle anderen Vertreter durch hohe Kaliumgehalte und relativ geringe an Natrium. Auch Feldsalat, Rosenkohl und Kohlrabi weisen ein günstiges Verhältnis auf, ferner die meisten Obstarten.

Allerdings ist zu beachten, daß durch auslaugendes Kochen mit viel Wasser, durch Verwerfen des Kochwassers und durch starkes Würzen mit Kochsalz eine ungünstige anteilige Verschiebung der genannten Mineralstoffe zuungunsten des Kaliums eintreten kann.

Alle diese Nachteile sind durch Verwendung normal gesalzener Gemüse-Eintopfgerichte zu vermeiden.

In der Tabelle 17 sind die Natrium- und Kalium-Gehalte frischer und

Tabelle 16. Gehalte an Kalium und Natrium in Nahrungspflanzen und in tierischen Nahrungsmitteln. Nach Souci-Fachmann-Kraut: Die Zusammensetzung der Lebensmittel (Nahrwert-Tabellen) Wissenschaftl. Verlagsgesellschaft m.b.H., Stuttgart 1969.
─────── = roh verzehrbar,
- - - - = roh und gekocht verzehrbar

Pflanzliche Nahrungsmittel	In 100 g eßbarem Anteil			Tierische Nahrungsmittel
	K mg	Na	Na in % K	
1. Reife weiße Bohnen (Samen) (Phaseolus vulgaris)	1310	2	0,2	
2. Reife Erbsen (Samen, geschalt)	944	30	3	
3. Spinat	662	62	9	
4. Kartoffeln	523	19	4	
5. Grunkohl	490	42	9	
6. Feldsalat	421	4	1	
7. Rosenkohl	411	7	2	
8. Kohlrabi	392	10	3	
	359	82	23	1. Brathähnchen
	355	83	23	2. Kalbsfilet
	350	86	25	3. Kabeljau
	348	85	24	4. Steak (Rind)
9. Endivie	346	53	15	
10. Rote Bete	336	86	26	
11. Blumenkohl	328	16	5	
	326	62	19	5. Kotelett (Schwein)
12. Rettich	322	18	6	
13. Knollensellerie	321	77	24	
	317	118	37	6. Hering (frisch)
	302	1260	417	7. Salami (Wurst)
A Aprikosen	302	1,5	0,5	

konservierter Gemüse gegenübergestellt. Es zeigt sich, daß im Zellsaft gelöstes Kalium durch den Konservierungsprozeß um 30 (Spargel) bis 66% (Erbsen) abnimmt, während der Natriumgehalt in kaum vorstellbarer Weise, z. B. bei Bohnen, Spargel und Erbsen zunimmt (106).

Nach Lee (107) nimmt schon beim Blanchierprozeß das Kalium in Erbsen um 39% ab. Damit dürften Gemüsekonserven nicht mehr den gleichen Vorzug für Hypertoniker haben (105), wie sie Frischerzeugnisse dann besitzen, wenn sie richtig gargemacht, z.B. im Eintopf, oderr oh gegessen werden.

Hier seien auch die Ergebnisse eines vergleichenden Blanchierversuches mit Spinat zur Kenntnis gegeben (Darst. 22).

Pflanzliche Nahrungsmittel	In 100 g eßbarem Anteil			Tierische Nahrungsmittel
	K mg	Na	Na in % K	
	299	599	200	8. Leber-Käse
14. Tomaten	297	6,3	2	
15. Erbsen (unreif)	296	2	0,7	
16. Mohren	282	45	16	
17. Wirsingkohl	282	9	3	
18. Rotkohl	266	4	2	
19. Grüne Bohnen	256	1,7	0,7	
	248	2530	1020	9. Schinken (geräuchert)
	240	5930	2471	10. Salz-Heringe
B Kirschen (suß)	227	1,8	0,8	
20. Weißkohl	227	13	6	
21. Porree	225	5	2	
C Pfirsiche	220	3	1,4	
22. Paprika	212	1,75	0,8	
23. Zwiebeln	175	9	5	
D Pflaumen	167	2,2	1,3	
24. Gurken	141	8,5	6	
E Äpfel	137	1,8	1,3	
F Birnen	122	2	1,6	
	120	33	28	11. Quark (20% Fett in Tr. S.)
G Kirschen (sauer)	114	2	1,8	
	109	1150	1055	12. Camembert (45% Fett in Tr. S.)
	38	ca 680	1789	13. Blutwurst

Bei zwei Blanchierverfahren gehen nur etwa 20 bis 30% unerwünschtes Nitrat N, aber 80 bis 90% Ascorbinsäure und etwa 45% Kalium – die höchste Menge aller Mineralstoffe – verloren.

Wie kann man sich diese überraschenden Befunde bei konservierten Erzeignissen kausal erklären. Die Konservierung von Pflückerbsen und von Brechbohnen mag als Beispiel dienen (Darst. 23).

Pflückerbsen, zarte, in vollem Wachstum befindliche, also physiologisch unreife Samen, werden aus einer Hülse, die sie gegen Witterungsunbilden schützt, z. B. mittels einer Erbsendresch- oder Löchtemaschine, ausgepahlt. Die ausgepahlten Erbsen sortiert man und weicht sie vielfach für 30 bis 60 Minuten zur Farberhaltung und Verbesserung des Ge-

Tabelle 17. Natrium- und Kaliumgehalte frischer und naßkonservierter Gemuse. (Aus: H. W. Knipping und H. Loosen)

Gemuseart	Zustand	Natrium (Na) mg in 100 g	in % von 'frisch'	Kalium (K) mg in 100 g	in % von 'frisch'
Erbsen	frisch	19	100	284	100
	in Buchsen	270	1421	96	34
Grüne Bohnen	frisch	0,9	100	300	100
	in Buchsen	410	45554	120	40
Mohren	frisch	76	100	311	100
	in Buchsen	280	368	110	35
Spinat	frisch	84	100	489	100
	in Buchsen	300	357	260	53
Spargel	frisch	7	100	187	100
	in Buchsen	410	5857	130	70
Tomaten	frisch	4	100	268	100
	in Buchsen	18	450	130	49

schmacks in eine zweiprozentige Sodalösung ein. Dann unterwirft man sie einer Wasser- oder Dampfblanchierung. Letztere soll nach Lee (107) mitunter zu Geschmackseinbußen führen.

Dieser Arbeitsgang strapaziert die je nach Samenentwicklung mehr oder minder zarte Testa. Unmittelbar an den Blanchierprozeß schließt sich ein kombinierter Reinigungs- und Abkühlvorgang an, das Abbrausen mit kaltem Wasser zur Nachverlese beim Laufen der Erbsen über Fließbänder zur Dosenabfüllung. Hierbei tritt ein erneuter Auswaschverlust an Mineralstoffen und an wasserlöslichen Wirkstoffen, z. B. an Vitaminen der B-Gruppe und an Vitamin C, ein.

Nun werden die in Dosen gefüllten Erbsen nicht etwa mit ihrem durch Filterung von Schwebeteilen befreiten nähr- und wirkstoffreichen Blanchierwasser beschickt, sondern mit 1% Kochsalz enthaltendem Leitungswasser.

Gegebenenfalls wird dem Aufgußwasser 1% Zucker und je Liter 100 bis 150 g CaO zur Ausfällung der Bikarbonate zugesetzt (zit. bei (21)).

In der Konservendose setzt sich der Auslaugungsvorgang des Füllguts fort. Verwirft man – wie dies häufig geschieht – auch noch das Aufgußwasser vor der Zubereitung, so haben wir ein in seinen ursprünglichen Wertstoffgehalten weitgehend verändertes – allerdings gut aussehendes Fabrikationserzeugnis – vor uns.

Entsprechendes gilt für Bohnenkonservierung.

Die Behauptung, solche Grüne-Bohnen-Erzeugnisse seien den haushaltsmäßig hergestellten, also nicht blanchierten Konserven, weit überlegen, trifft nur dann zu, wenn die Hausfrau die Grünen Bohnen nicht aus ihrem Hausgarten verarbeitet, sondern auf überständige Marktware zurückgreifen muß.

Darst. 22

SPINAT (Sorte „Früremona"). VERLUSTE wertgebender Inhaltsstoffe beim BLANCHIEREN bei verschieden hoher N-Düngung.

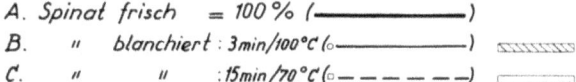

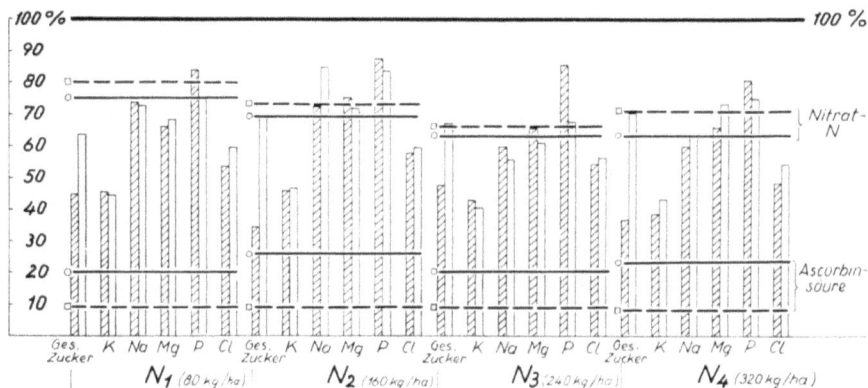

Darst. 23

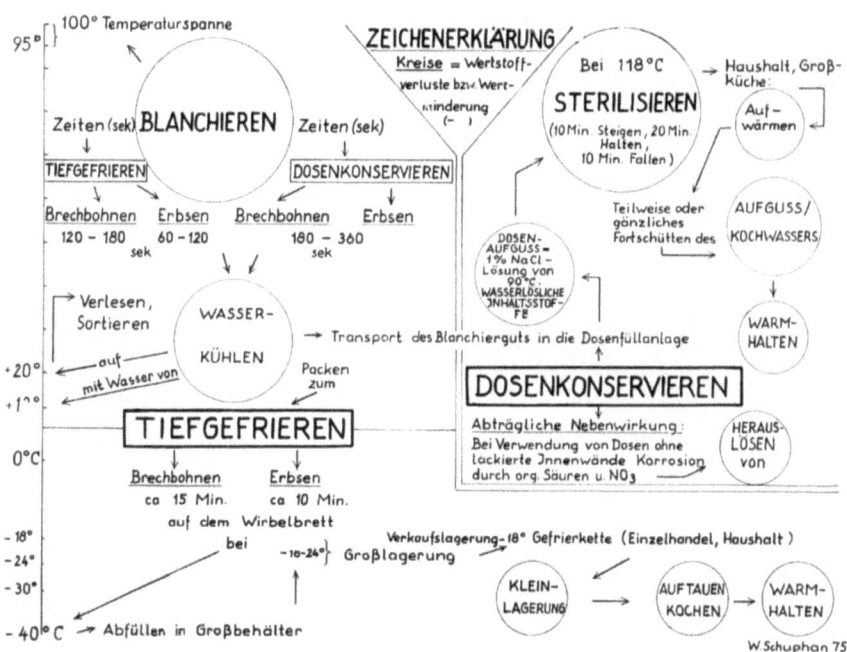

Darst. 24

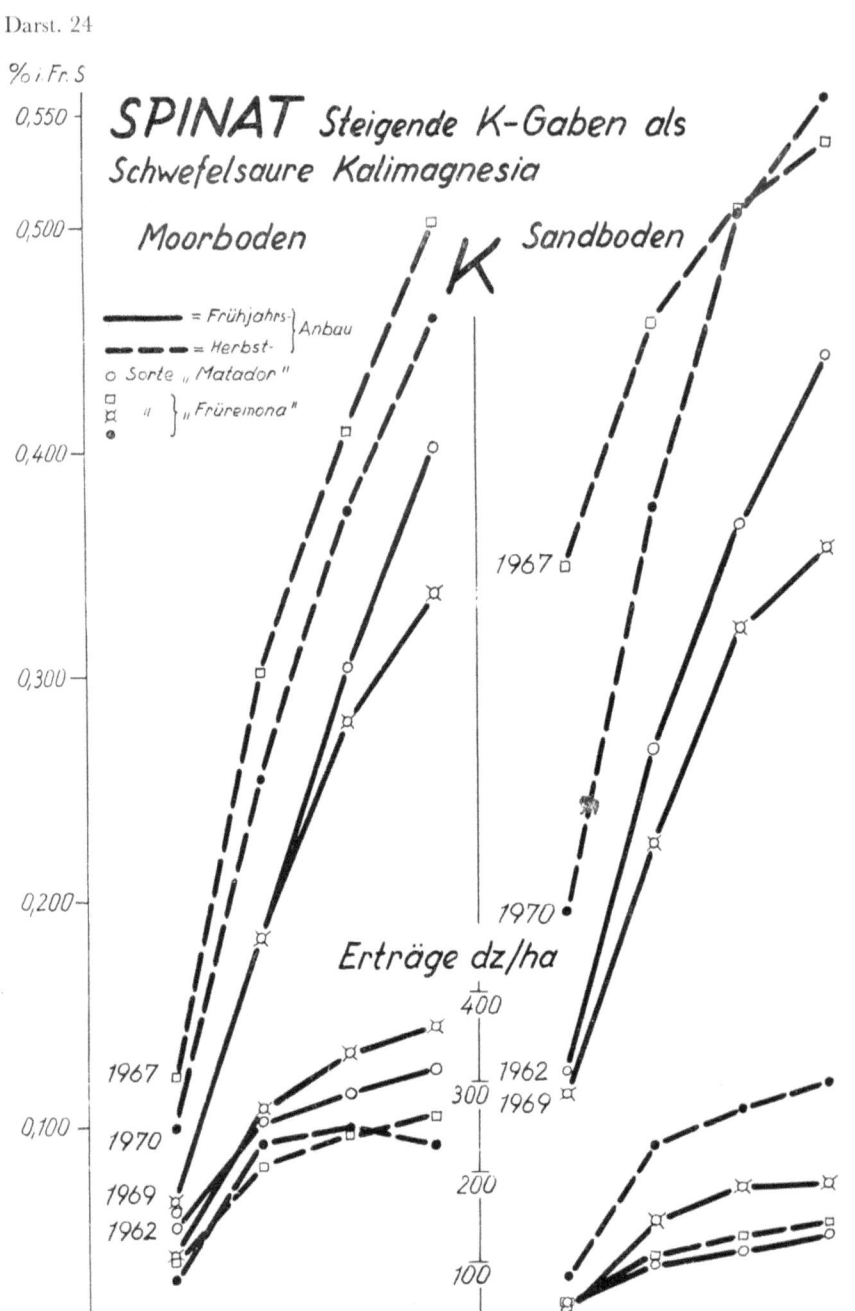

78

Darst. 25

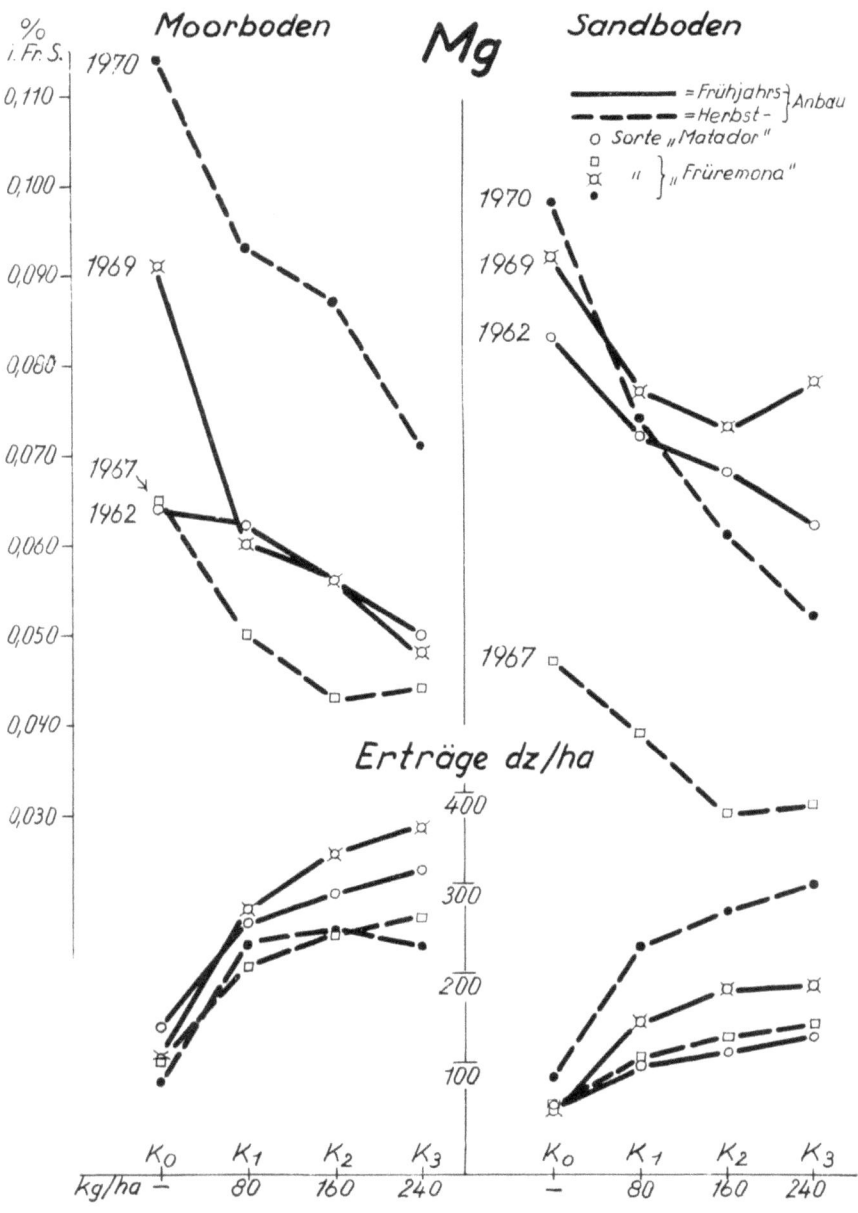

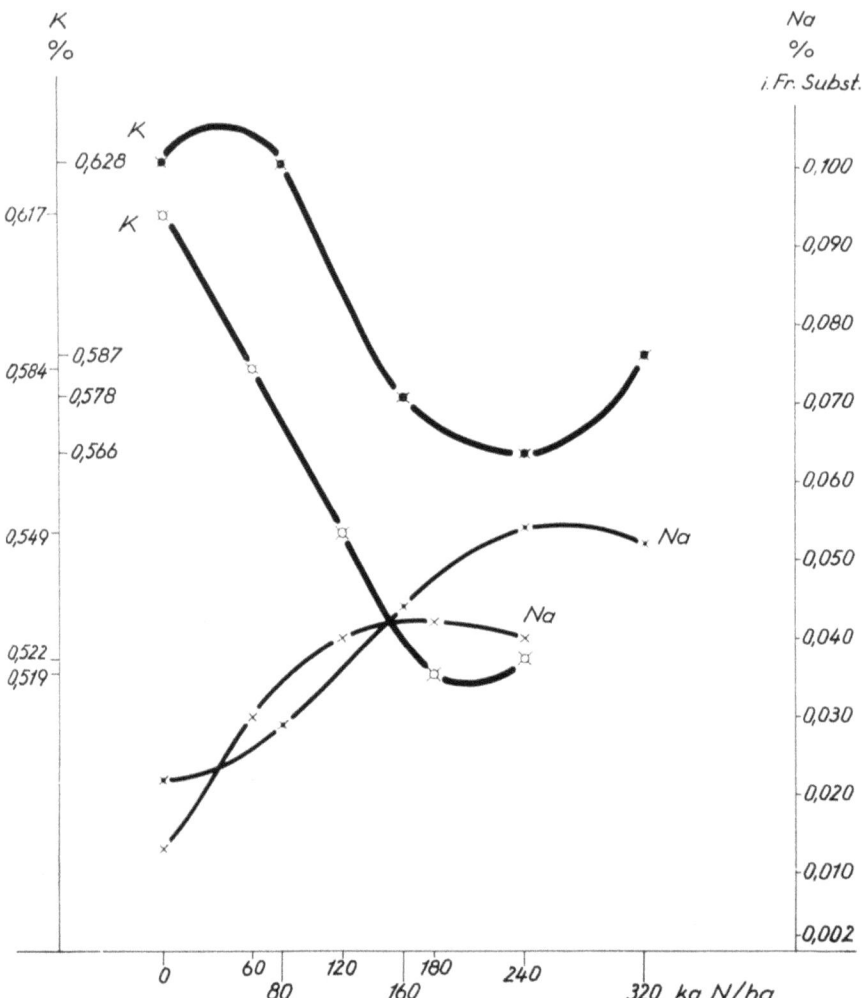

Darst. 26

Durch Praktiken im Anbau, z. B. durch Düngungsmaßnahmen läßt sich der Kaliumgehalt in Nahrungspflanzen weitgehend verändern. Am stärksten kann man durch eine Düngung mit steigenden Kali-Gaben den K-Gehalt erhöhen, wie aus der Darst. 24 ersichtlich ist. Mit steigen-

Tabelle 18. Vergleiche dungungsbedingter Unterschiede im Gehalt an wertgebenden und Schad-Stoffen. Mittel aller Erzeugnisse aus 12 jährigen Versuchen – (Mean of all crops from 12 year's experiments).

Inhaltsstoffe (Components)	Moor (Fen)					Sand			
	NPK	Biol. dyn. Kompost (Biodyn. Compost)	Stallmist (Stable Manure)	St.M. + NPK	NPK	Biol. dyn. Kompost (Biodyn. Compost)	Stallmist (Stable Manure)	St.M. + NPK
Trockensubst. % Dry Matter	12,7	13,9	14,3	12,3	13,0	13,8	14,5	13,0
Rel. Eiw. Gehalt % Rel. Protein Content	53	59	61	54	54	59	57	53
Ges. Zucker % Total Sugar	4,8	4,9	5,3	4,9	5,0	5,0	5,3	5,1
Ascorbins. mg % Ascorbic Acid	23	32	36	23	29	37	42	27
Methionin(e)* g/100 g Crude Protein	1,8	2,1	2,4	1,8	1,8	2,1	2,2	1,9
Mineralstoffe % (Minerals %)								
K	0,26	0,37	0,37	0,31	0,32	0,41	0,41	0,35
Ca	0,06	0,09	0,09	0,07	0,07	0,08	0,09	0,07
P	0,05	0,06	0,05	0,05	0,04	0,05	0,05	0,05
Mg	0,03	0,04	0,04	0,03	0,03	0,03	0,04	0,03
Fe mg/100 g***	1,4	2,0	2,0	1,6	1,8	2,0	2,0	1,6
Unerwünschte Stoffe (Unwanted Subst.)	Niedrigste Daten wertbestimmend (Lowest data giving the values)							
Freie Aminosäuren % (Free Amino Acids %)	0,33	0,19	0,17	0,25	0,33	0,24	0,21	0,28
Nitrat-N mg %**	28,9	1,8	1,9	29,4	16,6	2,5	1,6	22,0
Nitrate-N** Na %	0,07	0,05	0,04	0,05	0,05	0,04	0,03	0,05

* Nur in Kartoffeln und Spinat – (Only in Potatoes and Spinach)
** Nur in Spinat – (Only in Spinach)
*** Nur 5 (Moor) bzw. 4 Erzeugnisse (Sand) – (Only 5 (Fen) resp. 4 crops (Sand)).

Tabelle 19. Wertstoffgehalte im Spinat. Mittel- und Extremwerte aus Sorten-, Standort- und Düngungsversuchen der Jahre 1935-1959 (bezogen auf Frischsubstanz).

		Anzahl der Untersuchungen	Extremwerte →	Schwankungsbereich innerhalb ± 1σ	Mittelwert ($\bar{X}$)	→	Streuung ± σ
Trockensubstanz	%	398	5,31	6,92	8,99	11,06	16,52	2,07
Gesamt-N	%	354	0,22	0,31	0,41	0,51	0,87	0,10
Eiweiß-N	%	334	0,16	0,25	0,33	0,41	0,64	0,084
Relativer Eiweißgehalt	%	334	51	73	82	91	—	9
Rohprotein	%	242	1,38	1,84	2,50	3,13	5,38	0,66
Nitrat-N	mg/100 g	47	0,2	3,24	12,9	22,56	43,1	9,66
Saponin	mg/100 g	27	41	64	81	98	111	17
Oxalsäure	%	289	0,31	0,58	0,77	0,96	1,46	0,19
Gesamtsäure	m val %	283	2,00	3,73	5,59	7,45	13,75	1,86
Monosaccharide	%	332	0,07	0,11	0,34	0,57	1,21	0,23
Disaccharide	%	332	0,10	0,13	0,36	—	—	—
Gesamtzucker	%	332			0,69	1,25	2,75	0,56
Ascorbinsäure	mg/100 g	328	2,4	31,8	55	78,2	157	23,2
Carotin	mg/100 g	318	0,7	1,9	2,96	4	6,3	1,06
Chlorophyll	100 g/100 cm³	271	16,8	26,0	42,3	58,6	108,7	16,3
K-Wert								
Kalium (K)	mg/100 g	206	172	470	621	772	1151	151
Natrium (Na)	mg/100 g	202	5	24	86	148	330	62
Calcium (Ca)	mg/100 g	206	53	90	128	166	250	38
Magnesium (Mg)	mg/100 g	206	17	38	62	86	125	24
Eisen (Fe)	mg/100 g	181	1,8	2,8	6,6	10,4	27	3,8
Phosphor (P)	mg/100 g	200	22	36	52	68	121	16
Schwefel (S)	mg/100 g	66	17	26	54	82	120	28
Chlor (Cl)	mg/100 g	193	9	32	76	120	282	44

den Kaligaben nimmt aber der Magnesiumgehalt der pflanzlichen Erzeugnisse ab, was keinesfalls erwünscht ist weil Magnesiummangel in ursächlichem Zusammenhang zum Herzinfarkt stehen soll (179). (Darst. 25).

Die Stickstoffdüngung hat einen negativen Einfluß auf die Höhe der Kalium- und einen unerwünschten positiven auf die Natriumgehalte der Testpflanze Spinat. Die Darstellung 26 läßt erkennen, daß im siebenjährigen Schnitt die Gehalte an Kalium sehr stark absinken, während die Natriumgehalte eine steigende Tendenz aufweisen (97, 99, 108).

Bei organischer Düngung ergeben sich im langjährigen Schnitt um 18% höhere Gehalte an Kalium gegenüber einer reinen Mineraldüngung (Tabelle 18).

Diese Zusammenstellung dürfte zeigen, daß man je nach Bewertung des Kaliums für die Ernährung des Gesunden oder des Kranken die Auswahl der Gemüseart, die Zubereitung, der Konserve oder – falls Beziehungen zum Anbau bestehen – der Düngung wählen kann.

Zum Abschluß möchte ich mit einem weit verbreiteten Irrtum aufräumen. Mit düngungsbedingten Unterschieden im Kaliumgehalt bis zu rund 400% war bereits dargelegt, daß es den normalen Kaliumgehalt einer bestimmten Nahrungspflanze garnicht geben kann.

Laut Tabelle 19 weist der Mittelwert von 206 eigenen K-Analysen von Spinat im Zeitraum von 24 Jahren (1935–1959) 621 mg K/100 g Frischsubstanz auf (21). Nach der Binomialverteilung liegen rd. 68% aller Kaliumwerte im Schwankungsbereich von 1σ, d.h. in diesem Fall zwischen 470 und 772 mg K/100 g Frischsubstanz. Die gefundenen Extremwerte sind 172 und 1151 mg %K. Der Maximalwert liegt somit 6,6 mal höher als der ermittelte Tiefstwert. Ähnliche Schwankungen ergeben sich auch bei anderen Pflanzeninhaltsstoffen.

Hierzu muß allerdings einschränkend gesagt werden, daß in generativen Erzeugnissen, z. B. in reifen Erbsen oder in weißen Bohnen, die Schwankungsbreite wertgebender Inhaltsstoffe erheblich geringer ist.

E. Aehnelt & J. Hahn (109) haben 1969 Berichte über die Fruchtbarkeit bei Bullen in Besamungsstationen veröffentlicht. Sie glauben auf Grund einer unterschiedlichen Fertilität nach Verfütterung biologisch-dynamisch erzeugten Heus im Vergleich zu mineralgedüngtem Heu folgern zu müssen, daß Mineraldüngung des Grün- und Rauhfutters zu Unfruchtbarkeit der Bullen führen würde.

Die Standorte der Futtererzeugung waren aber sehr verschieden, so daß der Schluß der Autoren vom versuchstechnischen Standpunkt angreifbar ist.

Später haben die gleichen Autoren 1973 (111) und Hahn, Aehnelt, Gruner, Schiller, Lengauer, Schulz & Pohlenz 1971 (110) ihre experimentellen Arbeiten unter Präzisierung auf Fütterungsversuche mit Kaninchen ausgedehnt.

Hier waren die Versuchsanstellungen einwandfreier und die Standorte 'weniger als 500 m voneinander entfernt'. Extensiv bewirtschaftete Weideflächen ohne Düngung standen intensiv bewirtschafteten (NPK, Jauche und Stallmist) gegenuber. Das später pelletierte Heu beider Bewirtschaftungsweisen unterschied sich in der chemischen Analyse wesentlich.

Das angebaute Futter extensiver Bewirtschaftung hatte geringere Gehalte z. B. an Rohprotein, Phosphorsaure, Kalium und Natrium, aber sehr viel höhere Gehalte an Calcium, Magnesium, Mangan und Kupfer, wobei die botanische Analyse hier auch mehr Pflanzenarten und einen wesentlich hoheren Anteil an Kräutern ergab (110).

Eine eindeutige kausale Aussage dürfte m. E. erst dann möglich sein, wenn die Tierzahl je Versuch wesentlich erhöht werden würde und wenn Futter aus exakten Versuchen z. B. mit steigenden N-Gaben unter Einbezug von Düngungsvarianten, Jauche (vergoren und unvergoren), Stallmist und Stallmist + NPK bereitstehen würde.

Das von Aehnelt & Hahn (109–111) aufgeworfene Problem ist sicher von großer Bedeutung, auch für uns Menschen. Es bedarf dringend einer endgültigen Klärung.

In diesem Zusammenhang dürfte eine 1975 erschienene dänische Veröffentlichung aufschlußreich sein. M. Juhl (112) stellte bei exakten Stickstoff-Steigerungsversuchen fest, *daß hohe Stickstoffgaben (> 46,5 Kg N/ha) einen signifikanten Fertilitätsabfall bei weiblichen Getreide-Nematoden (Heterodera avenae) zur Folge hatte.*

c. Pflanzenschutz und Pflanzenschutzmittel – Toxikologische Probleme

Im folgenden Text wird von 'Pflanzenschutz' und – in Anlehnung an internationalen Brauch – statt von 'chemischen Pflanzenschutzmitteln' vereinfacht von 'Pestiziden' gesprochen.

Ohne chemischen Pflanzenschutz – d.h. ohne Anwendung von Pestiziden – kommen wir, besonders bei langlebigen Monokulturen, wie im Wein- und im Apfelanbau, nicht aus (113). Das gilt auch für viele Gemüsearten. Im 'Integrierten Pflanzenschutz' wendet man – wenn auch mäßig und gezielt – ebenfalls Pestizide an. Auch alle Vertreter des sogen. 'Biologischen Anbaues' können auf einen allerdings zurückhaltenden Einsatz chemischer Schutzmittel nicht verzichten (114). Darum ist eine kritische Analyse über etwaige potentielle gesundheitliche Risiken im Sinne der Devise 'Pflanzenschutz tut not. Menschenschutz nicht minder' dringend vonnöten (21). Man beachte, daß auch Sekundärschäden z.B. durch mit Dithiocarbamaten kontaminierte Konservengemüse ausgelöst werden können (s. Kapitel III, b, "Dosenkonservieren").

Der britische Toxikologe R. C. Reay (115) sagte 1974 wörtlich:

'Praktisch jedes Pestizid wird dann zu einem Umweltverschmutzer, wenn es – abgesehen vom Zielobjekt – unbeabsichtigt andere Lebewesen einschließlich Menschen mitkontaminiert'.

Er sagt dann weiter:

'Dies ist zweifellos eine sehr weitgefaßte Definition. Es sei aber ausdrücklich betont, daß das offensichtliche Fehlen von Nebenwirkungen keine automatische Annahme rechtfertigt, das in Frage kommende Mittel sei ungefährlich. Die Tatsache, daß Schäden für das Ökosystem langandauernd und nicht vorhersehbar sind, sollte zur Vorsicht mahnen.'

Zu meinen obigen Ausführungen ist hier einschränkend zu sagen, daß die Aussage über eine Zwangslage zum Pestizidgebrauch kritisch betrachtet werden muß, denn Art, Notwendigkeit, Menge und Zeitpunkt der Anwendung von Pestiziden werden oft noch viel zu wenig berücksichtigt. Dadurch ergeben sich Rückstandsprobleme mit gegebenenfalls akut oder chronisch-toxischen Folgen, auf die später noch kritisch eingegangen werden soll.

Die Anbauintensivierung nach betriebswirtschaftlichen Gesichtspunkten (Darst. 27) ist dann vom Standpunkt der Qualitätsforschung abzulehnen, wenn sie einseitig nur nach dem möglichen Reinerlös betrieben wird. Sie führt in diesem Fall zu einer Vernachlässigung bewährter agrarbiologischer Erkenntnisse mit ihren in der Praxis immer wieder erkannten Folgen *einer Zunahme von Pflanzenkrankheiten und -schädlingen* (113).

Darst. 27

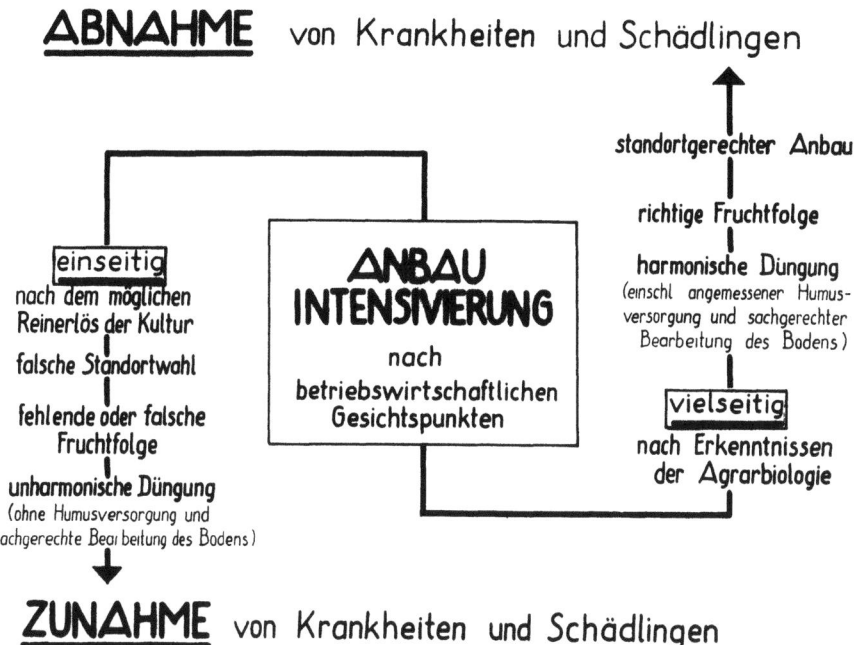

nach W. Schuphan

Darst. 28

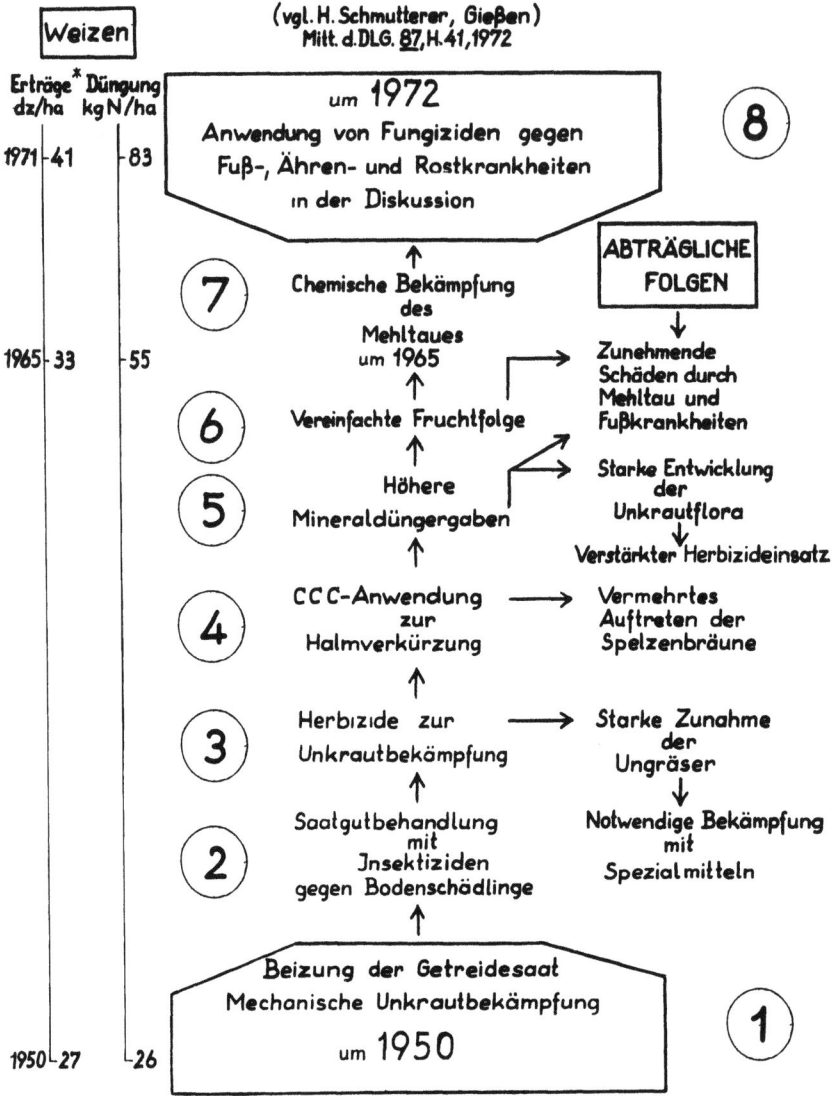

Darst. 29

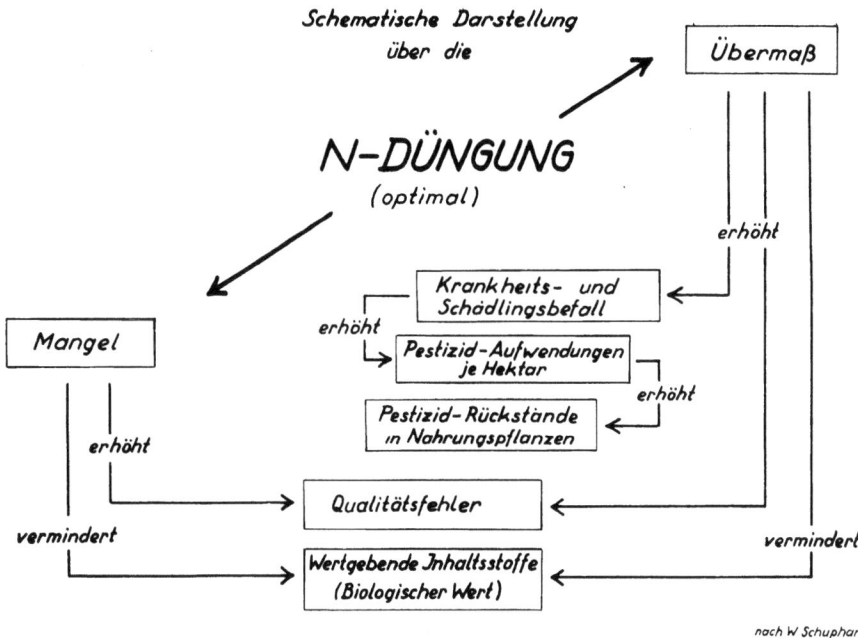

Vielseitige Kulturmaßnahmen nach Erkenntnissen der Agrarbiologie haben dagegen eine positive Wirkung. Eine Abnahme von Krankheiten und Schädlingen ist durch eine Reihe sich gegenseitig ergänzender Maßnahmen und durch Ausnutzung ökologischer Vorteile gegeben. Dies sind Befunde aus einer fast 40jährigen Experimentalarbeit und der Weltliteratur. *Als grundlegender Vorteil, der aus einer vielseitigen Anbauweise auf agrarbiologischer Grundlage resultiert, muß auch eine bessere ernährungsphysiologische und ernährungshygienische Qualität angesehen werden.*

Der Gießener Phytopathologe H. Schmutterer äußerte in einer Veröffentlichung (116) Bedenken gegenüber einem wachsenden Einsatz ertragssteigernder chemischer Produktionsmittel im Weizenanbau, so von Mineraldüngern, Pestiziden, Herbiziden und Wachstumsregulatoren in den letzten 22 Jahren. Die Ausführungen Schmutterers wurden von mir zum besseren Verständnis graphisch dargestellt (Darst. 28). Damit sollte die seit 1959 in 8 Stufen gegliederte Eskalation der Pflanzenschutz- und Düngungsmaßnahmen im Getreidebau augenfällig herausgestellt werden, und zwar mit ihren abträglichen Folgen, einer Überhandnahme des Unkrautwuchses und einer erheblichen Zunahme von Pflanzenkrankheiten, die wiederum mit chemischen Mitteln bekämpft werden müssen.

Ähnliche Verhältnisse haben wir im Hackfruchtbau, zu dem auch der Gemüsebau zählt.

Empirische und spätere experimentelle Ergebnisse haben zwischen der Hohe der verabfolgten Gaben an Stickstoff und der Höhe des Schädlings- und Krankheitsbefalls angebauter Feldfrüchte positive Korrelationen (114) im Sinne der Darst. 29 aufgezeigt.

Auch Jauche, Gülle, Fäkalien, Rieselwässer aus Kläranlagen, aber auch Guano, der über hohe, auch durch Lagerung nicht abnehmende Nitratgehalte verfügt, haben gleiche Wirkung wie hohe mineralische N-Gaben.

Massenträger, z.B. die Vitamin C-arme Apfelsorte 'Golden Delicious', benötigen hohe Nahrstoffgaben, besonders an Stickstoff. Solche Sorten sind besonders krankheits- und schadlingsanfällig und bedurfen daher auch eines besonderen Schutzes durch intensive Pestizidanwendung. Hierdurch werden wiederum unerwünschte Rückstandsprobleme akut.

Die Darstellung 29 darf allerdings nicht zu dem Schluß verleiten, allein eine Beschränkung in der Stickstoffdüngung mache die Anwendung chemischer Pflanzenschutzmittel überflüssig. Dies wäre ein verhängnisvoller Fehlschluß. Mit unseren in Monokultur betriebenen, meist empfindlichen Kultursorten im Apfel- und Weinbau lassen sich zwar die herkömmlichen Krankheiten und Schädlinge – selbst auf günstigen Standorten und bei richtiger Bodenpflege und Düngung – nur eindämmen, nicht aber ganz ausschalten.

Wie die Erfahrung lehrt, und wie 1974 in einer Selbstdarstellung von Vertretern der biologisch-dynamischen Wirtschaftsweise zugegeben wurde, hielten noch in den fünfziger Jahren

'nur wenige biologisch-dynamische Landwirte und Obstbauer einen nach biologisch-dynamischer Weise geführten Pflantagenobstbau für möglich' ((117) S. 240).

Nach unserer Meinung hat sich bis heute an dieser Tatsache nichts geändert, falls man den konzessionslosen Standpunkt der althergebrachten Lehre der biologisch-dynamischen Wirtschaftsweise – kategorische Ablehnung der Anwendung von Mineraldüngern und von handelsüblichen Pestiziden - zugrunde legt (vgl. auch Kapitel I.4.).

Mit dem schon erwähnten Leitsatz, 'Pflanzenschutz tut not, Menschenschutz nicht minder', vertreten wir einen gesundheitsbetonten, verbraucherrelevanten Standpunkt.

Projizieren wir die Aussage dieses Leitsatzes auf die Möhre, die in der Säuglings- und Kleinkindererernährung als geschätztes Therapeutikum gegen die gefürchtete Säuglings-Diarrhöe sowie als wichtigste Provitamin A-Quelle dient.

Nach Befunden des Pädiaters W. Kubler, Kiel, (4) wird das Möhren-Carotin nur dann gut resorbiert, wenn es gleichzeitig mit Milch verabfolgt wird, in deren Fett sich Carotin lost.

Durch unsere Untersuchungen wissen wir, daß die z.T. sehr toxischen, fettlöslichen chlorierten Kohlenwasserstoffe, Aldrin, Dieldrin und Lindan – zur Möhrenfliegenbekämpfung angewandt – nicht nur die Carotin-

Tabelle 20. Möhren. Ruckgang an Trockensubstanz und an Carotin nach Aldrin-Behandlung.

Sorte	Behandlung gegen Möhrenfliege	Ernte am	Trockensubstanz %	Statistische Sicherung t	Statistische Sicherung p	Carotin mg/100 g Fr.*	Carotin mg/100 g Tr.**	Unbehandelt = 100	Statistische Sicherung Fr. t	Statistische Sicherung Fr. p	Statistische Sicherung Tr. t	Statistische Sicherung Tr. p
Bauers Kieler Rote	a) Unbehandelt b) Behandelt (Drilltox-Aldrin)	24.10. 1961	16,38 15,30	29,96	< 0,01	24,1 22,4	147 146	100 93	2,82	< 0,05	0,28	> 0,05
Bauers Kieler Rote	a) Unbehandelt b) Behandelt (Aldrinstreumittel)	30.10. 1961	14,22 13,72	22,73	< 0,01	21,5 (20,0)	151 (146)	100 (93)				
Nantaise	a) Unbehandelt b) Behandelt (Aldrinstreumittel)	30.10. 1961	11,00 9,83	45,00	< 0,001	10,2 8,3	93 84	100 81	11,57	< 0,001	4,83	< 0,01
Lange rote Stumpfe ohne Herz	a) Unbehandelt b) Behandelt (Aldrinstreumittel)	30.10. 1961	13,26 12,22	20,00	< 0,01	14,3 11,3	108 93	100 79	16,41	< 0,001	9,93	< 0,001

* Fr. = Frischgewicht
** Tr. = Trockengewicht
( ) = Die Werte in Klammern sind infolge Ausfall der Parallelen statistisch nicht auswertbar.

synthese in der Möhrenwurzel hemmen (65, 118), nämlich mit signifikanten Carotin-Mindergehalten bis zu 21% (Tab. 20). Auch werden chlorierte Kohlenwasserstoffe und fettlösliche Phosphorsäureester* im ätherischen Möhrenöl gelöst und somit dem enzymatischen Abbau entzogen. Die Möhrenwurzel speichert sie daher noch monatelang voll wirksam (Tab. 21). Die Speicherung erfolgt mit großer Wahrscheinlichkeit hauptsächlich in den in konzentrischer Anordnung in den Möhrenwurzeln vorkommenden ätherischen Ölbehältern.

Das Möhrenproblem ist ein echtes Gesundheitsproblem, von dem besonders Säuglinge, Kleinkinder und Kranke betroffen werden. Die Cyclodiene – nicht aber das Lindan – sind heute bei uns verboten.

Die geschilderten vorbeugenden Anbaumaßnahmen sowie Bestrebungen britischer Mohrenzuchter, Sorten zu schaffen, die gegen die Möhrenfliege resistent sind (66), mußten ein verstarktes Interesse auch bei den zustandigen Behörden finden.

Wenn wir auch als Realisten auf dem Standpunkt stehen, daß wir im Pflanzenbau zum gegenwärtigen Zeitpunkt auf die Anwendung chemischer Bekämpfungsmittel nicht verzichten können – man denke hier nur an Totalverluste der Kartoffelernte durch Phytophthorabefall, Verluste, die 1845 in Irland Hungersnöte und Massenauswanderung und in

Tabelle 21. Ruckstande an Aldrin bei zeitlich verschiedenen Ernten. Sorte: 'Bauers Kieler Rote'.

Standort	Ernte- bzw. Lagerungszeit	Kulturzeit in Wochen	Mittel (Wirkstoff)	Anwendungsart	Rückstandsmenge an Dieldrin in mg/kg
Geisenheim (Rheingau)	1. Ernte (Bundelmohren)	14	Drilltox (Aldrin)	20 kg/ha (= 0,7g/lfd.m)	0,7
	2. Ernte (Möhren ohne Kraut)	21			0,5
	3. Ernte (bereits uberstandig)	27			0,3
	3. Ernte (15 Wochen in Sand gelagert)	27 (+ 15 Wochen Lagerung)			0,2

* Das Diazinon wird heute noch zur Bekampfung der Möhrenfliege empfohlen.

Deutschland 1916/17 den katastrophalen 'Kohlrübenwinter' auslösten – so kann sich auf der anderen Seite der Qualitätsforscher doch nicht tatenlos recht gefährlichen toxikologischen Realitäten bei Wahl und Anwendung gebräuchlicher Pestizide verschließen. Man steht doch von verantwortlicher Seite – ähnlich wie beim Möhrenproblem – vielen bedenklichen Pestizidfragen gegenüber. Hier sind zu nennen, mögliche Interaktionen* und Potenzierungen** der Wirkstoffe sowie eine praxisfremde toxikologische Prüfung vor der Zulassung. Im Zeichen wachsender Allergien und rätselhafter Krankheiterscheinungen, deren Ursache man meist nicht oder nicht mit der wünschenswerten Sicherheit zu erkennen vermag, sind diese Verhältnisse beunruhigend.

An anderer Stelle wurde von mir mit ausführlicher, kritischer Begründung auf aktuelle toxikologische Probleme im Gemüsebau hingewiesen (61, 118), die hier nur kurz aufgezählt werden können:

1. Die Verwendung eines viel angewandten Fungizids im Gemüsebau, des Pentachlornitrobenzols, von dem neuerdings bekannt wurde, daß es mutagene, teratogene und carcinogene Eigenschaften besitzt und dessen herstellungsbedingte Verunreinigung, das toxische und persistente Hexachlorbenzol, von Acker & Schulte (zit. 61) in relativ hohen Mengen von 0,15 ppm in der Muttermilch nachgewiesen wurden, von H. Buß (zit. 61) im Fett von Fasanen in Konzentrationen bis zu mehreren hundert ppm.

2. Problematisch ist auch die neuerliche, gewissermaßen zweckentfremdete Verwendung des Halmverkürzers für Getreide, des Chlorcholinchlorids (CCC), im Gemüsebau. Man erreicht bei Tomaten nach Behandlung mit CCC zwar, über eine Stauchung der Sproßachse, höhere und frühere Erträge. In Tomatenfrüchten bilden sich jedoch beachtliche – mit steigender Insertionshöhe der Fruchtstände abfallend – CCC Rückstände von rd. 25 bis zu 0,97 ppm. In der Weizenkaryopse werden nach normaler Behandlung nur etwa 1 ppm gefunden (119).

3. 2,4-D-Präparate werden als Wachstumsregulatoren in Micro- bzw. in Nanogramm-Mengen appliziert. Sie brechen, ohne meßbare Rückstände zu hinterlassen, 'gewaltsam' in die Normalfunktion des pflanzenbürtigen Wuchsstoffes β-Indolylessigsäure ein und steuern feinabgestimmte physiologische und biochemische Prozesse um. Eine Bildung neuer Pflanzeninhaltsstoffe unbekannter toxikologischer Wirkung ist möglich. Wissenschaftler in Völkenrode (zit. 61) und wir konnten in Rattenversuchen Nachkommenschaftsschäden ermitteln. Bei Anwendung steigender Konzentrationen oder größerer Mengen als Herzibid wird in Akzelleration der gesamte pflanzliche Stoffwechsel – bis hin zum Exitus – in Unordnung gebracht. *Neue Denkmaßstäbe sind daher für die Derivate der Phenoxyessigsäure erforderlich.*

---

* Vgl. Schrifttum (128).
** Vgl. Schrifttum (127, 128, 129, 188).

Darst. 30

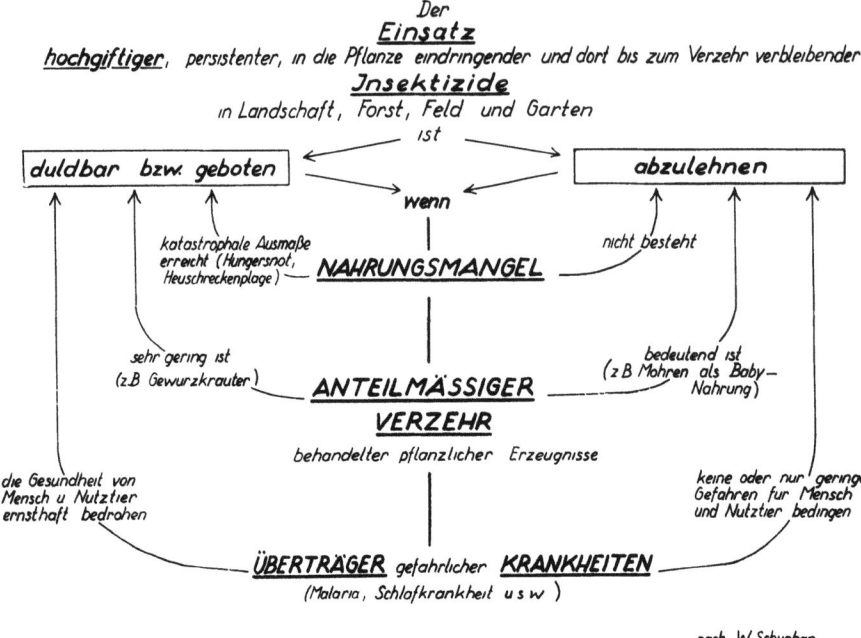

nach W Schuphan

Der Übersicht in Tabelle 22* kann entnommen werden, wie tief 2,4-D in Physiologie und Biochemie der Pflanze einzugreifen vermag.

Diese Auswahl von Beispielen – sie stehen nicht allein da – beweisen die Unhaltbarkeit der von Interessenten herausgestellten Unbedenklichkeit der Pestizide und Herbizide durch einseitiges Betonen ihrer kaum vorhandenen akuten Toxizität bei sachgemäßer Anwendung. Es wird dabei bewußt ihre mögliche chronische Toxizität verschwiegen, die selbst bei sachgemäßer Anwendung als schleichende gesundheitliche Schäden erst nach längerer oder sehr langer Zeit, z.B. infolge mutagener, teratogener und carcinogener Spätwirkung bestimmter Pestizide und Herbizide auftreten können.

Eine der strittigsten Fragen bei Anwendung von Pflanzenschutzmitteln ist die Frage ihrer chronischen Toxizität. Dies betrifft insbesondere die persistenten chlorierten Kohlenwasserstoffe und die Cyclodiene (61, 64, 65).

Hier ist zunächst die kritisch-abwägende Frage zu stellen, wie hoch ist der Nutzen-/Schaden-Effekt (benefit-/risk-effect) beim Einsatz solcher Mittel. Bereits 1965 hatten wir mit einem Schema (Darst. 30) zeigen können, daß der Einsatz auch sehr toxischer, persistenter Mittel hingenommen werden müßte, wenn man dadurch Menschen vor Hungersnot

---

* S. Ausschlagseite nach Textschluß am Ende des Buches.

(Heuschreckenplage) und/oder vor dem Tod (Schlafkrankheit, Malaria, usw.) wirksam schützen könnte. Dies spielt in den Tropen und Subtropen eine große Rolle, in unseren Breiten entfällt die Notwendigkeit einer derartigen Rücksichtnahme.

Durch diese Diskrepanz ergeben sich auch Probleme bei Einfuhr von Nahrungs- und Futtermitteln aus den Tropen, die Rückstände an solchen chlorierten Kohlenwasserstoffen aufweisen, die bei uns verboten sind.

1949 erfuhren wir im Department of Agriculture in Washington DC, daß nach amerikanischen Befunden zwar die Mutterkühe DDT-behandeltes Futter ohne Schaden vertrugen, daß aber ihre Kälber über die DDT-angereicherte Milch der Muttertiere schwere Nervenschäden erlitten, die schließlich teilweise zum Tod führten. P. Kästli, Bern, (120), hatte 1953 zusammen mit der Chemischen Industrie ähnliche Tierversuche angestellt, die zu analogen Ergebnissen führten. Im amerikanischen Whitten-Report (121) wurde 1966 folgendes instruktives Beispiel aus den USA angeführt. Wenn man direkt an rotbrüstige Wanderdrosseln *(Turdus migratorius)* DDT verfüttert, so bleibt eine Giftwirkung aus. Fressen jedoch diese Vögel Regenwürmer, die DDT aufgenommen haben, vergiften sich Drosseln tödlich. *Wir sprechen bei dieser unheimlichen Erscheinung von einer 'transitorischen' Toxizität, die bei der amtlichen Zulassungsprüfung leider noch immer nicht berücksichtigt wird.*

Später zeigte es sich, daß praktisch alle Organochloride, einschließlich der Cyclodiene, eine Anreicherungskette bilden.

In der freien Natur ist durch in Flusse verwehtes oder abgeschwemmtes und in das Meer gelangtes DDT eine 10 Millionen-fache Anreicherung über die biologische Kette, Flußschlamm und Plankton, Krebstierchen, kleine, mittlere und große Fische zu fischfressenden Vögeln (Kormoran, Fischadler) nachgewiesen. Dies konnte auch J. Robinson (122) 1967 für Dieldrin feststellen (Darst. 31).

Nach Angaben von Heeschen zus. mit Tolle (123) lagen 1974 – im Gegensatz zur Kuhmilch – die Gehalte an chlorierten Insektiziden in der Frauenmilch etwa fünfmal höher. In der Frauenmilch fanden Acker & Schulte (124) 1970 gleichzeitig die Pestizide DDT plus Metaboliten und β-Hexachlorcyclohexan (HCH) sowie Hexachlorbenzol (HCB), ferner toxische polychlorierte Biphenyle (PCB). PCB ist übrigens kein Pestizid. Es stammt aus industriellem Großeinsatz und wird weltweit in der Elektroindustrie und als Anstrichhilfsmittel eingesetzt. PCB gilt als gesundheitsgefährliche, dem DDT ähnliche, persistente Umweltchemikalie.

Diese allen Fachleuten wohlbekannten Tatsachen machen folgendes unverständlich: Noch 1975 wurden Fachwissenschaftlern Gesundheitsbefunde von Fabrikarbeitern, die jahrzehntelang in der Produktion von Dieldrin standen und dabei relativ gesund blieben, als Beweis für die Ungefährlichkeit des Dieldrins vorgelegt (125), *ohne daß auch nur ein einziger Hinweis auf die oben beschriebene 'Anreicherungstoxizität' z.B. über das Fett der Muttermilch erfolgte.*

Heute wird häufig folgende Frage gestellt: Vornehmlich Pflanzen

Darst. 31

PESTIZIDE (Insektizide). Stand Januar 1970
Umweltkontamination, biologische Anreicherungsketten, biochemische und physiologische Interaktionen.

(Zusammengestellt von W. Schuphan und H. Hentschel, Geisenheim/Rhg.)

PESTIZID-WIRK-STOFFE	Persistenz (Boden, Pflanze, Tier, Mensch)	ÄOLISCHE UMWELTKONTAMINIERUNG			BIOLOGISCHE ANREICHERUNGSKETTEN in der		HEMMUNG (<) FÖRDERUNG (>) von	
		Pestizidbehandlung von Boden u. Pflanze mittels Fahr- und Flugzeugen	Verdampfung und/oder Verwehungen in die Atmosphäre → Lufttransport →	Ablagerung auf Pflanzen, Boden, Gewässern	BIOZÖNOSE und → Plankton, org. Detritus → kleine → mittlere → große Fische → Arthropoden → Mensch Kormoran Seeadler Fischadler	NAHRUNGSMITTELERZEUGUNG Pflanzen (insbesondere mit erheblichen Gehalten xxx) > Pflanzenfette Tierische Fette Milch, Käse Fleisch, Geflügel, Eier	STOFF-WECHSEL der Nahrungspflanzen	INHALTS-STOFFEN
1. Aldrin	xxx	xxx	1)			→		Carotin(<) (Mohren)
2. Dieldrin	xxx	xxx	1)		Muscheln, Austern 11) →	→		
3. Endrin	xx	xx				Geflügel 9) xxx → Eier (11) Tab.1		
4. Heptachlor	xx	xx				→		
4a. -epoxid	xx	xx			Muscheln, Austern 11) →	→		
5. Chlordan	xxx	xxx				→		
6. Lindan	xxx	xxx	1)			xxx Mohren 5) →		Carotin(<) 5) (Mohren)
7. DDT	xxx	xxx	1) 0.000005		Muscheln Austern 12) Krabben 0,04 → 0,5 → Fische xxx 2,0 → 10 Millionenfacher Wert 25 ppm	xxx Mohren →		
8. Pyrethrum								
9. Parathion (E 605)	x	x				xxx Mohren - - - → Milch sehr geringe Mengen →	10) CO₂-Assimilation (<) Atmung (>)	Vitamin C (<) Ges. Zucker (>) (Spinat)
10. Malathion (techn. 90%ig)	x	x						
11. Diazinon	x	x				xxx Mohren - - - → Rinderfett 0,05 ppm 10)		

Zeichenerklärung:
x = geringe
xx = mittlere bis hohe   } Persistenz
xxx = sehr hohe

1) Wheatley, G.A.: Proc. XII. Int. Congr. Ent. London 1964, - 556-557(1965), Nature (London), 207, 1965, 486-7
Wilkinson et al.: Science 143, 1964, 681
2) Robinson, J.: In „Abstracta", 6. Intern. Pflanzenschutzkongreß, Wien, 30.8.-6.9.1967, S.221 u.556
Robinson, J.: Nature (London) 215, 1967, 33
3) Schuphan, W.: Z. Bl. Bakteriologie 210, 1969, 240-258
4) Schuphan, W.: D. Lebensm.-Rundsch. 63, 1967, 295-302

5) Engst, R.: Qual. Plant. & Mater. Veg. 14, 1967, 305-316
Sedlar, H., Hartig, M. und Engst, R.: Nahrung 12, 1968, 169-174
6) Ziegler, H.: Biol. Zbl. 76, 1957, 43-69
7) Schuphan, W. & Wennmann, W.: Z. Pflanzenkrankh. Pflz. Schutz 71, 1964, 12-24
8) Kagan, Y.S. et al.: Res. Rev. 27, 1969, 43-79.
9) Brooks, G.T.: Res. Rev. 27, 1969, 81-138
10) Maier-Bode, H.: Pflanzenschutzmittel-Rückstände, Stuttgart 1965
11) Modlin, J.C.: Pest. Monit. J. 3, 1969, 1-7
12) Odum, W.E. et al.: Science 164, 576-577

Darst. 32

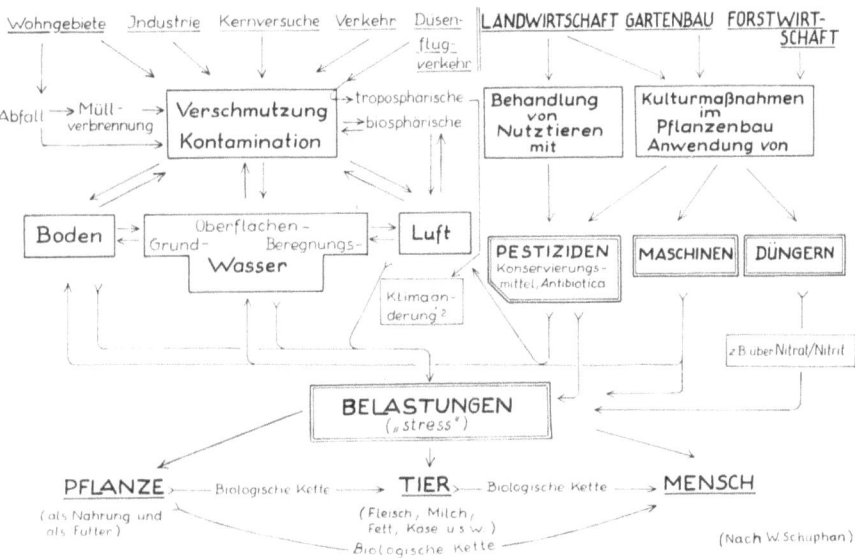

würden, zum Teil massiv mit chemischen Pflanzenschutzmitteln behandelt. Danach sei es doch wohl besser 'rückstandsfreie' tierische Nahrungsmittel im Speiseplan zu bevorzugen. Diese anscheinend folgerichtige Feststellung ist jedoch ein Trugschluß. Neben Antibiotika, die den Tieren während der Haltung und auf dem Transport zum Schlachthaus legal oder illegal appliziert werden und die zu unzulässigen Rückständen führen können, sind auch Pestizidrückstände durch das aus den Tropen und Subtropen stammende Kraftfutter (Ölpreßkuchen) und durch Fliegenbekämpfung im Stall durchaus ein Problem bei tierischen Nahrungsmitteln. Die Speicherung erfolgt namentlich im Fettgewebe und in der Leber der Tiere. Durch den Kumulierungseffekt entsteht oft sogar ein größeres Problem als bei Nahrungspflanzen (s. auch Darst. 32, unten).

Pestizide werden direkt – wie auch die Darst. 32 zeigt – bei der Ektoparasitenbekämpfung, z.B. beim Milchvieh, sowie bei der Schädlingsbekämpfung in Schlachtbetrieben eingesetzt. Früher waren es, auch in Deutschland, toxische persistente Cyclodienmittel, z.B. Aldrin, Dieldrin. Nach dem Anwendungsverbot dieser Mittel in unserem Land, waren es Phosphosäureester, die – zwar auch sehr toxisch – doch den Vorzug haben, im Organismus relativ rasch abgebaut zu werden. Rückstände sind dann bald nicht mehr nachweisbar.

Daß Rückstände von chlorierten Kohlenwasserstoffen dennoch in

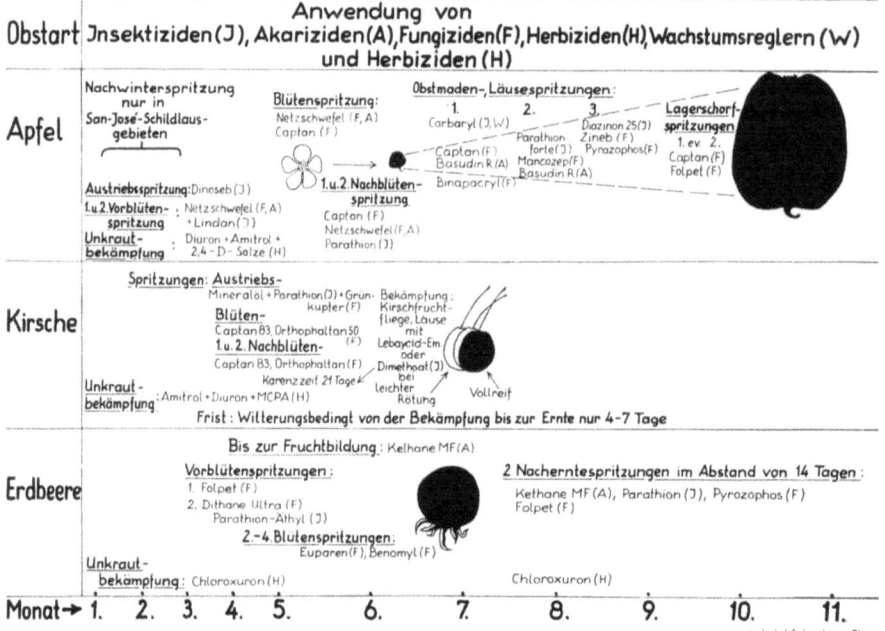

Darst. 33 SPRITZPLAN 1973. Witterungsbedingt zu variieren.

tierischen Nahrungsmitteln in durchaus beachtenswerten Mengen vorkommen, hat 1975 eine umfassende Untersuchung (126) ergeben. H. A. Meemken (126) vom Chemischen Landesuntersuchungsamt Münster/Westf. fand 'hohe Rückstände und zum Teil Überschreitungen der Höchstmengen' für polychlorierte Biphenyle (PCB) in Rinder- und Schweineleber, in Milch, Butter, Käse, in Hähnchen, Puten, Eiern, im Fisch und im Fischöl und besonders im Lebertran. Im Lebertran wurden pestizidbürtige Rückstände der oben genannten Organochloride nachgewiesen, sowie Werte an DDT, DDE und DDD, ferner auch relativ hohe an Hexachlorbenzol (HCB). Auch praktisch alle genannten Organochloride wurden zusätzlich in allen aufgeführten tierischen Lebensmitteln gefunden, wobei wiederum im Fisch und Fischöl das DDT und seine Metaboliten sowie Dieldrin hervorstachen, in Milch und Käse das Hexachlorbenzol (HCB).

Es sei hier an amerikanische Arbeiten aus den Jahren 1967 (127) erinnert. Die Forscher fanden bei ihren umfangreichen Tierversuchen – neben einer Wirkungsabschwächung bei einigen Wirkstoffkombinationen – additive bzw. sogar potenzierende Wirkungen bei gleichzeitiger Anwendung von 2 bis 3 verschiedenen Pestiziden (vgl. auch (188)): 1974 konnten die Amerikaner T. T. Liang & E. P. Lichtenstein (128) nachweisen, daß – abhängig von Art und Umweltfaktoren, z.B. der Bodenart – das Insektizid Parathion (E 605) sich in seiner toxischen Wirkung verstärkte, wenn das Herbizid Atrazin ebenfalls verabfolgt wurde.

Sachkundige Toxikologen teilen seit Jahren unsere Ansicht, die z.Z. durchgeführten toxikologischen Einzelprüfungen der Pestizidwirkstoffe bzw. ihrer Formulierungen seien zwar unerläßlich, würden sich aber keinesfalls an den in der Praxis üblichen Bekämpfungsmaßnahmen orientieren (129). Dazu seien einige Fälle im Ostbau angeführt, die graphisch in Darst. 33 veranschaulicht sind. So treffen z.B. auf die Apfelfrucht (nicht auf den Apfelbaum, hier sind es bedeutend mehr) sechs, meist mehr Spritzungen bzw. Stäubungen. Sie werden mit Fungiziden, Insektiziden, Akariziden, Wuchsstoffen und 'kosmetischen' Mitteln zur Erzielung attraktiver Fruchtfarben und einer besseren Lagerhaltung durchgeführt; sie gehören verschiedenen chemischen Wirkstoffgruppen an (130).

Hierbei können chemische Interaktionen auftreten, d.h. die Wirkstoffe bzw. ihre Formulierungen reagieren miteinander oder mit Pflanzeninhaltsstoffen (127, 130).

Bereits 1942 wies der Amerikaner Miller (131) im Boyce Thompson Institut nach, daß Pflanzen (Kartoffeln, Gladiolen, Tabak, u.a.), die z.B. zur Abkürzung ihrer Ruheperiode mit Äthylenchlorhydrin bzw. mit Chloralhydrat behandelt worden waren, nach Eindringen in das Pflanzeninnere mit diesen Fremdstoffen, 'körpereigene' Glycoside – und damit neue Pflanzeninhaltsstoffe – bilden, und zwar z.T. in Mengen bis zu 12% des Trockengewichtes.

Darst. 33 zeigt ferner gewisse örtlich empfohlene Manipulationen in der Praxis. Um hohe Rückstände bei den Lagerschorfspritzungen bei Äpfeln zu vermeiden, empfahl ein süddeutsches Pflanzenschutzamt, mit den Wirkstoffen zu wechseln (132). Captan sollte mit dem gleichwirkenden, aber chemisch anders zusammengesetzten Folpet abwechselnd gespritzt werden. Diese Empfehlung liegt zweifellos nicht im Sinne des Gesetzgebers und der Verbraucher.

Ferner weist Darst. 33 noch auf zwei Probleme hin, die ebenfalls nicht verbraucherfreundlich sein dürften.

Bei der Kirschfruchtfliegen-Bekämpfung sind die biologischen Verhältnisse ein 'handicap' für die Bekämpfungsmaßnahmen. Bei beginnender Rötung der Kirschen muß die Madenbekämpfung einsetzen, d.h. wenn die aus den abgelegten Eiern schlüpfenden Maden sich am Stielgrund in die Frucht einbohren wollen. Oftmals ist witterungsbedingt die Zeitspanne zwischen der Bekämpfung und der Erntereife zu kurz, so daß die Wartezeiten, z.B. bei Dimethoat, mit einer Karenzzeit von 21 Tagen, bei weitem nicht eingehalten werden können. Dimethoat bildet einen achtfach höher toxischen Metaboliten.

Ganz ähnlich, wie bei der Kirschfruchtfliegen-Bekämpfung, liegen die Verhältnisse im Erdbeeranbau.
Das sind praxisnahe Fälle, die aber bei unserer amtlichen Zulassungsprüfung und bei der Aufstellung von Karenzzeiten kaum oder überhaupt nicht berücksichtigt werden.

Deshalb müssen Aussagen der amtlichen Prüfstellen, die neuentwickelte Pestizide und Herbizide zur Anwendung zulassen, solange als nicht praxisbezogen und daher mit Skepsis betrachtet werden, bis sie den tatsächlichen Verhältnissen im praktischen Anbau Rechnung tragen.

Mit Genugtuung können wir feststellen, daß heute auch der konventionelle, vornehmlich auf Chemotherapie eingestellte Pflanzenschutz auf die Linie einzuschwenken beginnt, die wir seit fast 20 Jahren auf praktischer Erfahrung und experimentellen Ergebnissen aufgebaut haben. Dies geht aus einem Artikel des österreichischen Altmeisters der Phytopathologie, F. Beran, Wien (133), hervor, der 1975 forderte

die Pflanzenschutzmittel so zu lenken, daß unerwünschte Nebenwirkungen größeren Stils nicht eintreten. Grundkonzept dafür ist der 'ökologische Pflanzenschutz'. Er hat sich die Umweltschonung und den Schutz der menschlichen Gesundheit zum Schwerpunkt gesetzt. Dabei gilt es bedenkliche Pflanzenschutzmittelrückstände in Nahrungsmitteln zu vermeiden und auf die Anwendung extrem beständiger (persistenter) Insektizide zu verzichten. Wird ferner im 'Integrierten Pflanzenschutz' eine Kombination biologischer, kulturtechnischer und chemischer Methoden angestrebt, dann ist gemessen an der Größe anderer Umweltbelastungen der Einsatz von Pflanzenschutzmitteln in heutiger Form aufgrund der bereits getroffenen sehr wirksamen Sicherheitsmaßnahmen nur von sehr geringer Umweltbedeutung.

Mit allem, außer mit der Schlußfolgerung Berans, kann man sich einverstanden erklären (s. Kapitel I, 3.d).

Zum Abschluß dieses und des vorigen Kapitels soll die Tabelle 23* übersichtlich die 'Potentielle Förderung verschiedener Zivilisationskrankheiten durch anthropogene Einwirkungen auf Nahrungspflanzen und deren Umwelt' darstellen.

d. Umweltprobleme

Daß der Einsatz von Pflanzenschutzmitteln in heutiger Form 'nur von sehr geringer Umweltbedeutung sei' kann man doch wohl wirklich nicht behaupten. Jedenfalls gilt dies für die Bundesrepublik Deutschland, aber auch – wie mir bekannt ist – für Österreich.

Mit Hubschraubern werden, vor allem in Forstgebieten des Landes Rheinland-Pfalz, Herbizide zur Bekämpfung des 'Unwuchses', hauptsächlich der Himbeeren und Brombeeren, ausgebracht. Hierzu dient ein

---

* S. Ausschlagseite nach Textschluß am Ende des Buches.

2,4,5-T-Präparat.* Dieses Präparat ist in höchstem Maße suspekt, wie in einer früheren Arbeit ausführlich dargelegt wurde. (61). An dieser Ansicht kann auch eine gemeinsam von der Biologischen Bundesanstalt und vom Bundesgesundheitsamt 1975 herausgegebene beschwichtigende Erklärung nichts ändern (134). Dazu die folgenden Beispiele:

In Forstkulturen, die mit 2,4,5-T-Salz kontaminiert worden waren, wiesen 1972/73 erntereife Himbeeren eine Woche nach der Besprühung Rückstandswerte auf, die die Toleranzen um das 38 bis 144fache, bei Brombeeren um das 83fache überschritten. Selbst 4 Wochen nach der Herbizidaktion ließ sich in Himbeeren noch das 20 bis 26fache, in Brombeeren das 16fache und in Hutpilzen das 34fache des Toleranzwertes nachweisen (135). Diese Mittel greifen in das ökologische Geschehen weitgehend ein und sind dadurch auch für die Bienenhaltung ein Problem geworden. Die von Shirasu (136) 1973 für 2,4-D* und 2,4,5-T festgestellte mutagene und teratogene Aktivität ist nicht nur für die gesamte Lebensgemeinschaft, Flora und Fauna der Wälder, sehr bedenklich; speziell aber auch für kontaminierte Speisepilze, die praktisch den ganzen Sommer bis in den Winter hinein gesammelt werden. *Wer schützt Pilz- und Beerensammler gegen derartige Aktionen aus der Luft?* Erfreulicherweise werden solche Maßnahmen von den meisten deutschen Forstverwaltungen abgelehnt.

Wegen ihrer Gefährlichkeit haben die Schweizer Kantonsoberförster in gemeinsamem Beschluß auf die Anwendung dieser Herbizide im Wald verzichtet. *Damit haben sie gleichzeitig dokumentiert, daß die sachliche Notwendigkeit dafür nicht gegeben ist.*

Im Juli 1969 hatte bereits auf einer Umwelttagung in München der Kanadier H. Hurtig, Ottawa, (zit. (61)) über seine regierungsamtlichen Untersuchungen mit Pestizidabtriften berichtet. Bei Ausbringung von chlorierten Phenoxyessigsäure-Derivaten (2,4-D und MCPA) mit konventionellen Bodengeräten – 1 m über den behandelten Getreidefeldern – wurden je nach Luftbewegung die Abtriften bis 1500 m vom Ausbringungsort verfrachtet, kenntlich an typischen Pflanzenschäden (Mißwuchs, Verkrüppelung) bei Bäumen (Acer negundo), Rotklee, Raps, Sonnenblumen und bei anderen Ölfruchten.

Bei Ausbringung durch den Hubschrauber, sind die Umweltkontaminationen sehr viel größer (G. Wellenstein)**.

Dies sei an einem Beispiel dargelegt. Trotz jahrelanger begründeter Proteste beim Hessischen Landwirtschafts- und Gesundheitsministerium wird nach wie vor in der von Ortschaften, Siedlungen, Gehöften, Ausflugsstätten, Obstplantagen, Kleingärten und Schwimmbädern durch-

---

* 2,4-D sowie 2,4-D-und 2,4,5-T-Mischpräparate werden als Herbizid-Rustica Kombi DM und MPT auch im Getreidebau eingesetzt. 80% unserer Getreideflächen werden mit Unkraut-Herbiziden behandelt (s. Kurzberichte und Rustica-Pflanzenschutz-Information, März 1976 – mit Anlage).
** Persönliche Mitteilung vom 29.9.1975.

setzten Weinbaulandschaft des Rheingaues die Schädlings- und Krankheitsbekämpfung der Reben durch Pestizidverspritzung mittels Hubschrauber durchgeführt. Sicherheitsabstände werden z.B. an viel befahrenen Straßen nicht eingehalten. Kontaminierungen erfolgten an Straßenfahrzeugen und Passanten, an Obstplantagen und Kleingärten mit erntereifem Gemüse und Obst.

1972 beschwerte sich der Leiter eines Forstamtes im Rheingau über Schäden an Waldameisen, Vögeln, Kerbtieren und an der Mikrofauna im Forst. Etwa ein Kilometer oberhalb eines Weinbergs, der Ausbringungsstelle von Methylparathion durch Hubschrauber, traten die Schäden auf. Das toxische Sprühgut wurde durch Aufwinde nachweislich sogar bis 8 km weit in die Bergwälder getragen. Dort wurde – wie E. Hauck 1973 (zit. (61)) berichtete – in Ausweichstationen Flugbienen vernichtet.

Im gleichen Jahr traten auch im Lorcher Bergwald Verluste an Bienenvölkern auf. 150 m tiefer hatte man – 1,5 km vom Schadensort entfernt – eine Hubschraubersprizung in den Weinbergen mit Methylparathion durchgeführt. Noch 8 Tage nach der Spritzung fand das Darmstädter Landwirtschaftliche Untersuchungsamt an Bienenweidepflanzen (Himbeeren und Robinien) des Schadensorts noch Methylparathion, wenn auch in geringen Konzentrationen (zit. (61)).

Aber auch aufschlußreiche Experimentalarbeiten 1971/72 aus der DDR (137) über große Abtriftschäden durch flugzeugversprühte Pestizide liegen vor.

Aus Raumgründen müssen wir auf weitere Beispiele verzichten. Es sei daher auf einschlägige Veröffentlichungen verwiesen (61, 126). Das vorhandene Material zeigt jedoch eindeutig, daß die Feststellung von F. Beran (133), der Einsatz von Pflanzenschutzmitteln sei in heutiger Form 'nur von sehr geringer Umweltbedeutung', in der Praxis der Land- und Forstwirtschaft keine begründete Stütze findet.

4. 'BIOLOGISCHE' ANBAUMETHODEN

Es kann nicht Ziel dieser Arbeit sein, die verschiedenen Zweige eines 'biologischen' oder 'organischen' Landbaues genau zu definieren und damit über ihre Zielinhalte eine erschöpfende Auskunft zu geben. Dies scheitert nicht nur an Verschiedenheiten im Detail, sondern auch an einer teilweisen Verquickung von Anbaumethoden mit anthroposophischer Weltanschauung, wie dies bei der biologisch-dynamischen Wirtschaftsweise der Fall ist (117, 114).

Dadurch wird aber auch ein exakter wissenschaftlicher Direktvergleich durch Fehlen gleicher Parameter – z.B. zwischen 'biologischem' und heute vorherrschendem konventionellen Anbau auf 'chemisch-ökonomischer' Grundlage – unmöglich gemacht, es sei denn man abstrahiert – wie wir dies bei unseren 12jährigen exakten Vergleichsversuchen getan haben – alle nicht vergleichbaren oder die Vergleichsversuche störenden Parameter, z. B. Berücksichtigung der Mondkonstellation beim Anbau, das individuelle Gewicht der menschlichen Arbeitskraft u.a. (117, 114).

Im biologisch-dynamischen Betrieb werden vorbildlich betriebene Pflegemaßnahmen des Bodens, des Kompostes und der Nahrungspflanze individuell, meist von Idealisten, durchgeführt.

Im konventionellen Anbau läuft dagegen die vom Zeitgeist des Wohlstandes diktierte unerbittliche Ökonomie einer Industrie-typischen Pflanzenerzeugung ab: Vollmechanische Bodenbearbeitung und Ernte, maschinelle Großverteilung und Einbringung mineralischer Volldünger sowie eine oft auch praventiv programmierte chemische Pestizidapplikation. Das für eine Nahrungspflanzenproduktion unerläßliche biologische Denken des Landwirts und des Gartners ging immer mehr verloren.

Einige Grundsatzbegriffe nichtkonventioneller Anbaumethoden – so die das Prinzip bestimmenden Ausdrücke 'biologisch' und 'organisch'- bedürfen doch wohl einer kritischen Analyse, und zwar unter Zuhilfenahme einer schematischen Darstellung (Darst. 34).

Das Ziel des konventionellen Pflanzenbaus auf chemisch-ökonomischer Grundlage ist, vor allem Höchsterträge zu erzielen. Dies wird durch intensiven Einsatz, vor allem von Mineraldüngern (NPK) und Pestiziden erreicht. Der Gießener Phytopathologe Schmutterer (11) hatte – wie bereits ausführlich beschrieben – die moderne Wirtschaftsweise in der Landwirtschaft kritisch am Beispiel des Weizenbaues, rückwirkend von 1950 bis zur Gegenwart, in ihren folgenschweren Wechselbeziehungen verfolgt (s. Darst. 28). Im Obst- und Gemüsebau werden – neben Höchsterträgen – ansprechende Erzeugnisse, also äußerlich makellose Spitzenqualität in Größe, Form und Farbe, deren 'kosmetische' Eigen-

Darst. 34

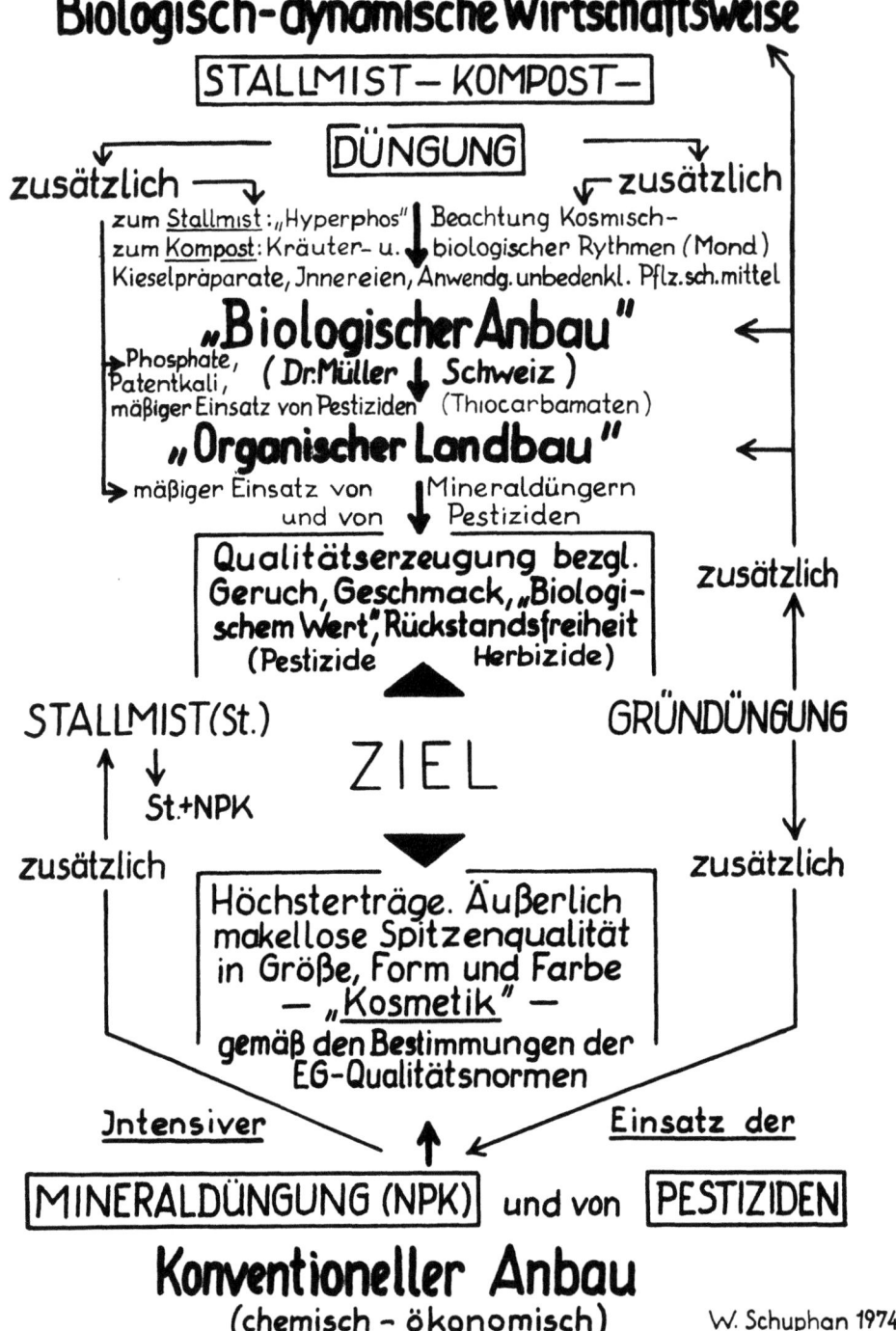

schaften den Bestimmungen der EG-Qualitätsnormen voll entsprechen. Dabei sind Wohlgeschmack, Haltbarkeit und ernährungsphysiologische Bewertung beim konventionellen Anbau kaum oder überhaupt nicht gefragt.

Gegen eine maßvolle Düngung und – bei kritischer Auswahl – gegen einen beschränkten Einsatz auch chemischer Bekämpfungsmittel im Rahmen des 'Integrierten Pflanzenschutzes' oder anderer 'biologischer' Anbauweisen haben auch die Qualitätsforscher nichts einzuwenden.

Allerdings muß die Bodenqualität biologisch optimal sein, und die Auswahl der Dünger und der Pestizide hat so zu erfolgen, daß – nach heutigem Wissensstand – damit keinerlei Risiken für Umwelt, vor allem aber für Leben und Gesundheit der Warmblüter verbunden sind. Aber hier liegt das große Problem.

Wenn man von Splittergruppen absieht, haben wir bei den nichtkonventionellen Wirtschaftsweisen – gewissermaßen als Antipode zur chemisch-ökonomischen Richtung – drei Gruppen. Mit der extremen beginnend, die biologisch-dynamische Wirtschaftsweise, dann der biologische Anbau des Schweizers Dr. Müller und der organische Landbau verschiedener Prägung.

Streng genommen wollen die verschiedenen Richtungen eines nichtkonventionellen Anbaus in Landwirtschaft und Gartenbau alle mehr oder minder dasselbe: Qualitätserzeugung von Nahrungspflanzen im Hinblick auf optimale Beschaffenheit, von Aroma, Geschmack und des 'Biologischen Wertes sowie Rückstandsfreiheit von Pestiziden und Herbiziden. Hauptziel aller Anbaumaßnahmen soll sein, mit den Qualitätserzeugnissen dem Wohlbefinden und der Gesunderhaltung des Menschen zu dienen und den natürlichen therapeutischen Wert der Nahrungspflanzen zu erhalten.

Wie aus der Darst. 34 hervorgeht, steht bei allen eine organische Düngung im Mittelpunkt.

Die Biologisch-dynamische Wirtschaftsweise verwendet – wie die Darst. 34 zeigt – zusätzlich zum Stallmistkompost Kräuterextrakte und Kieselpräparate in kleinsten Mengen. Auch Schlachthofabfälle (Innereien), Hyperphos und in Schweden Patentkali werden zugesetzt.

L. Fürst wird in einer biologisch-dynamischen Selbstdarstellung ((117), S. 240) nicht ganz treffend als ein Vertreter der biologisch-dynamischen Obstbauer hingestellt.

Fürst empfiehlt den Mitgliedern seiner Anbauorganisation (ANOG), neben einer organischen Grunddüngung, 'zur maßigen Aufdüngung', u.a. alle mineralischen Phosphatdünger und alle schwefelsauren Kalidünger, ferner Guano, einen 'treibenden' organischen Dung (138) sowie bei dem Massenträger, der Apfelsorte 'Golden Delicious', sogar 'treibenden' mineralischen Nitratdünger (139). Von den handelsüblichen Pestiziden werden u.a. die Phosphorsäureester Malathion und Diazinon, das Carbaryl und das Bromophos sowie die Spinnmilben-Wirkstoffe, Tetradifon und Tetrasul empfohlen. Die Liste der Empfehlungen umfaßt dann noch Dinocap-Präparate, Karathane, Mancocar, fast alle chemischen Mittel zur Bekämpfung des Apfelschorfs sowie zur Lagerschorfspritzung das weder geruchs- noch geschmacksneutrale Captan (21, 61), das auch zu den chemischen Ausfärbehilfen für Früchte im Apfelanbau ('Kosmetik') zählt (61, 130). Nach japanischen Untersuchungen aus dem Jahr 1973 (140) mussen Captan und Carbaryl zu den mutagenen und zugleich teratogenen Pestiziden gerechnet werden.

Die ANOG-Kultur im Obstbau von H. Fürst (138) kann wohl mit Recht als eine auf organischer Düngung basierende Anbauart bezeichnet werden, die aber auch 'treibende' organische und mineralische Nitratdünger verwendet. Auch der Gebrauch der genannten Pestizide im Apfelanbau führt zu dem Schluß, *daß die ANOG-Kultur praktisch nur durch Zufuhr von organischem Dünger von einer konventionellen Anbauweise unterschieden werden kann.*

'Es ist zu hoffen, daß sich die ANOG-Arbeit unter dem Rat sachkundiger Wissenschaftler positiv weiterentwickelt. In Anlehnung an Maßnahmen des Integrierten Pflanzenschutzes müßte eine gezielte, sparsame chemische Bekämpfung im Verein mit biologischen Maßnahmen erfolgen, um Schädlinge und Krankheiten unter die Schadensschwelle zurückzudrängen. Dazu gehört aber auch eine kritische Sortenwahl unter Berücksichtigung von Resistenz und/oder Teilresistenz.'

Über die im biologischen Anbau Dr. Müllers und im organischen Anbau verschiedener Prägungen benutzten zusätzlichen mineralischen Dünger und Pestizide unterrichten die Angaben in Darst. 34.

Die aus nichtkonventionellem Anbau stammenden Erzeugnisse werden vermarktet unter verschiedenen Bezeichnungen, z.B. Demeter-Ware (biologisch-dynamisch), biologisches Erzeugnis, Erzeugnisse aus organischem Anbau, Obst aus naturgemäßem Anbau (ANOG).

'Biologische' Erzeugnisse aus dem Anbau von Dr. Müller in der Schweiz finden kritisches Interesse bei der Eidgenössischen Ernährungskommission.

Es geht um den Begriff 'biologisch', der nach Ansicht der Experten (im Gegensatz zu den Anträgen der Kreise des biologischen Landbaues) aufgrund der Lebensmittelverordnung lebensmittelrechtlich- und wissenschaftlich nicht definiert werden kann.

In der Tat ist eine genaue wissenschaftliche Definition des Begriffs 'biologisch' äußerst schwierig, wenn nicht sogar unmöglich. Dieser Tatsache gibt der Schweizer Kantonschemiker des Kantons Solothurn in einem Rundschreiben an Produzenten und Käufer von Obst und Gemüse vom Februar 1976 launigen Ausdruck. Er beginnt seine Bekanntmachung mit folgendem sachbezogenen Vers:

"Bezeichnung 'biologisch'
Gemuse und auch Obst heißt 'biologisch',
Weil's wächst und Fruchte bringt, das ist doch logisch;
'Naturgedungt' und 'Chemisch nicht gespritzt'
Wird sinngemaß bezeichnet und geschutzt,
Was Produzent und Käufer nutzt".

Mit der einen, der anderen oder mit beiden Bezeichnungen wird bei gleichzeitig vorgesehenen Anbaukontrollen in Solothurn eine vorbildliche, marktehrliche, sachbezogene und verbraucherrelevante Deklarierung vorgenommen.

Wir kennen in der Lebensmittelchemie und im deutschen Lebensmittelrecht auch den Begriff der "Verbrauchererwartung", der hier Anwendung finden könnte. Der um seine Gesundheit besorgte Konsument verbindet mit den Begriffen "biologisches Erzeugnis" oder "aus biologischem Anbau" eine gewisse, mehr oder minder realistische Wertvorstellung. Sie bezieht sich – auch was die Frischerzeugnisse anbelangt – auf nachprüfbare wertstoffreiche Erzeugnisse, frei von Pestizid-Rückständen (vgl. bei Kapitel II).

5. STANDORTGERECHTER QUALITÄTSANBAU – INTEGRIERTER PFLANZENSCHUTZ

Moderne Kulturmaßnahmen nach chemisch-ökonomischen Grundsätzen haben die Gesichtspunkte eines 'Standortgerechten Qualitätsanbaues' fast völlig verdrängt. Es ist bequemer und erfordert keinerlei biologisches Denken, nach Vorschrift zum Düngersack zu greifen. Ebenso leicht ist es, nur in Erwartung eines möglichen Befalls präventiv Pestizide auszubringen, um zu versuchen, den Nachteil eines ungeeigneten Standortes auszugleichen. Es sei hier an die Zusammenhänge zwischen der Höhe der verabreichten N-Düngung und der Zwangsfolge eines intensiven Pestizid- und Herbizideinsatzes erinnert (Darst. 27 und 29).

Gerade dies will man mit einem 'Standortgerechten Qualitätsanbau' sowie mit Maßnahmen des 'Integrierten Pflanzenschutzes' vermeiden.

Der von uns geprägte Begriff 'Standortgerechter Qualitätsanbau' beruht auf der jahrhundertealten Erfahrung, daß sich bei bestimmten Obst- und Gemüsearten – ja sogar bei bestimmten Lokalsorten – die Gunst eines Standorts durch vorteilhafte Boden- und Klimaverhältnisse, nicht nur positiv auf den Ertrag, sondern auch vorteilhaft auf die Marktqualität und auf den Geschmack auswirkt. So hatten sich durch begünstigende Umweltbedingungen und teilweise durch empirisch erprobte krankheits- und schädlingsabweisende Fruchtfolgen Spezialanbaugebiete für Qualitätserzeugnisse herausgebildet, wo z.B. gut ausgefärbte und hervorragend schmeckende ostpreussische und baltische Äpfel, Priegnitzer Kartoffeln, Liegnitzer und Lübbenauer Gurken, Teltower Rübchen, Beelitzer und Braunschweiger Spargel, Dithmarscher Weißkohl, Spitzkohl von den Fildern, Bühler Zwetschen und Rheingauer Erdbeeren als Qualitätsware erzeugt wurden (21).

Qualitätserdbeeren gedeihen, z.B. auf einem nicht zu trockenen Boden, nur dann optimal, wenn sie nicht mit Stickstoff überdüngt werden (Geschmacksverlust, Botrytisbefall) und wenn sie im Juni z.Zt. der Fruchtbildung und Fruchtreife viel Sonnenschein haben können. Dann bringen sie gesunde, botrytisfreie Früchte hervor mit hohen Vitamin C-Gehalten. Wie wir in mehrjährigen Untersuchungen ebenfalls feststellten, verfügen solche 'standortbegünstigten' Erdbeeren auch über einen hervorragenden Geschmack, bedingt durch ein ausgewogenes Verhältnis von Zucker/Säure und über ein feines arteigenes Aroma (70, 60).

Der heute stark beachtete, dennoch in gewissen Kreisen zu unrecht

Darst. 35

Chemischer — PFLANZENSCHUTZ — Biologischer

	Erwünschte Vorteile	
Sehr groß	1. Zahl der erprobten Mittel	Noch sehr gering
Meist gut bis sehr gut	2. Wirtschaftlichkeit	Soweit Erfahrungen vorliegen: gut bis sehr gut
Meist gut bis sehr gut	3. Praktikabilität	Noch wenig Erfahrung
ja	4. Rasche Wirkung	Nein Allmähliche
Meist gut bis sehr gut	5. Bekämpfungserfolg	Meist gut bis sehr gut
Meist relativ gering	6. Selektivität der Mittel	sehr gut
Meist relativ gering	7. Nützlingsschonend	sehr gut
Meist relativ gering	8. Umweltschützend	sehr gut
Nicht gegeben	9. Förderung der Widerstandskraft der Pflanze	sehr gut
Intensiv	10. Offizielle und Industrieberatung	Kaum vorhanden

Unerwünschte Nachteile

Ja	A. Große Wirkungsspektren der Mittel	Nein
Ja	B. Resistenzbildung gegen Wirkstoffe (oder Organismen)	Nein
Ja	C. Bedenkliche Wirkungen der Mittel:	Nein

1. Humantoxizität (insbesondere Insektizide)
    a) für den Anwender selbst : Ja   1 Humantoxizität
    b) bei mißbräuchlicher Anwendung : Ja   a) nein
    c) durch Bildung starker toxischer Metaboliten : Ja   b) nein
        2. durch Bildung von Metaboliten mit Pflanzensubstanzen Ja   c) nein
        3. durch Gehaltssenkung, z.B. von Carotin (Möhren): Ja   2 nein
        4. Persistenz der Mittel. Bildung   3 nein
            biologischer Anreicherungsketten in der Natur und   4. nein
            in der Nahrung,
            z.B. von DDT und Dieldrin: Ja

INTEGRIERTER PFLANZENSCHUTZ

Bodenbearbeitung ⇐ **Optimale** ⇒ Mobilisierung des antiphytopathogenen Potentials (Reinmuth)

der ⇐ **Wahl** ↘
Saat- und Pflanzzeit

der ↙ **des** ↘ der
Düngung **Standorts** Standweiten
(organisch + anorganisch) einschl. weitgestellter
Wahl schädlingsabholder Fruchtfolgen
Böden
(Moorboden gegen Möhrenfliege)

(Nach W. Schuphan)

Darst. 35a

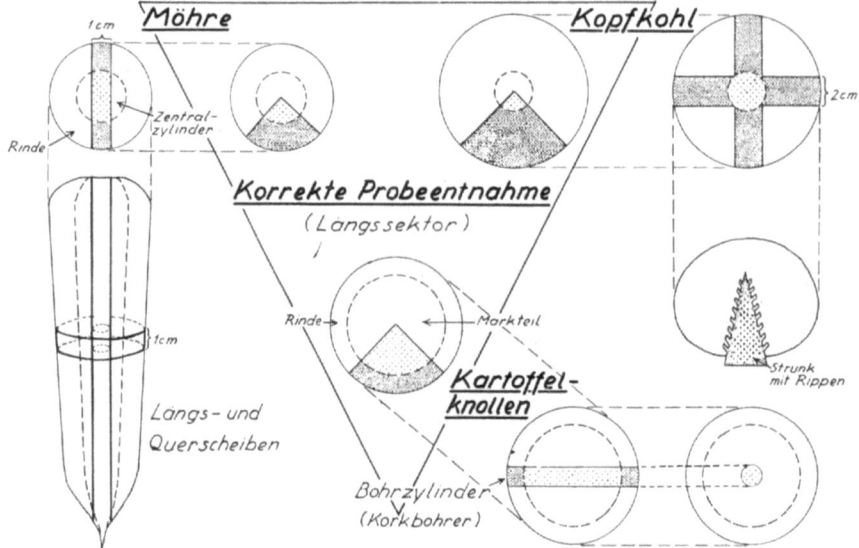

abschätzig bewertete 'Integrierte Pflanzenschutz' kann zwar auch nicht alle Probleme lösen, doch sind seine Ziele und allgemein die des biologischen Landbaues verschiedener Prägung in jeder Weise förderungswürdig.

Zwei bekannte Experten auf dem Gebiet des 'Integrierten Pflanzenschutzes', A. El Titi & H. Steiner (142), sagten 1975 zu dieser Methode recht treffend:

'Der Integrierte Pflanzenschutz ist keine Alternative zur chemischen Bekämpfung, vielmehr schließt er diese ein, wobei allerdings ihre Priorität verloren geht. Doch kann deshalb das Prinzip der integrierten Bekämpfung nicht als antichemisch bezeichnet werden. Im Vordergrund allerdings steht das Ökosystem, insbesondere seine Selbstregulationsfähigkeit, die geschützt und gepflegt werden soll, die gelegentlich aber für die heutigen Produktionsmethoden nicht ausreicht. Dann müssen die natürlichen Gegenspieler der Krankheiten und Schädlinge unterstützt, in extremen Fällen sogar ersetzt werden. Wenn biologische, einschließlich biotechnische Verfahren nicht zur Verfügung stehen, bleiben die chemischen verständlich, wie schwierig es ist, mit ihnen einen ökologisch wirklich positiven Effekt zu erzielen. Aus diesem Grund soll die Verwendung chemischer Substanzen so weit wie möglich eingeschränkt werden'.

H. Steiner und seine Mitarbeiter (143, 142) haben in ihren langjährigen Versuchen im Württenbergischen Apfelanbau mit den von ihnen erarbeiteten Methoden recht beachtliche Erfolge erzielt, auf die aber wegen Raummangel hier nicht näher eingegangen werden kann.

Daß mit der Anwendung des Integrierten Pflanzenschutzes im allgemeinen keine Maximalerträge, wie beim chemisch-ökonomischen Anbau zu erwarten sind, schreckt offenbar auch die amtliche Forschungsfinanzierung. U.E. müßten aber für zukunftsweisende Forschungen auf den Gebieten, 'Standortgerechter Qualitätsanbau' und 'Integrierter Pflanzenschutz', weit mehr Mittel bereitgestellt werden. Erfolge auf diesem Gebieten könnten möglicherweise nicht nur Einsparungen an Pflanzenschutzmitteln, sondern auch bei der sowieso stark überforderten Lebensmittelüberwachung bringen.

Zum Abschluß soll eine Übersicht (Darst. 35) die besprochenen Bekämpfungsmethoden gegenüberstellen, wobei auch die an sich günstig zu beurteilende Rolle des 'Biologischen Pflanzenschutzes' unterstrichen wird. Bedauerlicherweise liegen auf diesem Gebiet bisher nur sehr wenige Verfahren zur praktischen Anwendung vor.

II. 12 JÄHRIGER EXPERIMENTELLER VERGLEICH AUF MOOR- UND SANDBODEN: ORGANISCHE/MINERALISCHE DÜNGUNG

Als Ergänzung und Fortsetzung der von 1937 bis 1943 durchgeführten Düngungsgroßversuche in Großbeeren bei Berlin*, deren Erzeugnisse an Säuglinge verfüttert worden waren (144, 145, 95), dienten die in den Jahren 1960–1972 in Geisenheim/Rhg. laufenden 12 jährigen Düngungsversuche auf zwei Böden dem Vergleich einer 'organischen', 'mineralischen' und 'kombinierten' Düngung im Hinblick auf Ertrag und Biologischen Wert (146).

Dem Einfluß des Bodens mit seinem Humusgehalt und seinem pflanzenverfügbaren Nährstoffen in Abhängigkeit von 12 jähriger unterschiedlicher Düngung galt dabei – auch unter Berücksichtigung der jeweiligen Jahreswitterung – ein besonderer Augenmerk. Über den gesamten, hier behandelten Fragenkomplex liegen bisher in der Weltliteratur keine exakten Versuchsergebnisse vor (147).

a. Allgemeines

Exakte Langzeitversuche mit verschiedenen Düngern können in ihrer Aussagekraft bedeutend gesteigert werden, wenn sie folgende Voraussetzung erfüllen:
Sie müssen
1. auf homogenen, bisher nicht in Kultur genommenen Substraten, in 4-facher Wiederholung angelegt und durchgeführt,
2. einwandfrei statistisch ausgewertet, sowie
3. durch Bodenanalysen – und nach vorschriftsmäßiger Probeentnahme der Ernteprodukte (73, 74) – durch chemische Untersuchungen laufend auf wertgebende Inhaltsstoffe überprüft werden (62).
4. Der Witterungsverlauf – wichtige Voraussetzung für Ertragsbildung und Synthese solcher wertgebender Inhaltsstoffe – die den Biologischen Wert der jeweiligen Erzeugnisse maßgeblich prägen, ist in die Auswertung einzubeziehen.

Diese Forderungen waren erfüllt bei den nachstehend beschriebenen 12 jährigen Düngungsversuchen der Geisenheimer Bundesanstalt für Qualitätsforschung pflanzlicher Erzeugnisse. Die Probeentnahme für die Untersuchungen der Gemüse erfolgte gemäß Darst. 35a. Die Versuchs-

---

* Mit finanzieller Unterstutzung des Deutschen Forschungsdienstes.

parzellen waren mit einer Beregnungsanlage ausgerüstet, die eine exakte gleichmäßige Parzellenbewässerung gewährleistete.

b. Versuchsplan und Versuchsdurchführung

Die Vergleichsversuche liefen von 1960 bis 1972 auf 10 m² großen Betonrahmenparzellen und zwar auf zwei Böden in 4 facher Wiederholung.

Zu unseren Versuchen verwendeten wir Bodensubstrate, die vorher nie in Kultur genommen waren, Hochmoor aus dem Emsland und tertiären Sand aus einer Geisenheimer Grube. Der Sand stammte ebenso wie der kiesige Untergrund der Betonrahmenparzellen – aus einer unterhalb des Rudesheimer Bergs anstehenden, ausgedehnten Brandungsschutthalde eines tertiären Meeres.

Die zum Vergleich dienenden Düngungsreihen waren NPK, Stallmist, Stallmist + NPK und biologisch-dynamischer Kompost (146).

Die in den 12 Jahren durchgeführten Untersuchungen der Versuchsböden* erfolgten an Mischproben aus den jeweiligen Parallelparzellen, die entweder nach der Ernte zum Jahresende oder zum Beginn des neuen Jahres entnommen worden waren.

Von Anbeginn der Versuche waren pH-Werte und folgende Pflanzennährstoffe, P_2O_5, K_2O, $CaCO_3$, sowie Mg zeitbegrenzt (1960–61 und 1968–1973) und auch Humusbestimmungen (1970–1973) im Programm der laufenden Boden-Untersuchungen.

Diese Untersuchungen können bis zu einem gewissen Grad mit dazubeitragen, Aufschlüsse zu geben über die Kausalität der Ertragshöhe und der quantitativen Bildung wertgebender pflanzlicher Inhaltsstoffe, insbesondere auch der Mineralstoffe. Daß die Bodenuntersuchungen ab 1965 mit anderen Bestimmungsmethoden durchgeführt wurden, scheint keinen Einfluß auf die Ergebnisse gehabt zu haben.

c. Ergebnisse der Bodenuntersuchungen

pH-Werte

Die Initialwerte der Bodenreaktion im Jahr 1960, also vor Versuchsbeginn, entsprachen dem jeweiligen Bodencharakter. Sie waren beim Emsländer Hochmoorboden mit pH 2,4 sehr stark sauer, beim tertiären Sand mit pH 7,8 alkalisch.

Mit der Inkulturnahme beider Böden stiegen die pH-Werte – wie die

---

* Wir danken Herrn Prof. Dr. Tepe, Institut für Bodenkunde der F.A. für Weinbau, Gartenbau, Getränketechnologie und Landespflege in Geisenheim, Rhg. für die Durchführung der Bodenuntersuchungen 1960 bis 1964 und Herrn Prof. Dr. Buß und seinen Mitarbeitern, Landwirtschaftliches Untersuchungsamt Darmstadt bzw. Kassel-Harlesshausen für die Fortsetzung bis 1973.

Darst. 36

BODEN-UNTERSUCHUNG · Betonrahmen-Parzellen · BAQ-GEISENHEIM/Rh. 1960–1974

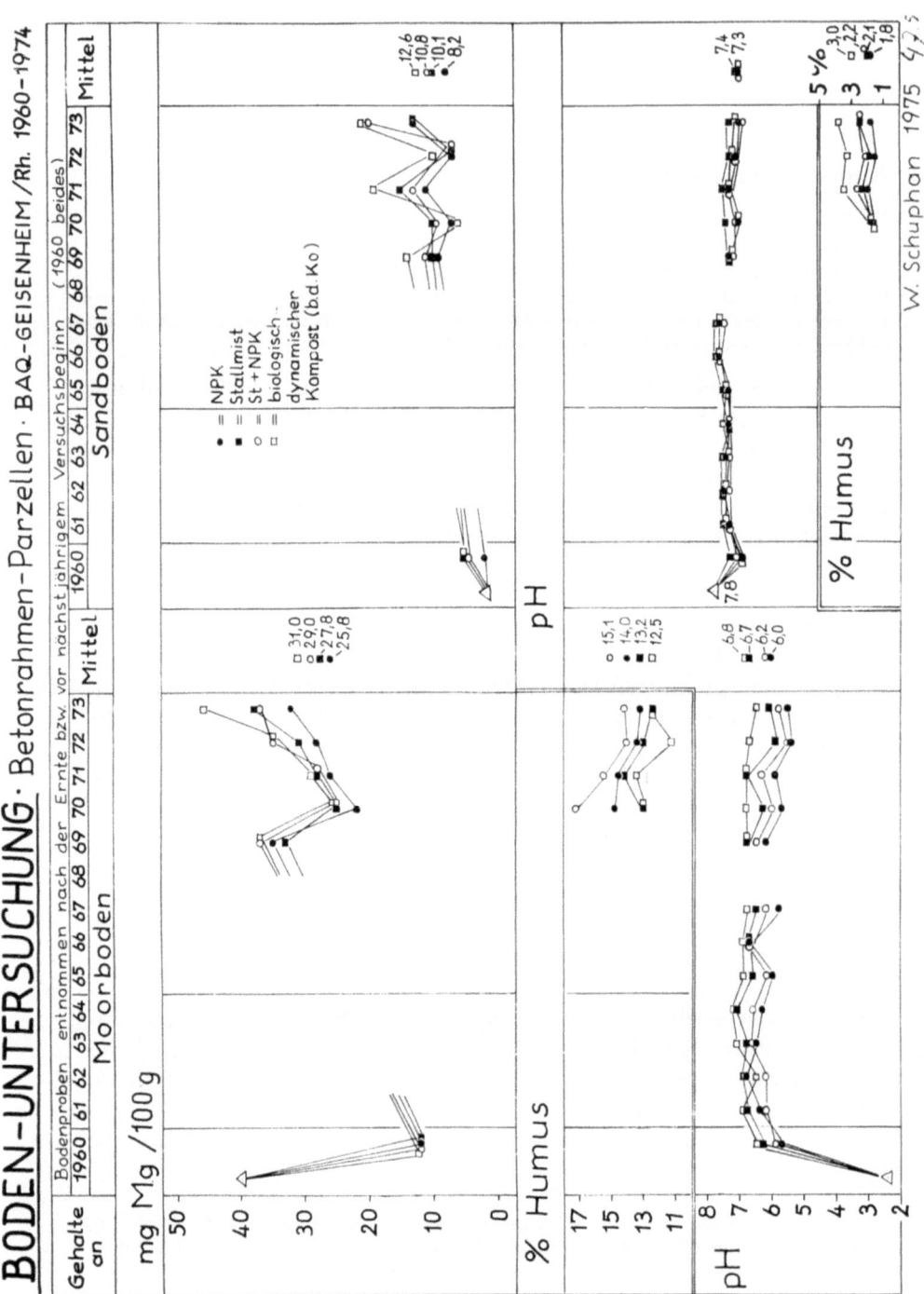

Darst. 36 zeigt – und zwar beim Moorboden steil an. Sie hielten sich im 13 jährigen Mittel je nach Düngung zwischen 6,0 und 6,8, also in einem für die meisten der im Versuch stehenden Nahrungspflanzen günstigen, schwach sauren bis neutralen Bereich. Die Kurve der entsprechenden pH-Werte beim Sand verlief dagegen von Anbeginn der Vegetationsjahre* flach, die Mittelwerte bewegten sich um den neutralen pH-Bereich zwischen 7,3 und 7,4 (Darst. 36).

Humus

Bedauerlicherweise wurden Humusbestimmungen nur in den letzten 4 Jahren bei unseren vergleichenden Düngungsversuchen durchgeführt. Dennoch gewähren die Daten einen guten Einblick in die unerwarteten Ergebnisse (Darst. 36).

Eigentlich hätte man erwarten dürfen, daß sich auf Moor - ähnlich wie auf Sand – als Folge einer fast alljährlichen organischen bzw. kombinierten Düngung ein wenigstens schwach aufwärts gerichteter Trend in der Humusanreicherung des Bodens zeigen würde. Stattdessen waren jedoch alle Kurven der Düngungsvarianten deutlich abwärts gerichtet.

Diese Befunde werden aber noch unverständlicher, wenn man bedenkt, daß die Kurve mit den niedrigsten Humusgehalten der biologisch-dynamischen Düngung und die nächst höhere der Stallmistdüngung zuzuordnen sind. NPK-Düngung, noch deutlicher die kombinierte Düngung (Stallmist + NPK), zeigen sich auf Moorboden den beiden anderen Varianten überlegen. Dies lassen auch die Mittelwerte deutlich erkennen. 1972 liegt der Humusgehalt der biologisch-dynamischen Variante bei 11,2%, der der Stallmist + NPK-Düngung um 2,9% höher, nämlich bei 14,1%. Mit der bei höheren Erntemengen gefundenen höheren Wurzelrückständen kann dies nicht erklärt werden, denn dann müßte Stallmistdüngung den letzten Platz in der Rangfolge einnehmen.

Es sei noch erwähnt, daß 1973 zum Abschluß der 12 jährigen Versuche der b.-d.-Kompost auf Sandboden die beste Humusanreicherung gegenüber NPK-Düngung (1,8%) brachte. Der Humusgehalt lag mit 3,8% um 2% über der reinen Mineraldüngung.

Auch in anderer Hinsicht steht das Ergebnis logischen Überlegungen entgegen. Auf Wunsch der Vertreter der biologisch-dynamischen Wirtschaftsweise** wurde mehr als die 2½ fache Menge (860 dz/ha) der des Stallmists und der der kombinierten Düngung (je 300 dz/ha) verabfolgt.

Nachstehende Übersicht über Mittelwerte von 1964 bis 1972 – also ohne die vier Anlaufjahre - kann dies näher erläutern (Tab. 24).

---

* 1968 gingen die Proben verloren.
** Wir sind Herrn Dr. Heinze, Forschungsring für biologisch-dynamische Wirtschaftsweise in Darmstadt für Ratschläge und alljährliche Bereitstellung des b.-d.-Kompostes dankbar.

Tabelle 24. Ergebnisse Mittel von 9 Versuchsjahren (1964–1972)

	Stallmist					Biologisch-Dynam. Kompost				
	Jährlich verabfolgte Menge				Ernte-ertrag	Jährlich verabfolgte Menge				Ernte-ertrag
	Dun-gung	Trocken-subst.	Organ. Subst.	Gesamt-Wasserlösl. N		Dun-gung	Trocken-subst.	Organ. Subst.	Gesamt-Wasserlösl. N	
	dz/ha			kg/ha	dz/ha	dz/ha			kg/ha	dz/ha
absolut	300	66	36	153	175	860	283	90	389	288
relativ	100	100	100	100	100	287	431	252	254	165

Die im Vergleich zur Stallmistdüngung mit der biologisch-dynamischen Kompostdüngung aufgebrachten, sehr hohen Mengen an Trockensubstanz, an organischer Substanz und an Gesamtstickstoff stehen in keinem angemessenen Verhältnis zum Mehrertrag.

So wurden jährlich mit der ungewöhnlich hohen biologisch-dynamischen Kompostdüngung von absolut 860 dz/ha im 8-jährigen Durchschnitt* relativ zum Stallmist 331% mehr Trockensubstanz, 152% mehr organische Substanz und 154% mehr Gesamtstickstoff verabfolgt, bei einem gegenüber Stallmist mittleren Mehrertrag von 66%. – An löslichem Stickstoff war übrigens gegenüber 'Stallmist' ein Minus von 42% zu verzeichnen.

Es ist bekannt und wurde in einer kürzlich erschienenen Selbstdarstellung in Buchform von drei prominenten Vertretern dieser Wirtschaftsweise bestätigt (117), daß den b.-d.-Komposten bei der Herstellung – neben Schlachthofabfällen (S. 149), Basaltmehl (S. 131) und Kräuterextrakten (S. 149) – auch einige mineralische Dünger, z.B. Rohphosphate** (S. 125), Thomasphosphat (S. 131) und Schwefelsaures Kalimagnesia z.B. in Schweden (S. 125) zugesetzt werden.

Bei dieser recht eindeutig Sachlage kann man dem biologisch-dynamischen Kompost nicht immer das allgemein angenommene Prädikat eines rein organischen Düngers zusprechen. Er müßte vielmehr den kombinierten organisch/mineralischen Düngern – etwa wie Stallmist + NPK – zugeordnet werden, allerdings mit der wesentlichen Einschränkung, daß der in ihm enthaltene relativ niedrige, leicht verfügbare Stickstoffgehalt allein aus organischen Quellen stammt. Das ist – wie die unter Kapitel 'I 3.b, Mineraldüngung' dargelegten Ergebnisse bezeugen, ein entscheidender Vorteil.

Mit dieser Definition lassen sich später die vergleichenden Auswertungen über Gehalte düngungsbedingter wertgebender Pflanzeninhaltsstoffe sachgerechter beurteilen.

MAGNESIUM

Leider reichen die vorhandenen Werte über die Magnesiumgehalte der Böden nicht aus, um eine lückenlose Beurteilung zu begründen. Immerhin gewähren die Initialwerte von Versuchsbeginn und die in den Jahren 1969 bis 1973 ermittelten Werte gegen Ende der Versuche einen guten Überblick (Darst. 36).

Legen wir die in der Agrikulturchemie geltenden Zahlen über die drei Versorgungsstufen des Bodens mit Magnesium zugrunde, 1) hoch (über

---

* 1966 wurde wegen ganzjährigen Mohrenanbaues keine organische Dungung verabfolgt (Möhrenfliegengefahr).
** Hyperphos.

15 mg), 2) mittel (8–15 mg) und 3) niedrig (0–7 mg/100 g), so übertreffen bei Moorboden bereits die Initialwerte mit 50 mg/100 g Boden beträchtlich die untere Grenze der höchsten Bewertungsstufe. Allerdings liegen auf Sandboden die Initialwerte mit 2 mg nur im niedrigen Bereich.

Wie aus den Mittelwerten zu entnehmen ist, unterscheiden sich Moor- und Sandboden in der Höhe der Magnesiumgehalte der fünf Vegetationsjahre trotz gleicher Düngung deutlich, in der Reihenfolge der höchsten zu den geringsten Werten ändert sich jedoch auf beiden Böden nichts. Auf Moorboden haben wir die Reihenfolge, 31,0 als Höchstwert bei biologisch-dynamischer Düngung, als niedrigstem Wert 25,8 bei Mineraldüngung bzw. auf Sand 12,6 und 8,2 mg Mg/100 g.

Phosphorsäure

Aus der Übersicht (Darst. 37) ergibt sich folgendes: Die 12-jährigen Abläufe aller Kurven der P-Gehalte im Boden sind zwar bei den Vergleichsdüngungen in der Höhe verschieden, nicht aber in ihrer Tendenz, und zwar auf Moor ausgeprägter als auf Sand. Alle Kurven deuten auf ein charakteristisches P-Verhalten im Boden hin. Bekanntlich wird – im Gegensatz zum Nitratstickstoff und in geringerem Maße auch zum Kali – Düngerphosphorsäure nicht in den Untergrund ausgewaschen. Durch stete P-Versorgung des Bodens durch die Düngung kann langfristig eine mehr oder minder große Bodenreserve an Phosphaten angelegt werden.

Deshalb kann aus den hier abgebildeten Kurven der eindeutige Schluß gezogen werden, die ständig steigenden P-Gehalte im Boden seien Beweis für die mit der jährlich verabfolgten Phosphatdüngung eingebrachten P-Mengen.

Die überraschend steil ansteigenden Boden-Phosphatgehalte bei langjähriger Düngung mit hohen Gaben an biologisch-dynamischen Kompost dürften bedingt sein durch einen wahrscheinlich nicht unbeträchtlichen P-Zusatz zum b.-d.-Kompost und durch die Wahl eines 'natürlich' vorkommenden, nicht industriell aufgeschlossenen und somit im normalen pH-Bereich schlecht aufnehmbaren Rohphosphats (Hyperphos). Dafür sprechen konkrete Angaben in einer biologisch-dynamischen Selbstdarstellung ((117), S. 131). Nach Rücksprache mit Herrn Dr. Breda, Forschungsring für biologisch-dynamische Wirtschaftsweise, Darmstadt-Eschollsbrücken, trifft diese Annahme nicht zu.

Nach den Versorgungsstufen für Phosphat im Boden bedeutet 1) hoch (über 20 mg), 2) mittel (11–20 mg) und 3) niedrig (0–10 mg P_2O_5/100 g Boden).

Danach hatte Stallmistdüngung auf Moor die Stufe 1) 1969 erstmals erreicht, während die biologisch-dynamische Düngung im gleichen Jahr bereits bei einem Bodengehalt von 32 mg P_2O_5 lag, der im Jahre 1973 auf 80 mg anstieg. In den früheren Jahren lagen alle P-Gehalte – außer beim Stallmist – dicht beieinander.

BODEN-UNTERSUCHUNG · Betonrahmen-Parzellen · BAQ-GEISENHEIM/Rh. 1960-1974

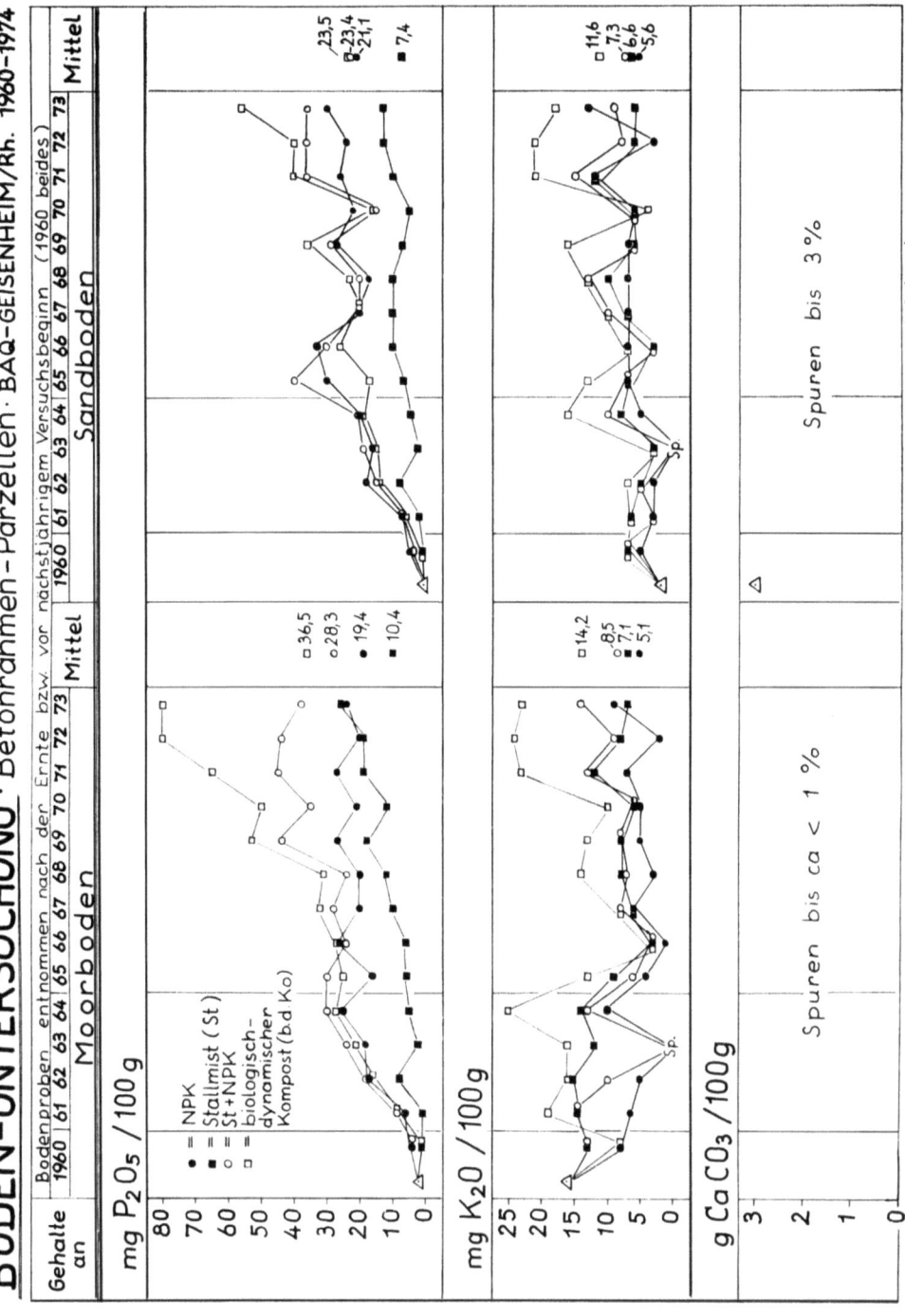

W. Schuphan 1975

KALIUM

Die Werte der Versorgungsstufe eines Bodens mit Kalium (K_2O) sollen der Betrachtung zunächst vorangestellt werden. Versorgungsstufe 1a) sehr hoch (mehr als 40 mg/100 g Boden) wird in keinem Fall erreicht. (s. Darst. 37). Die nächstfolgende Stufe 1) hoch (mehr als 20 mg) kann

Darst. 38

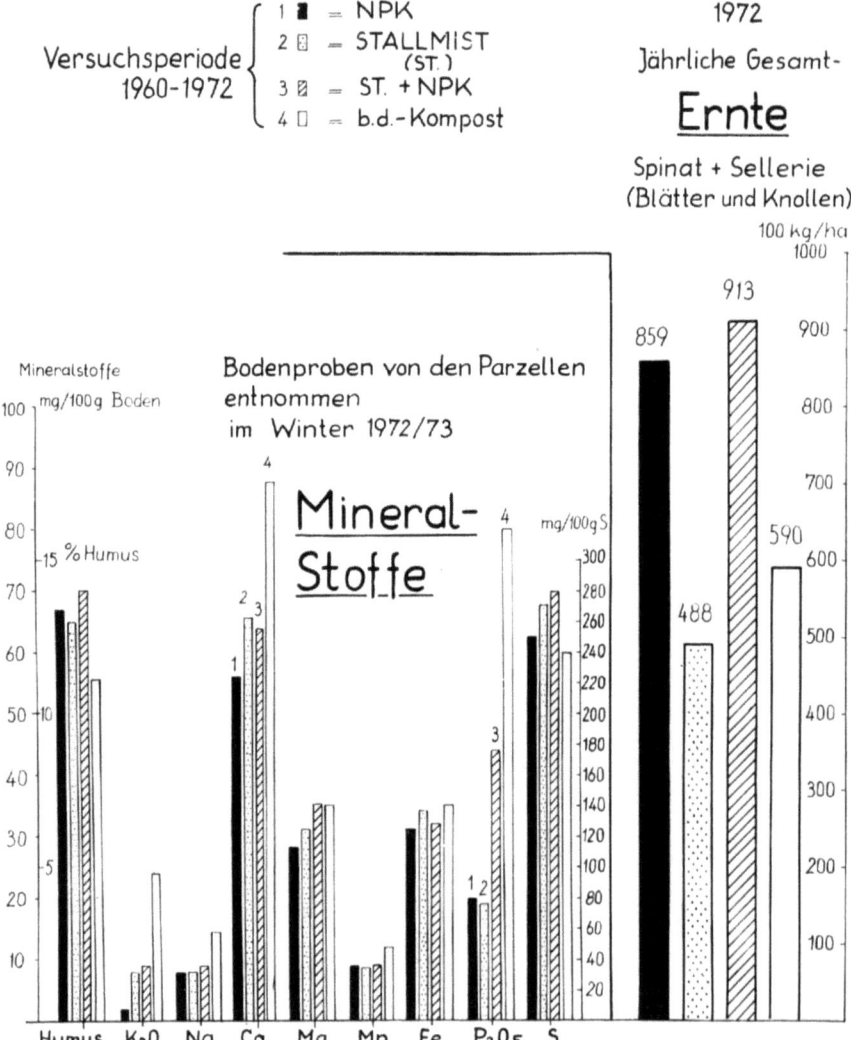

lediglich auf Moor von einer einzigen Düngungsvariante, nämlich mit biologisch-dynamischem Kompost gerade überschritten werden, und zwar auch nur 1964 und 1971–73. Hier dürften Mineralstoffzusätze zum Kompost, z.B. Basaltmehl, die hohen Werte bedingt haben.

Alle Werte der anderen Düngungsvarianten auf Moor und auf Sand liegen, wie auch die Mittelwerte ausweisen, viel niedriger, nämlich

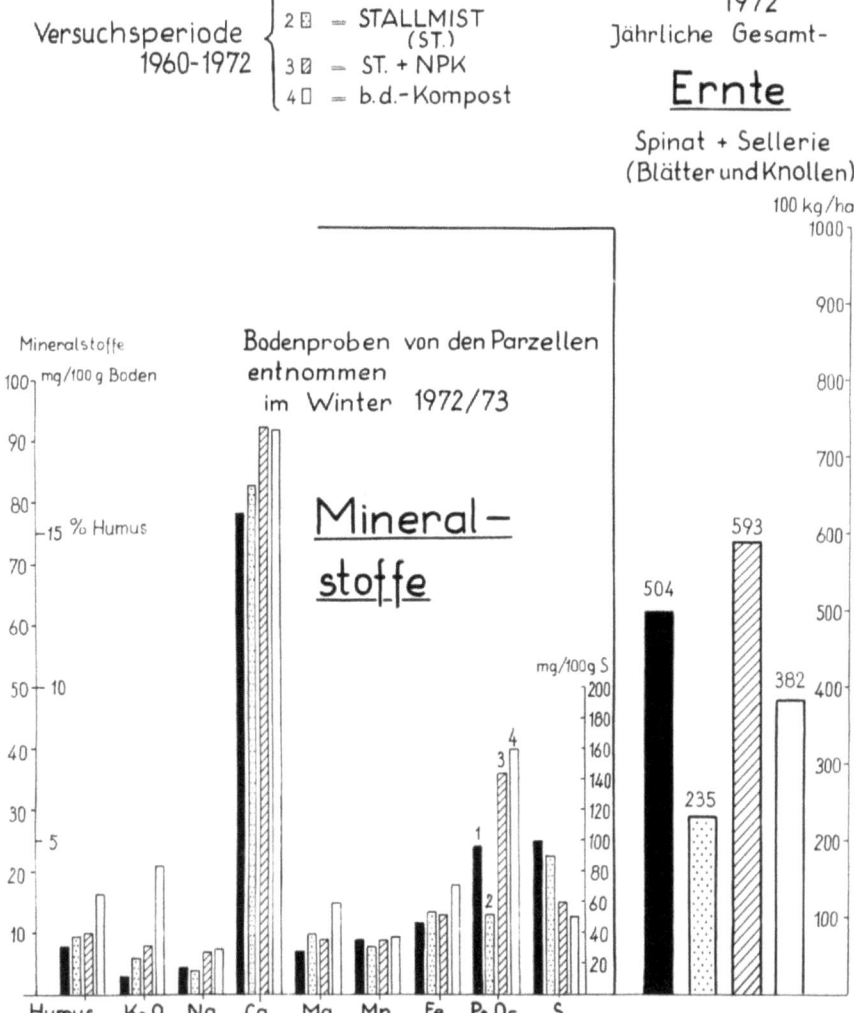

Darst. 39

zwischen 5,1 und 8,5 mg/100 g Boden also in der Versorungsstufe 3) niedrig (0–10 mg). Die Versorgungsstufe 2) mittel (11–20 mg) wird nur zeitweise erreicht. Die Tendenz der Kalium-Kurven sind auf Moor leicht abfallend, auf Sand leicht ansteigend.

KALK ($CaCO_3$)

Zum Kalkgehalt sind kaum Aussagen möglich, da die Bodenwerte an $CaCO_3$ beim Moorboden nur Spuren aufweisen bzw. unter 1% liegen, während sie beim Sandboden (tertiärer Sand!) bis auf 3% ansteigen.

Vorstehende Ausführungen können abschließend durch eine stärker differenzierte Bodenuntersuchung erhärtet werden (Darst. 38 und 39), deren Proben nach Einbringung der letzten Ernte im Schlußberichtsjahr 1972 entnommen worden waren. Die Beurteilung wird sodann anhand der 1972 erzielten Gesamt- und Einzelerträge und der in den einzelnen Ernteprodukten gefundenen Mineralstoffe erfolgen. Damit sollen etwaige Divergenzen zwischen Mineralstoffangebot und Mineralstoffaufnahme aufgezeigt werden.

Diese Auswertungen leiten dann über zu den 12 jährigen vergleichenden düngungsabhängigen Einzelbefunden des Ertrags und der wertgebenden organischen Pflanzeninhaltsstoffe. Hieran muß sich dann abschliessend eine auf den genau definierten Versuchsgrundlagen basierende Beurteilung der Fragestellung orientieren, welche mögliche Bedeutung den verschiedenen Düngungsvarianten, NPK, Stallmist, Stallmist + NPK und biologisch-dynamischer Kompost, in ernährungsphysiologischer Hinsicht beizumessen ist.

Die Darst. 38 und 39 lassen das bereits beschriebene düngungsbedingte Verhalten bei den Pflanzennährstoffen Phosphorsäure und Kali auf Moor und Sand erkennen, darüberhinaus aber auch das Verhalten weiterer Mineralstoffe.

Nach 12 jähriger Düngung sind bei biologisch-dynamischer Düngung ein hoher Natriumgehalt, speziell auf Moorboden, ein niedriger bei Stallmist augenfällig, weiter – ganz generell – hohe Calciumgehalte, besonders aber bei organischer Düngung auf beiden Böden. Letzteres trifft auch auf den wichtigen Eisengehalt und mit Einschränkungen auch auf den Mangangehalt zu, während beim Schwefelgehalt offenbar kein gerichteter Verlauf erkennbar ist.

d. Ergebnisse der Untersuchungen an Nahrungspflanzen. Erträge.

Wenn nun im Vergleich hierzu die Mineralstoffaufnahme von Kalium, Natrium, Calcium, Magnesium und Phosphorsäure, in den 1972 angebauten Gemüsepflanzen, Spinat als Vorkultur (Darst. 40), in vorjähriger Stallmisttracht und in den in diesjähriger Stallmisttracht stehenden Folgekulturen des gleichen Jahres, Suppen- und Knollensellerie (Darst.

Darst. 40

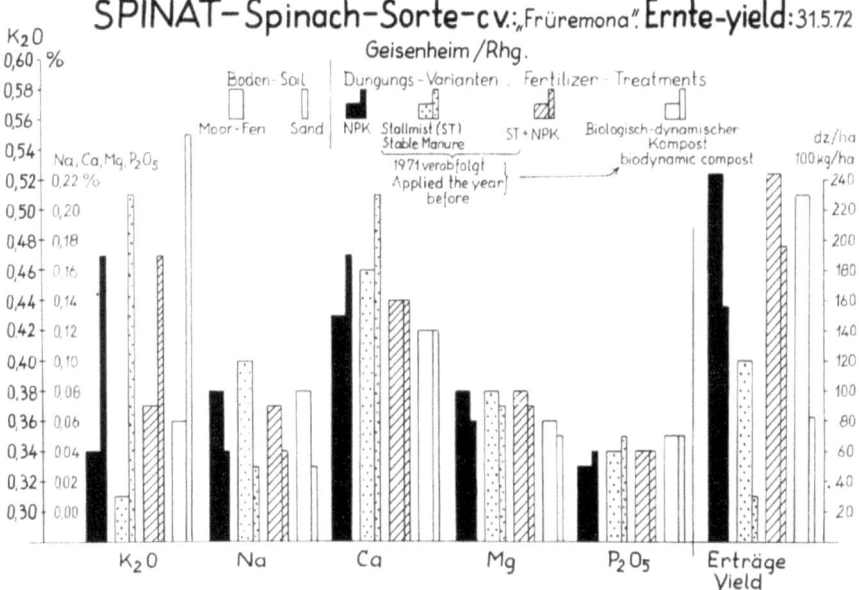

41 und 42), betrachtet wird, so ergeben sich einige bemerkenswerte Diskrepanzen zu den Bodengehalten.

Das Kalium in den Pflanzen überragt – wie aus den Darst. 40 und 42 zu ersehen ist* – alle anderen Mineralstoffe, auch das Calcium im Spinat und besonders in den Knollen des Selleries, nicht aber in den Blattschöpfen des Suppen- und des Knollenselleries.

Das in 12 Versuchsjahren in den Bodenparzellen absolut und relativ stark angehäufte Phosphat hat in den Pflanzen keine entsprechende Akkumulierung zur Folge. Die P-Gehalte in den Nahrungspflanzen sind z.B. im Vergleich zum Kalium, nur gering. Hier kehren sich Angebot und Aufnahme um. Immerhin wirkt sich der bei Düngung mit b.-d.-Kompost überhöhte Phosphatgehalt des Bodens auch im entsprechenden Erntegut beider Böden in einem höheren P-Gehalt aus.

Die 1972 erzielten Hektarerträge sind zunächst typisch durch den deutlichen Ertragsabfall auf Sandboden. Der Minderertrag im Durchschnitt aller Düngungsvarianten beträgt 40%. Die Grundtendenz zwischen den Varianten bleibt allerdings erhalten. Den Höchstertrag hält 'Stallmist + NPK', gefolgt von 'NPK'. Im deutlichen Abstand folgen dann die Düngungen 'b.-d.-Kompost' und 'Stallmist'. Der Ertragsunterschied zwischen beiden ist auf Sand größer als auf Moor.

* Wegen der hohen Werte des Kaliums wurden sie in einem anderen Maßstab gezeichnet.

Darst. 41

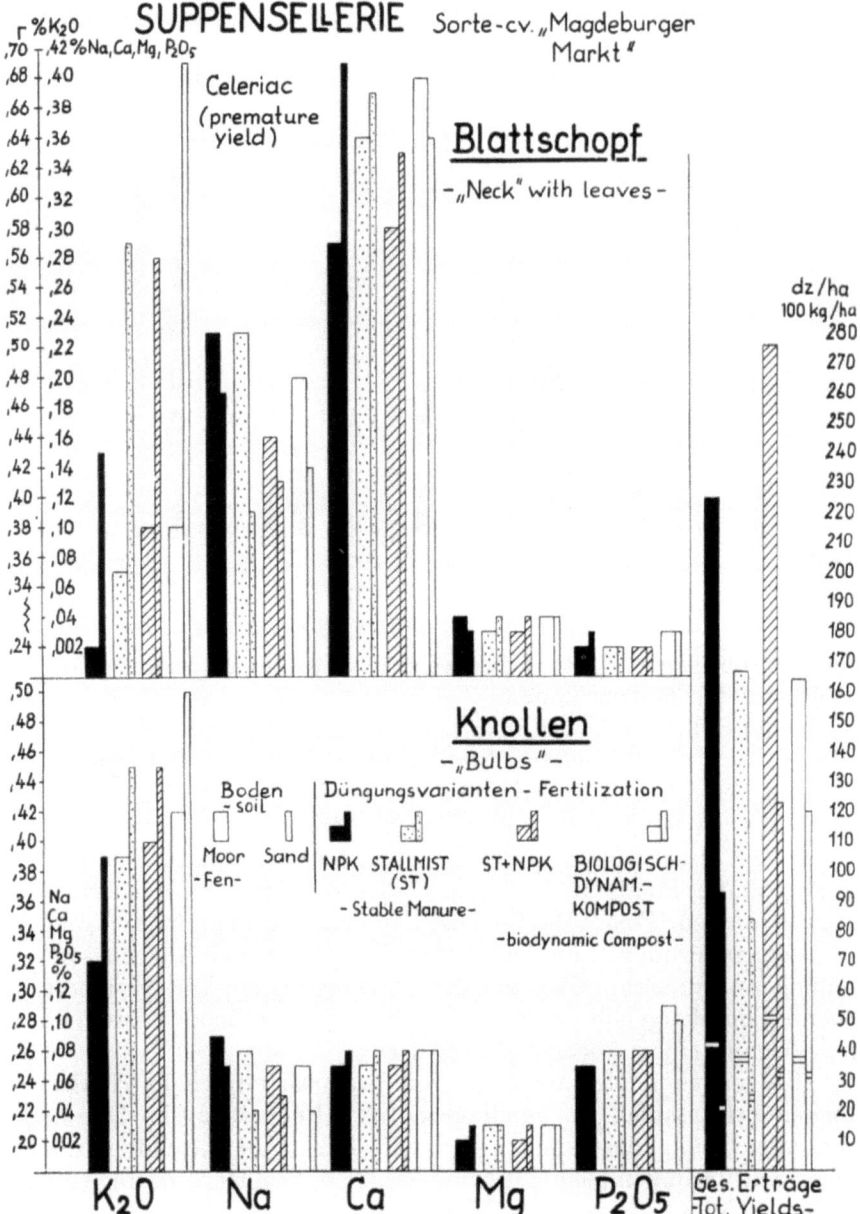

Darst. 42

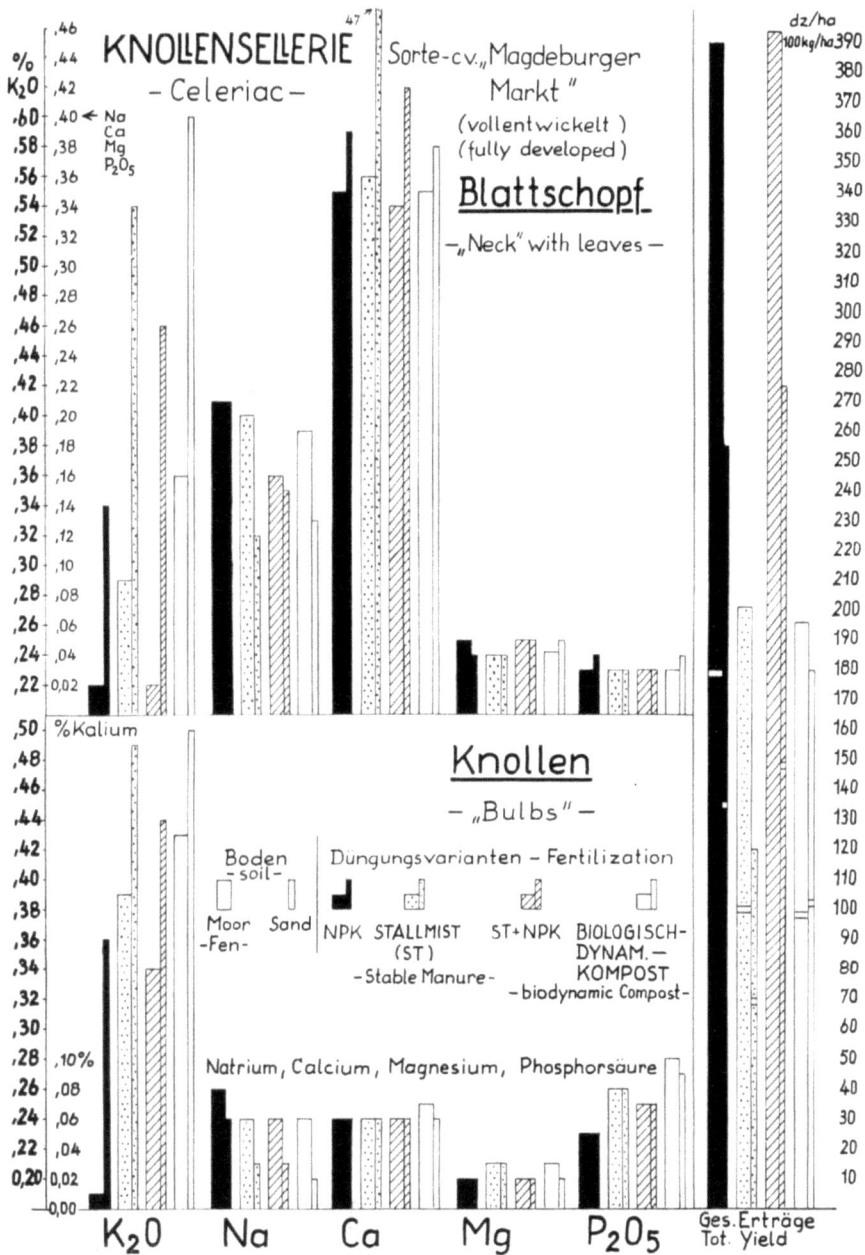

Tabelle 25. Zu- bzw. Abnahme organischer und anorganischer Stoffe in verschiedenen Gemusen unter dem Einfluß der Düngung. Mittel von mehreren Untersuchungen.
Standort: Großbeeren/Berlin. Jahr: 1942.

Gemüse art	Düngung	In % von Stallmist (St.)										
		Trocken-substanz	Rein-Eiweiß	Gesamt-Zucker	Carotin	Vitamin C	N	K₂O	P₂O₅	CaO	Fe	Mn	Cu
Möhren	St.*												
	St. + NPK	−0.8	±0	−0.6	+12.8	**	−3.5	−7.1	+19.7	+16.4	+44.0	+2.9	−29.6
Pastinake	St.												
	St. + NPK	−7.3	+10.9	−10.2	**	−18.5	+12.9	+24.4	−4.5	+30.0	+16.7	−10.3	+66.7
Kohlrabi	St.												
	St. + NPK	−2.5	−2.6	−14.0	**	−12.7	+34.9	+4.2	±0	+5.1	±0	±0	+29.4
Spinat (tiefgefroren)	St.												
	St. + NPK	−3.7	+5.2	−15.1	±0	+14.1	+13.8	−2.7	±0	−14.3	+25.0	−2.8	+9.5

* St. = Stallmist
** = Keine Bestimmungen

Darst. 43

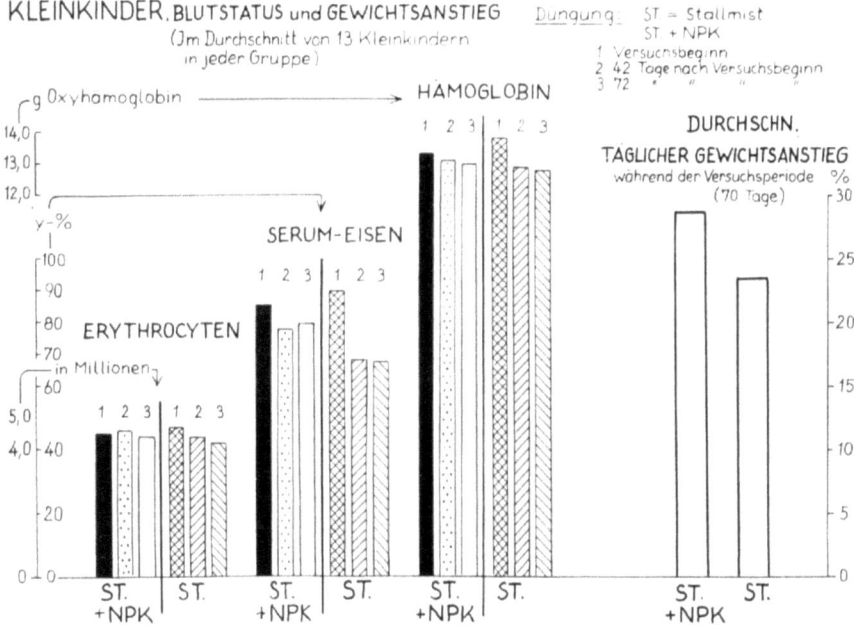

Es sei an dieser Stelle noch vorsorglich betont, daß meine Ausführungen sich nicht den wirtschaftlichen Konsequenzen unserer langjährigen Düngungsversuche befassen sollen. Nur die experimentell gewonnenen Tatsachen werden hier berücksichtigt, die den Einfluß der mineralischen, der organischen und der kombinierten Düngung auf Ertrag und auf wertgebende Inhaltsstoffe bedingen.

Ebenso scheint noch ein Hinweis auf ähnliche Versuche nötig (Darst. 43). Während des 2. Weltkriegs dienten uns die hier als wertgebend bezeichneten Mineralstoffe und organischen pflanzeneigenen Wirkstoffe in Düngungsversuchen mit Stallmist und Stallmist + NPK auf Versuchsfeldern bei gemeinsamer Auswertung mit Pädiatern (95) als brauchbare Kriterien, um z.B. den besseren Ernährungserfolg bei Säuglingen mit Erzeugnissen der Stallmist + NPK-Düngung zu erklären. Die Tabelle 25 und die Darst. 43 liefern dazu Beweise. Übrigens war der Versuchsboden in Großbeeren bei Berlin ein anlehmiger diluvialer Sand.

e. Witterung während der 12jährigen Vegetationszeit

Eine weitere Anmerkung dürfte zu unseren 12 jährigen Versuchen nützlich sein, die Witterungsverhältnisse während der Vegetationszeit. Wie die Darst. 44 über die Niederschläge im Berichtszeitraum erkennen läßt, weichen die 13 jährigen Mittelwerte der Vegetationsmonate von

Darst. 44
Witterungsdaten – Niederschlag mm
1960 – 1973

———— langjähriges Monatsmittel (1931–1960)
– – – – Mittel aus 1960–1973
······· niedr. und höchste Werte (1960–1973)

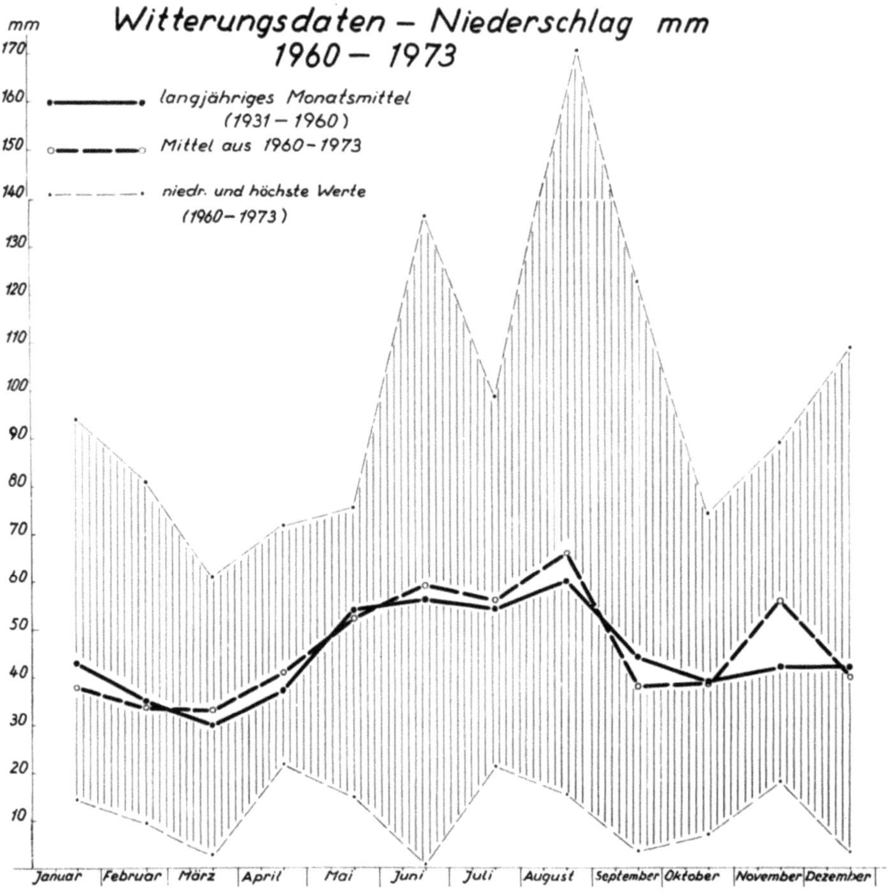

April bis Oktober vom 30 jährigen Vergleich nur unwesentlich ab, wohl aber die Monatswerte einzelner Jahre. Ein etwaiges Niederschlagsdefizit konnte aber – wie bereits gesagt – jeweils durch zusätzliche Beregnung ausgeglichen werden.

Die Temperaturen in der Darst. 45 betreffen ebenfalls Vergleiche 30 jähriger mit 13 jährigen Monatsmitteln. Sie sind – abgesehen von Streuungen im Juli, August und Oktober im Kurvenverlauf fast identisch, die Abweichungen in den Monaten der Einzeljahre nach oben und nach unten halten sich in geringen Grenzen.

Aus diesen Befunden und den während der gesamten 12 jährigen Versuchsperiode wiederholt angebauten gleichen Versuchspflanzen läßt sich der Schluß ziehen, daß die Variation der Witterungsverhältnisse in den 12 Jahren die signifikante überregionale Aussagekraft unserer Ergebnisse im Hinblick auf Erträge und wertgebende Inhaltsstoffe erheblich festigen kann.

Darst. 45

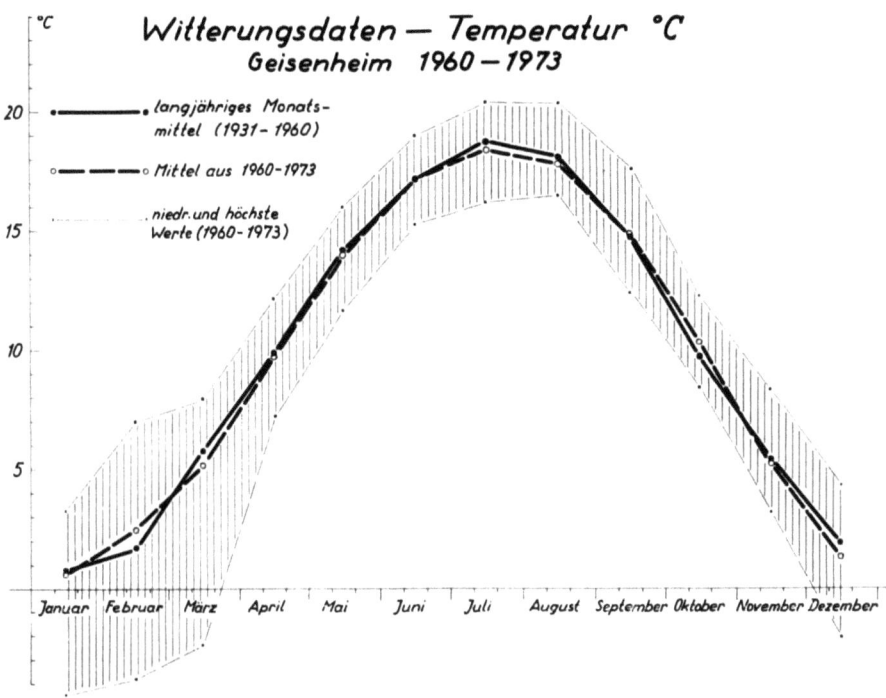

f. Ergebnisse der Untersuchungen an Nahrungspflanzen. Wertgebende Inhaltsstoffe

Wie die Darst. 46 erkennen läßt, lagen die 12 jährigen Gesamterträge aller Erzeugnisse bei Düngung mit Stallmist und mit biologisch-dynamischem Kompost auf Moor um 46 bzw. 20%, auf Sand um 56 bzw. 28% niedriger als der als Bezug dienende Ertragswert bei NPK-Düngung.

Es dürfte aber sinnvol sein, zunächst die düngungsbedingten Erträge einer weiteren kritischen Analyse zu unterziehen, und zwar nach einem botanischen System. Dazu sei folgendes vorausgeschickt: Acht pflanzliche Erzeugnisse – Spinat, Kopfsalat, Wirsing, Kartoffeln, Sellerie, Möhren, Futter- und Zuckerrüben - wurden im regelmässigen Fruchtwechsel angebaut, und zwar in zwei Folgekulturen je Vegetationsjahr. Alle genannten Kulturen erschienen im Versuch mehrmals in den zwölf Jahren.

Von den acht pflanzlichen Erzeugnissen wählten wir vier gemäß ihrer verschiedenen morphologischen Zugehörigkeit aus, ein rosettenartiges Blatterzeugnis (Spinat), eine Großknospe (Wirsing), eine unterirdische, verdickte Ausläuferknolle (Kartoffel) und ein Wurzelgemüse (Möhre). Damit waren alle Versuchspflanzen gemäß ihrer morphologisch-physiologischen Konstitution gut repräsentiert (Darst. 47–50).

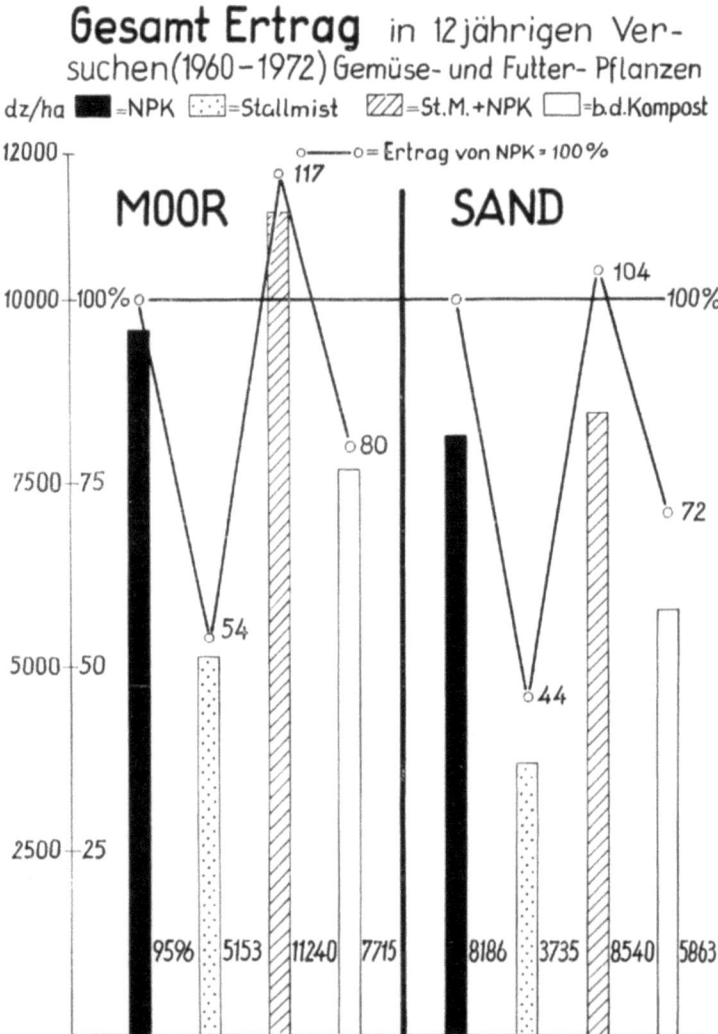

Darst. 46

Wie die Vergleiche der einzelnen Erzeugnisse mit den Ergebnissen der 12 jährigen Gesamterträge zeigen, sind z.T. erhebliche Abweichungen festzustellen, so im negativen Sinn beim Wirsing, wo auf Moorboden bei Stallmistdüngung gegenüber NPK ein Minderertrag von 78%, bei biologisch-dynamischer Düngung sogar von 81% zu verzeichnen war. In positiver Richtung wurden bei Frühkartoffeln gegenüber NPK bei biologisch-dynamischer Düngung sogar Mehrerträge gewonnen.

Die Übersicht in Darst. 51 veranschaulicht, daß bei den beiden organischen Düngungen z.T. erheblich Mehrgehalte an organischen und

Tabelle 26. Amino Acids in dependence of fertilizer treatment. Geisenheim/Rhg. 1970; (After E. Schwerdtfeger).

Crop (Cultivar)	Manure, Chemical Fertilizer	Methionine In % of Crude Protein	rel.	Cystine In % of Crude Protein	rel.	Histidine In % of Crude Protein	rel.	Glutamic Acid In % of Crude Protein	rel.	Lysine In % of Crude Protein	rel.
Fen											
Early Potato ('Saskia')	NPK	1.75	100	0.70	100	1.64	100	15.65	100	5.26	100
	St.M.	2.15	**123**	0.77	**110**	1.85	**113**	12.77	**82**	5.08	**97**
	St.M. – NPK	1.75	100	0.75	107	1.38	84	16.25	104	5.25	100
	b.d.C.	1.95	**111**	0.78	**111**	1.69	**103**	13.26	**85**	5.07	**96**
Late Spinach ('Fruremona')	NPK	1.79	100	0.72	100	2.55	100	13.36	100	5.78	100
	St.M.	2.63	**147**	0.78	**108**	2.21	**87**	10.81	**81**	5.49	**95**
	St.M. – NPK	1.88	105	0.80	111	2.11	83	13.89	104	6.57	114
	b.d.C.	2.30	**128**	0.88	**122**	2.36	**92**	12.49	**93**	6.19	**107**
Sand											
Early Potato ('Saskia')	NPK	1.61	100	0.78	100	0.72	100	15.11	100	5.61	100
	St.M.	2.11	**131**	0.59	**76**	0.78	**108**	13.89	**92**	5.69	**101**
	St.M. + NPK	1.80	112	0.71	91	0.80	111	14.80	98	6.20	109
	b.d.C.	1.98	**123**	0.69	**88**	0.88	**122**	14.20	**94**	5.90	**105**
Late Spinach ('Fruremona')	NPK	1.99	100	0.92	100	1.72	100	11.91	100	6.08	100
	St.M.	2.37	**119**	0.88	**96**	1.88	**109**	10.48	**88**	6.18	**102**
	St.M. + NPK	1.91	96	0.60	65	1.80	105	12.84	108	6.42	106
	b.d.C.	2.21	**111**	0.62	**67**	1.98	**115**	10.19	**86**	6.10	**100**

Legend: NPK = Nitrogen, Phosphorus, Potassium
St.M. = Stable Manure
St.M. + NPK
b.d.C. = biodynamic Compost
rel. = relative

Darst. 47

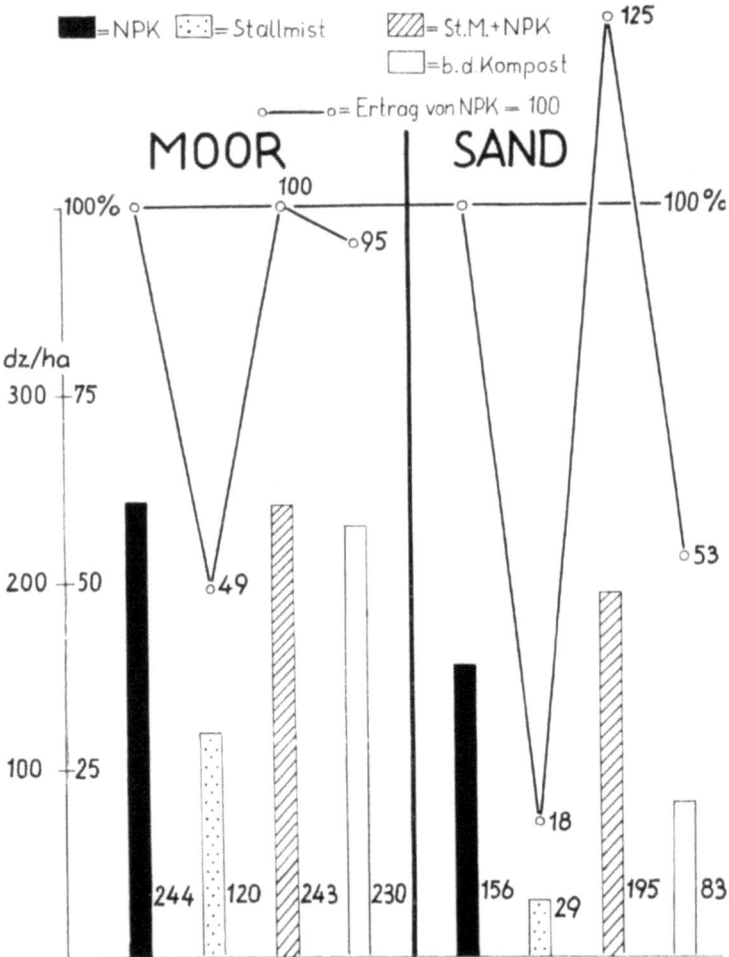

anorganischen Wertstoffen, z.B. an Ascorbinsäure, an Kalium und an Eisen zu verzeichnen sind. Eine Grafik (Darst. 52) zeigt den negativen Einfluß einer Stickstoffdüngung auf den Eisengehalt im Spinat. Gravide Frauen und Kleinkinder benötigen eine gute Versorgung mit Eisen.

In Tabelle 26 ist die Düngungsabhängigkeit einiger essentieller und nichtessentieller Aminosäuren dargelegt. Dabei fällt das Methionin durch seine bedeutenden Mehrgehalte bei organischer, insbesondere bei Stallmist-Düngung auf.

Wir fanden in anderen Versuchen, daß bei steigenden N-Gaben die

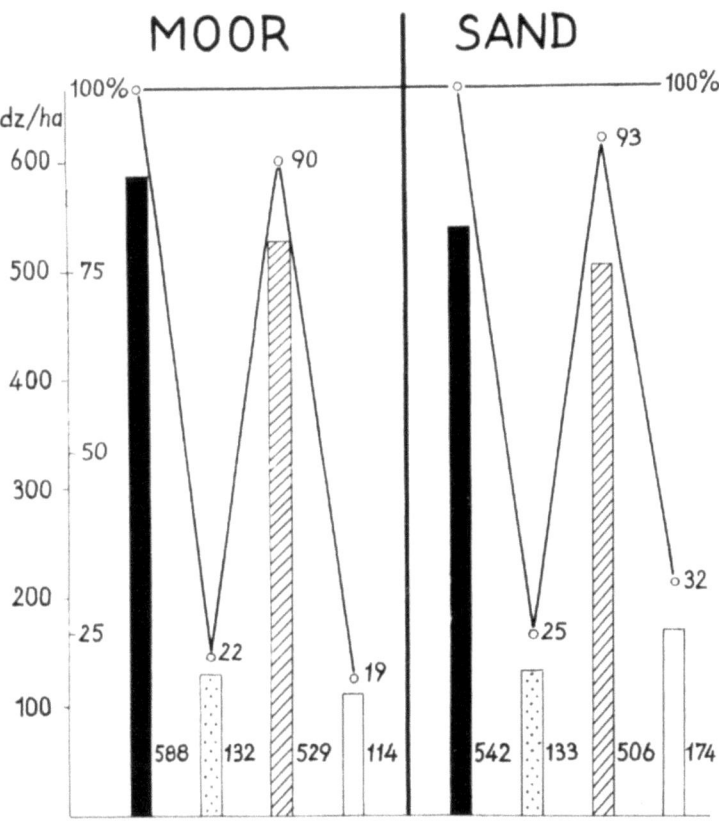

Biologische Eiweißwertigkeit im Spinat sank, was – wie sich zeigte – signifikant auf die Abnahme des Methionins zurückzuführen ist (Tabelle 15). *Dies dürfte die Annahme rechtfertigen, daß die insbesondere bei Stallmist-Düngung knappe Stickstoffversorgung entscheidend zu einer bevorzugten Methioninsynthese beiträgt.* Unerwünschte Inhalts- oder Schadstoffe (Freie Aminosäuren, Natrium, Nitrat) zeigen übrigens eine eindeutige Verminderung ihrer Gehalte als Folge einer organischen Düngung. Dies läßt die Darst. 51 bzw. eine Grafik (Darst. 53) erkennen.

Darst. 49

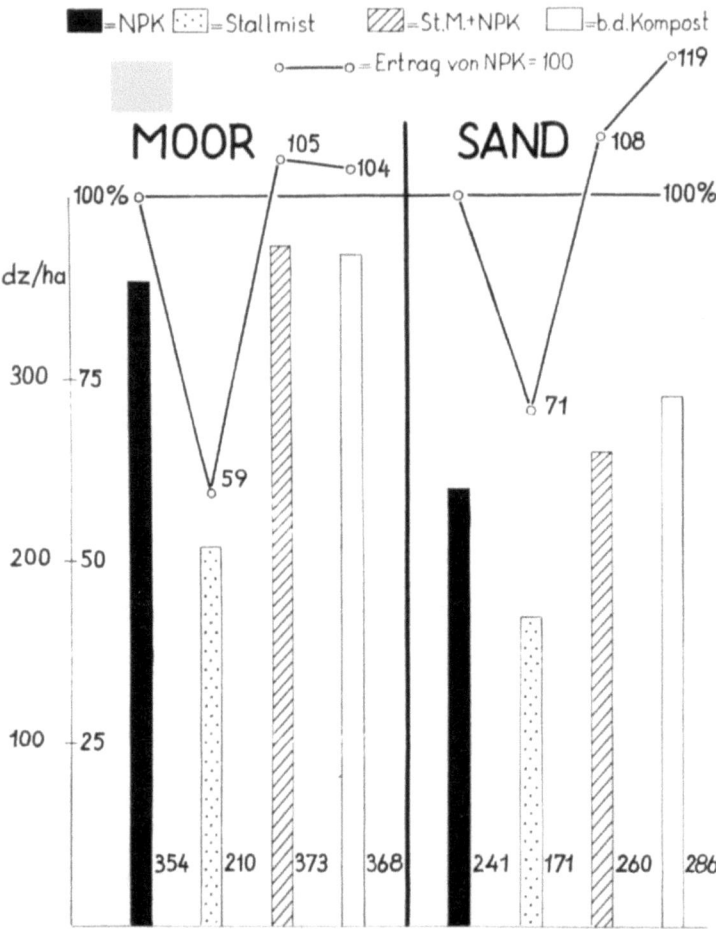

Zwei Übersichtstabellen 27 und 28* zeigen auf Moor und Sand Erträge und wertgebende organische und anorganische Pflanzeninhaltsstoffe bei Düngung mit Stallmist und biologisch-dynamischem Kompost. Die Mittelwerte der Einzelerträge sind bei biologisch-dynamischer Düngung meist deutlich überlegen, was bei einer Jahr für Jahr um das 2½ fach höheren Düngermenge auch nicht überrascht. Mit nur 6% sind aller-

* s. Ausschlagseite nach Textschluß am Ende des Buches.

Darst. 50

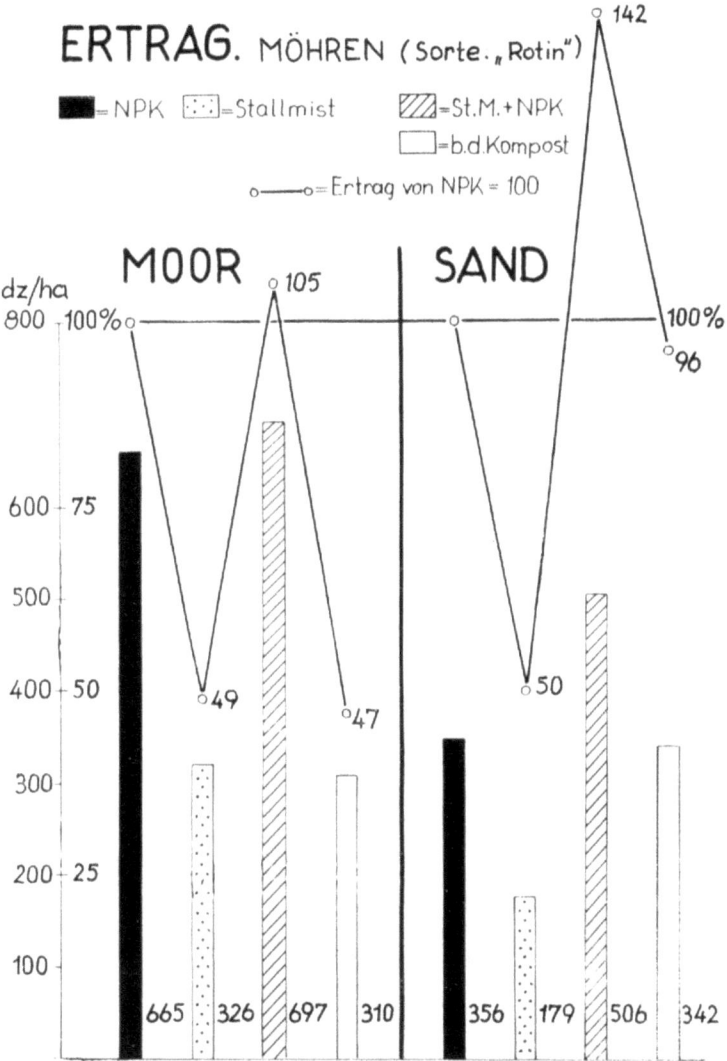

dings die Erträge auf Moor beim Wirsing kaum unterschiedlich. Auf Sandboden bringt Stallmistdüngung sogar etwas höhere Erträge.

In Bezug auf die wertgebenden Inhaltsstoffe ergibt sich auf Moorboden, stärker noch auf Sandboden eine Überlegenheit der Stallmistdüngung.

Gewisse 'Kräfte' sind nach Ansicht ihrer Vertreter den Erzeugnissen einer biologisch-dynamischen Düngung eigen (117). Sollten diese 'Kräfte' in höheren Gehalten an wertgebenden Inhaltsstoffen ihren

Darst. 51

1 = NPK; 2 = Stallmist (St.M.); 3 = St.M.+NPK; 4 = b.d. Kompost

Nach W. Schuphan

Ausdruck finden, dann böten hierfür die von uns gefundenen Werte in beiden Tabellen keinen Rückhalt.

Daß in Bezug auf Gehalte an wertgebenden Pflanzeninhaltsstoffen eine biologisch-dynamische Düngung sogar einer einfachen Stallmistdüngung unterlegen ist, offenbaren die Zahlen in Tabelle 18, die sich auf 12 jährige Mittelwerte aller im Versuch angebauten Erzeugnisse stützen. Auch im Geschmack lagen keine signifikanten Ergebnisse zugunsten der biologisch-dynamischen Düngung vor.

Welche Schlüsse sind aus diesen und aus unseren während des zweiten Weltkrieges durchgeführten Säuglingsernährungsversuchen mit verschiedenen Gemüsearten zu ziehen, die einerseits mit Stallmist, andererseits mit Stallmist + NPK gedüngt worden waren.

Aus den oben dargelegten 12 jährigen Versuchen wäre zunächst zu folgern, die organisch gedüngten Erzeugnisse wegen ihrer höheren Wertigkeit und ihrer sehr geringen und somit völlig zu vernachlässigenden Schadstoffgehalte in erster Linie der Ernährung von Säuglingen, Kleinkindern, Kranken und Rekonvaleszenten zuzuführen.

Allerdings ist hierzu einschränkend zu sagen, daß unter praktischen Anbaubedingungen die Einschaltung von Gründüngung den Ertrag und auch die Marktqualität heben würde.

Dabei erscheint es wenig sinnvoll, optimale Erträge (nicht Höchsterträge) für die Normalernährung über eine Verdoppelung oder Verdreifachung der Gaben an organischen Düngern erreichen zu wollen. Dies wurde bereits mit den Ergebnissen bei biologisch-dynamischer Düngung bewiesen. Es konnte mit 2½ fach höheren Gaben an Stallmistkompost kein besseres Ergebnis im biologischen Wert der Erzeugnisse erreicht werden. Es ist ferner zu bedenken, daß uns auch die benötigten

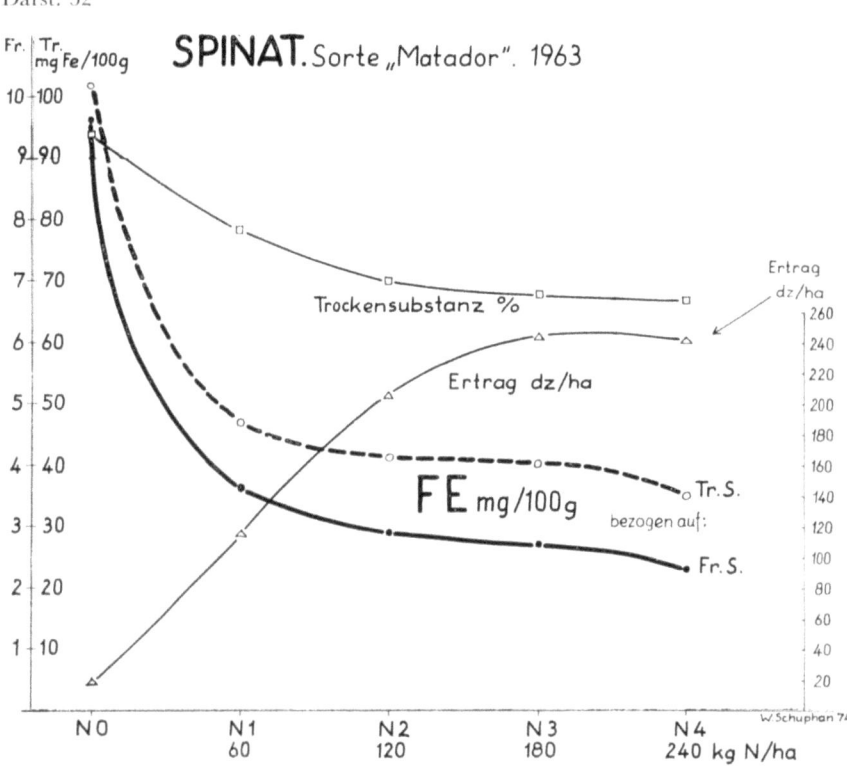

Darst. 52

Darst. 53

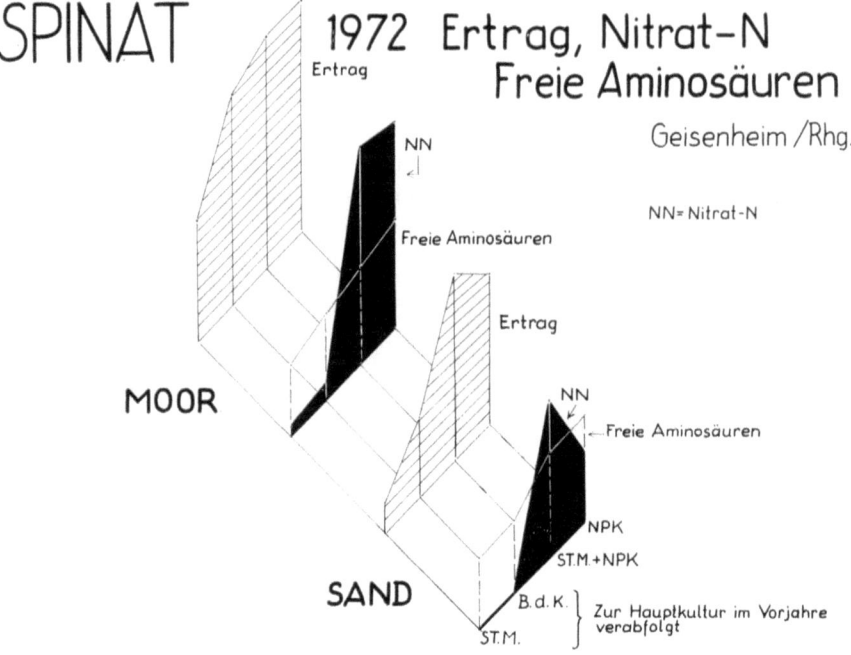

Stallmistmengen dafür fehlen würden. Deshalb dürfte eine mäßige Zusatzgabe von NPK unter Drosselung der Stickstoffkomponente allein realistisch sein. Die Höhe der NPK-Ergänzung müßte dabei experimentell ermittelt werden.

Als kritische Maßstäbe für die Bewertung böten sich die Höhe der Relativen Eiweißwerte, der Gehalte an Methionin, an Nitrat und an freien Aminosäuren an.

III. GARMACHEN UND KONSERVIEREN

Die bisherigen Kapitel waren auf den Biologischen Wert der Nahrungspflanzen und auf die Steigerung wertgebender pflanzlicher Inhaltsstoffe durch anthropogene Maßnahmen ausgerichtet. Diese Ausführungen erfordern eine abschließende Ergänzung.

Nur ein Teil der Nahrungspflanzen und ihrer zum Verzehr dienenden Organe werden roh gegessen. Ein großer Teil muß haushaltsmäßigen oder gastronomischen Garmachungs-, mikrobiologischen Fermentations- bzw. mehr oder minder schonenden technologischen Verarbeitungsprozessen unterworfen werden. Die meisten bedingen Verluste an wertgebenden Inhaltsstoffen in wechselnder Höhe (148, 152, 153). Darauf ist noch zurückzukommen.

Zunächst ist etwas Grundsätzliches über eine dem heutigen Wissensstand entsprechende Gemeinschaftsverpflegung und über den Stellenwert der in ihr vertretenen pflanzlichen Nahrungsmittel zu sagen. Einen besonderen gesundheitspolitischen Platz nimmt die Verpflegung eines nicht unbeträchtlichen Bevölkerungsteils in Werkskantinen ein. Nach H. Kasper (149) beträgt bei uns die Zahl der dort Beköstigten z.Zt. mehr als 5 Millionen.

H. Warning (154, 155), der als langjähriger Betriebsarzt ständigen Einblick in Probleme der deutschen Kantinenverpflegung hat, wies in einem Vortrag u.a. auf folgendes hin: Auch bei der Kantinenverpflegung ist das Angebot an Kalorien, so an Fett und an Eiweiß (Eiweißmast!, Eiweißluxus!)*, meist zu groß, ebenso an Zucker ('leeres Kohlenhydrat'). Er sagt dann weiter:

'Der gleiche Trend kommt den Weißmehlprodukten im Überverzehr auf lange Dauer zu, u.a. auch mit der Folge der Vitamin B_1-Unterbilanz. Die Rettung kommt abgesehen von der drastischen Reduzierung des Weißmehl-Weißzucker-Verbrauchs auch in den Werkskantinen von einer Bevorzugung des Vollgetreideverzehrs, vom großen Angebot an Frischobst, Frischsalaten, gedünsteten Gemusen, Hülsenfrüchten und Frischkartoffeln (z.B. Pellkartoffeln).'

Zu einem erwünschten Mehrverzehr 'an Hülsenfrüchten wie Harterbsen und -bohnen' wird gesagt, daß 'hier das Bekommlichkeitsproblem mit vermehrter Blähsucht infolge Enzyminsuffizienz bei sitzender Lebensweise im geschlossenen Raum aktuell' ist. Er sagt hierzu weiter: 'Die Gruppe wehrt sich unter Anführung weiblicher Arbeitskräfte vornehmlich der Sitzberufe und Bürohocker'.

Übrigens weist die Weltliteratur eine Reihe experimenteller Arbeiten über die Senkung des Blutcholesteringehalts nach Verzehr von Hülsenfrüchten auf. Die Ergebnisse wurden sowohl im Tier- als auch im Menschenernährungsversuch gewonnen (zit. bei (156)).

* S. auch seite 5.

Man sollte – so meine ich, an eine wertstoffschonende Pürierung, z.B. wie bei Erbsen in Verbindung mit Sauerkraut und/oder an eine Beigabe antibakteriell wirkender Möhren (11), denken*. Hülsenfrüchte sollten übrigens bei Kantinenverpflegung nur in kleineren Mengen als Gemusebeigabe gereicht werden (bewährt als Erbspüree im Berliner, Linsen im Schwabischen Raum). Ein 'deftiger' Erbsen-, Bohnen- oder Linsen-Eintopf ist nur bei ausreichender korperlicher Bewegung zu empfehlen.

Die Forderungen des deutschen Betriebsarztes Dr. H. Warning stimmen in einigen wichtigen Punkten mit denen der Genfer Weltgesundheitsorganisation völlig überein, die 1974 (157) erhoben und experimentell belegt wurden.

Die WHO-Studie beschaftigt sich zunachst mit anderen wichtigen, hierher gehörenden Fakten, zwischen der alimentaren Aufnahme von Mineralstoffen und Spurenelementen und der Häufigkeit des Auftretens von Herz- und Gefäßkrankheiten. Sie orientiert sich z.B. an der geologischen Umwelt und damit an der örtlichen Trinkwasserbeschaffenheit, d.h. am Härte- oder Weichheitsgrad des Wassers. In Ländern oder Landschaften mit weichem Trinkwasser – arm an Erdalkalien, z.B. an Kalk – steigen bei der Bevolkerung Blutcholesteringehalt und Bluthochdruck an. Daraus resultierte eine signifikant stark erhöhte Infarkthäufigkeit mit hoher Todesrate.

Diese WHO-Befunde lassen auch bedenkliche Schlüsse über eine künstliche Wasserenthärtung zu, die teilweise auch für das Wasser bei der Naßkonservierung zum Aufguß in die Dose üblich ist. In England erging 1971 von der dortigen Gesundheitsbehörde ein Verbot der künstlichen Wasserenthärtung. Eine Abnahme der Herztodrate war die Folge.

In der Bundesrepublik Deutschland werden 72% der Bevölkerung noch mit weichem Wasser versorgt, ein Grund mehr, um für einen Ausgleich durch verstärkten Verzehr mineralstoffreicher, frischer Pflanzennahrung Sorge zu tragen, mineralstoffverringernde Düngung- und Konservierungs-Maßnahmen zu vermeiden und eine weitgehende Umstellung – vor allem der Massenverpflegung im Sinne Warnings und der folgenden Ausführungen – anzustreben.

Zu der heutigen alimentären Situation – insbesondere zu der Verfügbarkeit essentieller Mineral- und Spurenstoffe in unserer täglichen Nahrung bei wachsender Industrialisierung – werden in dem WHO-Report (157) u.a. folgende einflußnehmende Fakten genannt:
1. Rückgang der körperlichen Ausarbeitung und somit auch des Bedarfs an Gesamtkalorien.
2. Verstärktes Angebot an industriell verarbeiteten Nahrungsmitteln und erhöhter Außerhaus-Verzehr dieser Erzeugnisse.
3. Stärkerer Verbrauch zerkleinerter und verfeinerter Nahrungsmittel.
4. Vermehrte Produktion und erhöhter Verzehr von vorfabrizierten ('veredelten') Erzeugnissen.

---

* Die Bulgaren fugen zu ihrer wohlschmeckenden, mit Sonnenblumenol zubereiteten Suppe aus Weißen Bohnen etwas Knoblauch zur Förderung der Bekömmlichkeit hinzu. Bei deutscher Kantinenverpflegung durfte dies nicht jedermanns Sache sein.

5. Verlagerung des Verzehrs zu neuen oder zu bisher weniger verzehrten Proteinträgern, z.B. zum 'Künstlichen Fleisch' (Sojaprodukte), zu Einzellerorganismen (Algen), Meereserzeugnissen (Polypen, Seesternen, Tintenfischen, Muscheln, Krabben) sowie zu Fischen.

Ausser den unter 5. genannten treffen alle Angaben von 1–4 auch auf deutsche Verhältnisse zu.

In Anbetracht dieser und der eingangs angeschnittenen Probleme des Garens und der industriellen Obst- und Gemüseverarbeitung ergeben sich folgende grundlegende Fragen: *Was nützen kostspielige Züchtungsmaßnahmen zur Schaffung neuer ernährungsphysiologisch hochwertiger Gemüse- und Obstsorten, was wertstofferhöhende Düngungsverfahren, wie gerade beschrieben, wenn ihre Vorteile wieder gedanklos zunichte gemacht werden?*

Dies betrifft längeres Lagern vor dem Gebrauch, vor allem in der warmen Jahreszeit (betroffen: Erdbeeren, Kopfsalat, Spinat) (158), den Kauf arbeitssparender kochfertig geschnitzelter Gemüse und falsche oder unüberlegte Garungs- oder technologische Prozesse (Kartoffeln, Gemüse und Obst).

a. Garmachen

Wenn man vor dem Garen, z.B. zerkleinertes Gemüse stundenlang im Waschwasser liegen läßt, es danach in viel Wasser bzw. zu lange kocht, dämpft oder mehrmals aufwärmt und schließlich das Kochwasser fortgießt, braucht man sich nicht zu wundern, wenn wichtige wertgebende Inhaltsstoffe, derentwegen wir Gemüse bevorzugt verzehren, erhebliche, aber vermeidbare Verluste in wechselnder Höhe erleiden.

Für das Garmachen von Kartoffeln, Gemüse und Obst ist folgendes zu beachten: Die Verluste an wasserlöslichen Bestandteilen, z.B. an Vitamin C und Vitaminen des B-Komplexes, an Mineralstoffen, Spurenelementen, löslichen Kohlenhydraten, verschiedenen organischen Säuren sowie an semi-essentiellen Pflanzenfarbstoffen (Flavonolen, Anthocyanen) (151) sollten durch schonende Verfahren der Zubereitung möglichst klein gehalten werden. Auch diätetisch und therapeutisch wertvolle, geschmackswirksame ätherische Öle (die meist fettlöslich sind), treten in das Kochwasser über oder gehen bei zu langem Kochen oder Warmhalten (159) als flüchtige Substanzen verloren ('Einheitsgeschmack' bei Gemeinschaftverpflegung (159)).

Bei der Zubereitung in der Großküche sind die Verluste an lebenswichtigen Vitaminen und Mineralstoffen größer als bei haushaltsüblicher Zubereitung (H. Rausch (159)).

Eine stärkere Wertminderung beim Zubereiten und Garen pflanzlicher Nahrungsmittel wird verhindert durch folgende Maßnahmen:

1. Rasches Putzen, Waschen und (falls nötig) rasches Zerkleinern des Kochguts.
2. Moglichst schnelles Herantragen hoher Gartemperaturen zur Inaktivierung der

Fermente beim Dunsten, Dampfen oder durch Einbringen der Gemüse in wenig sprudelnd heißes Wasser, dann Garkochen bei geschlossenem Topf.

3. Mitverwendung des Kochwassers und Beigabe kleinerer Mengen zerkleinerter roher Gemuse (10 bis 50% des Kochguts) beim Fertigstellen der Gerichte. Ein Zusatz roher Gemuse (Spinat, Weißkohl, Mohren und Sauerkraut) erfolgte bereits mit Erfolg in einigen Großkuchen (159). Diese Maßnahme kann auch dazu dienen, den erwunschten Rohfasergehalt der Nahrung zu erhohen (vgl. I, 1 a).

4. Vermeiden von Warmhalten und Wiederaufwärmen. Diese Maßnahmen haben erhebliche Wertminderungen zur Folge.

b. *Konservieren*

Mikrobiologische Fermentierung

Mit Hinweis auf einschlägige Veröffentlichungen des Pharmakologen F. Eichholtz, 'Sauerkraut und ähnliche Gärerzeugnisse' 1941 (2), 'Die biologische Milchsäure und ihre Entstehung in vegetabilischem Material' 1975 (161) sowie auf Publikationen über Essigsäure-Konservierung (zit. bei (162)) möchte ich mich hier nur auf eine generelle Bemerkung beschränken und dabei ein Beispiel anführen. Ein hochwertiges milchsaures Gärprodukt (Sauerkraut) mit einem Vitamin C-Gehalt von 10 bis 38 mg-%, im Mittel 20 mg-%, erleidet – falls es anschließend hitzesterilisiert wird – einen je nach dem gewählten Verfahren mehr oder minder großen Verlust an Vitamin C. Wertstoffschonende Verfahren werden leider heute noch zu wenig angewendet. Allerdings kann u.U. bei Sauerkraut, sauren Gurken und milchsaurem Paprika eine stark wertstoffmindernde Blanchierung unterbleiben.

Noch eine weitere Bemerkung von Wichtigkeit: Seit Jahrtausenden spielen mikrobiologische Fermentationsprodukte der Sojabohne für die vollwertige Ernährung der Ostasiaten eine große Rolle (162, 163); durch Fermentation soll sogar Vitamin B_{12} in nennenswerten Mengen gebildet werden (164). 'Matto' (Buddhistenkäse) erhält man ebenso durch Gärung mit Reisstroh (Aspergillus oryzae), wie 'Miso' und die weltberühmte 'Shoyu', die Sojasoße (163). *Obwohl der hochwertige Eiweißträger Sojabohne (30–50% Protein) mit – im Gegensatz zu unseren Hülsenfrüchten – relativ wenig Stärke, dafür aber 17–18% Fett enthält, wäre es für die Qualitätsforschung eine interessante Aufgabe, mit heimischen, eiweißreichen Hülsenfrüchten zu versuchen, ähnliche hochwertige mikrobiologische Fermentationsprodukte zu gewinnen, ggf. unter Verwendung milchreifer Samen oder kohlenhydratarmer Neuzüchtungen mit höherem Gehalt an Eiweiß hoher biologischer Wertigkeit und unter Beigabe entsprechender Mengen eines hochwertigen Öls, z.B. Sonnenblumenöl.*

Tiefgefrieren

Vom Standpunkt der Qualitätsforschung ist m.E. die industrielle Naßkonservierung – im Gegensatz zum Tiefgefrieren – meist noch zu einseitig auf Erhaltung äußerer Qualitätsmerkmale ausgerichtet. *Zwar ist ein äußerlich ansprechender Doseninhalt von gutem Geschmack wünschenwertes Qualitätsziel, nicht minder aber ein Erzeugnis, dessen wertgebende Inhaltsstoffe möglichst gut erhalten bleiben.*

Im Gegensatz zur Naßkonservierung gibt es beim Tiefgefrieren einen kleineren Produktionszweig, dessen Erzeugnisse, z.B. Erdbeeren- und Himbeeren, ohne Vorkochen (Blanchieren) feldfrisch eingefroren werden. Hierbei unterliegen wertgebende Inhaltsstoffe, z.B. das empfindliche Vitamin C, praktisch nur einem allmählichen Abbau, dessen Höhe durch zuverlässiges Einhalten der Gefrierkette und durch die Dauer der Gefrierlagerung bestimmt wird. Auch gewisse Auftauverluste sind – wie bei allen pflanzlichen Tiefgefrierprodukten – in Kauf zu nehmen.

Nur in diesem Fall können wir von 'Kältekonservierter Frische' sprechen, nicht aber bei solchen Produkten, die vorher einem Blanchierprozeß unterworfen werden mußten, mögen vorher die Ausgangsprodukte auch noch so feldfrisch gewesen sein (165).

Zudem ist zu bedenken, daß blanchierte Gefriererzeugnisse nach dem Auftauen tafelfertig gekocht, Dosenkonserven nur aufgewärmt werden müssen.

Schon aus diesen Ausführungen ersieht man die Schwierigkeit, ein allgemeingültiges Urteil über verschiedene Konservierungsverfahren abzugeben. Die komplizierten Vorgänge und die möglichen Wertstoffverluste sollen daher durch drei Übersichten (Darst. 22, 23 und Tab. 17) erörtert werden, sind sich doch oft selbst Ernährungsfachleute der einschlägigen Problematik und deren Folgen nicht hinreichend bewußt.

Beim Tiefgefrieren und beim Dosenkonservieren ist das Vorkochen (Blanchieren) die erste gemeinsame Verlustquelle an wertgebenden Inhaltsstoffen. Dazu einige Beispiele:

Spinat (Darst. 22) kann sowohl bei 3 Minuten und 100°C als auch bei 15 Minuten und 70°C blanchiert werden. Die längere Blanchierzeit bei niedrigerer Temperatur hat nur signifikante Vorteile für einen für Spinat nicht bedeutenden Inhaltsstoff für den Gesamtzucker. Für die Mineralstoffe ergibt sich kein einheitliches Bild, jedoch für die Askorbinsäure. Sie zeigt durchweg 10 bis 15% höhere Werte bei kurzer Blanchierzeit. Der unerwünschte Nitratgehalt, der mit steigender N-Düngung stark erhöht wird (vgl. auch I, 3b), unterliegt durch kurzes Blanchieren einer größeren Auswaschung als durch längeres Blanchieren.

Unter den gegebenen Bedingungen sind die Blanchierverluste beim Spinat für die Askorbinsäure mit günstigstenfalls 75% und für die des ebenfalls erwünschten Kaliums mit rd. 55% sehr hoch. Dagegen ist die Auswaschung von NO_3 mit ca. 20–30% leider relativ gering. Von allen Mineralstoffen geht P am wenigsten verloren. Nach Lee (107) nimmt bereits beim Blanchierprozeß das Kalium in Erbsen um 30% ab.

Während der technologischen Verarbeitung ist das Blanchieren – wenigstens bei zartem Blattgemüse und bei Erbsen – eine der größten Verlustquellen, z. B. für Askorbinsäure.

Günstiger sind die Verhältnisse bei unreifen Hülsenfrüchten, z.B. bei Brechbohnen. Hier schützt während des Blanchierens eine fleischige Hülse sich selbst und die mehr oder minder reifen Bohnensamen vor stärkeren Askorbinsäure-Verlusten. J. Gutschmidt & S. Hesse (166, I) fanden im Mittel von 8 Brechbohnensorten nur 19% Blanchierverluste.

Bei den gleichen Sorten verzeichneten die Versuchsansteller während einer 12-monatigen Gefrierlagerung bei $-18\,°C$ eine Abnahme der Askorbinsäure von ca. 50%. Hinzu kommen dann noch Auftau-, Garkoch- und ggf. Aufwärmeverluste, die bei unsachgemäßer Handhabung die Vorteile des Tiefgefrierens mitunter in Frage stellen können.

DOSENKONSERVIEREN

Im Kapitel 'I, 3 b, Mineraldüngung' wurde im Zusammenhang mit dem Schicksal des Mineralstoffs Kalium – auch unter Hinweis auf Darst. 23 – gezeigt, wie 'brutal' der Konservierungsprozeß in die Lebensvorgänge zarter Gemüse, z. B. von Konservenerbsen, eingreift. Es wurde dabei auch auf die nicht immer zwingenden Alkali-Zusätze hingewiesen, die übrigens bei anderen Gemüsen die Regel sein können.

So werden Möhren und andere Wurzelgemüse mit bis zu 20%-iger Natronlauge bei $80\,°C$ chemisch geschält. Biochemische und ernährungsphysiologische Folgen der Alkalibehandlung sollen etwas später behandelt werden.

Wie aus der Darst. 23 hervorgeht, sind beim Dosenkonservieren die Möglichkeiten von Askorbinsäureverlusten erheblich größer als beim Tiefgefrieren.

Übrigens bedürfen bestimmte milchsaure Gärprodukte – selbst wenn sie sterilisiert werden – keiner Blanchierung. *Damit entfallen die bei der Blanchierung auftretenden Wertstoffverluste bei Sauerkraut, Gurken und Paprika.* Milchsaure Möhren, Rote Bete und Knollensellerie werden wertstoffschonend dampfblanchiert (s. auch Tabelle 29).

Außer den durch das Blanchieren auftretenden Verlusten liegen die Schwerpunkte der Askorbinsäurezerstörung bei Dosenkonservierung besonders beim Sterilisierprozeß ($+118\,°C$). Deshalb konnten J. Gutschmidt & S. Hesse in einer anderen Arbeit (166, II) im Mittel von 6 Brechbohnensorten – neben ca. 20% Blanchierverlusten – zusätzlich, allerdings nach einjähriger Lagerung der Dosen, einen weiteren Vitamin C-Verlust von 40 bis 50% verzeichnen.

Auch hier sind dann noch weitere Vitamin C-Verluste durch das Aufwärmen möglich.

Die Mitverwendung des Kochwassers bei der Zubereitung kann außer Askorbinsäure-, auch Vitamin B- und Mineralstoff-Verluste erheblich vermindern. Dies sollten Hausfrauen und Köche unbedingt berücksichtigen.

Auch unter Zugrundelegung der Forschungsergebnisse von Meneely und Mitarbeitern (s. Kapitel I, 1.a) sollte man grundsätzlich die in Kartoffeln, Gemüse und Obst enthaltenen Mineralstoffe in ihrer natürlichen Korrelation zu erhalten trachten. Dies müßte auch das Ziel bei unseren Koch- und Konservierungsverfahren sein (21), was man beim Garmachen durch Beachtung der Punkte 1 bis 3 der weiter oben aufgezählten Grundprinzipien erreichen kann. Bei der Dosenkonservierung hätte man an sich auch die Möglichkeit, die natürliche Mineralstoffzusammensetzung, wenigsten des Füllguts, zu erhalten.

Auf die ebenfalls im Kapitel 'I, 3b, Mineraldüngung' von den Kölner Herzspezialisten Knipping & Lossen (106) veröffentlichen analytischen Daten sei auch hier noch einmal hingewiesen. Sie zeigten, daß durch Dosenkonservierung aus ursprünglich kaliumreichen und natriumarmen Gemüsen unerwünschte natriumreiche und kaliumarme Dosenerzeugnisse werden (Tab. 17).

Auch dies bekräftigt wiederum den bereits im ersten Kapitel dargelegten unvergleichlich hohen ernährungsphysiologischen Wert einer aus frischen Gemüsen und Kartoffeln hergestellten Eintopfmahlzeit, wie sie während des zweiten Weltkriegs mit Recht propagiert und praktiziert wurde. Sie trug – wie eingangs dargelegt wurde – damals zur Gesunderhaltung und zum Rückgang der in Friedenszeiten bedenklich hohen Zahl der Zivilisationskrankheiten mit bei.

Eine Übersicht (Darst. 54) geht auf eine Zusammenstellung amerikanischer vergleichender Analysenergebnisse zurück, die ich hier zu verwenden, der Liebenswürdigkeit von Herrn Kollegen J. Gutschmidt, Karlsruhe, verdanke. Ich habe zum besseren Vergleich alle Werte umgerechnet und sie in der Übersicht in Prozent der Ausgangswerte der frischen Rohware ausgedrückt.

Gemäß Darst. 54 sind – abgesehen von einigen Einzelfällen, Wasser- und Eisengehalt (Dosenblech!) – die Ergebnisse recht einheitlich. Soweit – wie in diesem Fall – nur die reinen Produktionsmethoden verglichen werden, *ist die ernährungsphysiologische Überlegenheit der Tiefgefriererzeugnisse gegenüber Dosenkonserven überzeugend. Dies gilt für Kalorien, Kohlenhydrate, einige Mineralstoffe und – last not least - für Eiweiß.*

Dies dürfte auch – allerdings nicht so ausgeprägt – vor allem auf eiweißreiche Leguminosenkonserven zutreffen. Bei Brechbohnen und Erbsen sind Sterilisierzeiten von nur 40 Minuten, bei Fleischwaren jedoch von 60 Minuten bis zu 24 Stunden üblich.

In den letzten Jahren haben sich maßgebende Forscher mit der

Darst. 54

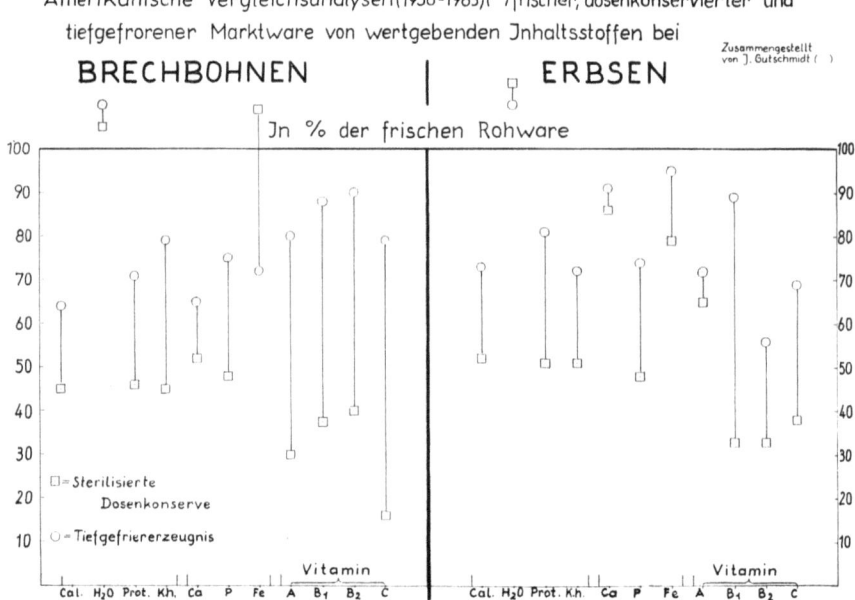

Bei Fleischvollkonserven in Dosen bedingen notwendige hohe Sterilisiertemperaturen und relativ lange Sterilisierzeiten – neben hoheren Verlusten an Vitamin B_1 – vor allem Einbußen an essentiellen Aminosäuren (Cystin, Lysin, Leucin) (167) und damit an der Biologischen Wertigkeit des Eiweißes.

ernährungsphysiologischen Beurteilung verarbeiteter Eiweißstoffe befaßt, so J. Mauron (168) in der Schweiz und R. L. M. Synge (169) in England.

Sie kamen zu überraschenden Ergebnissen, die die Nachteile der bisher einseitigen Ausrichtung obst- und gemüsetechnologischer Forschungen auf nur wirtschaftliche Kriterien und auf gute äußere Beschaffenheit (Kosmetik) offenbarten.

Hier sind die Probleme allerdings die gleichen wie beim Anbau von frischem Gemüse und Obst, nur daß es uns gelang, sie schon früh in den 'Griff' zu bekommen und sie auch größenteils zu lösen (21, 30, 81).

Die Möglichkeiten einer Eiweißschädigung und damit einer ernährungsphysiologischen Wertminderung der Erzeugnisse durch technologische Prozesse mit Hitzeeinwirkung ohne oder mit Zucker und durch chemische Zusätze sind mannigfaltig.

Uns interessieren hier nur die thermischen Einflüsse sowie die chemischen und dort vor allem die Probleme der Alkalibehandlung. Thermische Prozesse (> 100 °C) beeinträchtigen vor allem die Aminosäuren Lysin, Cystin und Leucin. Sie führen zu einer Verringerung der Eiweißverdaulichkeit (168).

Bei einer auch nur mäßigen Alkalibehandlung werden Cystin und Lysin am empfindlichsten betroffen. Stärkere Alkalibehandlung zerstört Arginin, Threonin, Serin und Isoleucin. Somit wird die globale 'in vitro'-Verdaulichkeit, von alkalibehandeltem Eiweißmaterial stark vermindert (zit. bei J. Mauron (168)). Ob bei gleichzeitiger Einwirkung von Hitze und Alkali nur additive Schäden an Eiweißkörpern entstehen, ist nicht bekannt.

R. L. M. Synge (169) ist der Meinung, daß die durch technologische Prozesse 'modifizierte' Aminosäure gegebenenfalls auch eine echte Toxizität aufweisen könnte. Allerdings meint er*, daß die 'milden' Bedingungen bei der Gemüsekonservierung zu Bedenken keinen Anlaß gäben. Ferner weist er auf Wechselbeziehungen zum Nitrat hin.

Nitrat ist im pflanzlichen Material sehr verbreitet. Wie wir sahen, kann es durch N-Düngung im Gehalt erheblich gesteigert werden.

Sein Reduktionsprodukt Nitrit reagiert mit Eiweiß in sehr komplizierter Weise. Nach solchen Reaktionen wurden bisher in den Hydrolysaten aus Lysin ε-Hydroxynorleucin und Verwandte, aus Tyrosin Dopa und C-Nitrosotyrosin sowie aus Arginin Ornithin gefunden. Tryptophan wird mutmaßlich am Indolring N-nitrosiliert. Mit Nitrit können auch Thiolgruppen der Cysteinreste reagieren, um S-Nitroso-Derivate, eine bisher wenig bearbeitete Verbindungsgruppe, zu bilden.

Nitrat ist – neben Schwefel – als pflanzlicher Inhaltsstoff auch bei der Dosenkonservierung höchst unerwünscht. L. Gersons (170) und C. Barbieri et al (171) berichteten darüber 1971.

Gersons hatte in der Zeit, in der die Hollandischen Konservenfabrikanten noch keine mit Innenlack überzogenen, sogen. vernierten Konservendosen verwendeten, in konservierten Grünen Bohnen die hohe Menge von über 40 mg Zinn/100 g gefunden.
A. P. de Groot (172) stellte in Rattenversuchen fest, daß hohe Zinngehalte in der Rattendiät dann Anämie auslösten, wenn hohe Gaben an Eisen und Kupfer fehlten. Aber auch diese Zusätze konnten die durch hohe Zinngaben (15 bis 150 mg %) verursachten Wachstumsdepressionen der Ratten nicht wettmachen. De Groot kommt zu dem Schluß, daß zum mindesten zwei verschiedene Mechanismen die beobachteten Zinn-Phänomene steuern, nämlich die Hämoglobin-Synthese einerseits und das Ratten-Wachstum andererseits.

Bei seinen experimentellen Arbeiten mit dosenkonservierten Gemüsen, Tomaten, Spinat, Grünen Bohnen und Möhren, sowie mit Orangen- und Mandarinen-Fruchtsäften kam Gersons 1971 zu dem Schluß, daß in Holland die Zinngehalte düngungsbedingt von Jahr zu Jahr zunahmen und schließlich mehr als 25 mg %, also einen Wert erreichten, der international mehr oder weniger als Grenze angesehen wird.

* Briefliche Mitteilung vom 5.1.1976

Tabelle 29. Potentielle Forderung verschiedener Zivilisationskrankheiten durch die Art der Zubereitung des Tiefgefrierens und der Konservierung pflanzlicher Nahrungsmittel.

	Zubereitung pflanzlicher Nahrungsmittel durch				
1) Verluste wichtiger Nahrstoffe 2) Physiologische Störungen (Toxizität bei 2a, a;2a, β) 3) Stress, gefördert durch	Kochen*		Dosen-Konservierung		Dosen-Konservierung**
	einschließlich Mitverwendung des Kochwassers z.B. beim Eintopf	ohne wie normalerweise in Haushalten üblich	Tiefgefrieren**	Blanchieren*** **** (Milchsaure Garprodukte, wie Sauerkraut, Gurken, Paprika, werden nicht, Mohren, Rote Bete und Sellerie nur dampfblanchiert)	1) Nach dem Blanchieren a) Besprühen mit kaltem Wasser** b) Leitungs- oder aufbereitetes Wasser zum Dosenaufguß c) Alkali-Zusatz zu b) 2) Sterilisieren im Autoklaven a) Zinnkorrosion der Dosen durch Nitrat-Saure- und Dithiocarbamat-haltiges Füllgut b) Verwerfen des Aufgußwassers nach Öffnen der Dose

1.)
Biologische Eiweißwertigkeit			(+++) bis (++++)***	(+) 1a)	(+++) 1c) 2)
Essentielle Aminosäuren			(+++) bis (++++)****	(+) 1a)	(+++) 1c) 2)
Vitamin C	(++)	(+++)	(++) bis (+++)	(+) 1a)	(+++) 1a), b), 2), 2b)
Provitamin A Carotin					
Kalium		(++)	(++) bis (+++)	(++) 1a)	(+++) 1a), b), 2b)
Magnesium		(++)	(++) bis (+++)	(+) 1a)	(+++) 1a), b), 2b)

Mineralstoffe (insgesamt) + Spurenelemente		(++) (++)	(++) bis (+++) (++) bis (+++)	
Wasserlösliche Vitamine (insgesamt)	(+)			(+) 1a) (+) 1a)

2.)
a) Anstieg von
 α) Na (+++)
 β) besonders von Sn durch hohe Gehalte an NO₃ und Fruchtsäuren sowie durch Pestizid-Rückstände (Dithiocarbamate) (+++) 2a)

b) Abnahme von
 α) K, Mg und aller anderer mineralischen Bestandteile einschl. Spurenelemente (– – –) bis (– – – –) (– –, 1a) (– – – –) 2b)
 β) Verringertes Verhältnis von K/Na – – –) bis (– – – –) (– – – –) 1) und 2)

3.) (– –) (– – +) (– – + – –) 1) und 2)

* Dämpfen und ** Dampfblanchieren führen zu geringeren Verlusten an Vitaminen, Mineralstoffen und Spurenelementen, haben aber oft einen unangenehmen Geschmack zur Folge.

¹) Signifikanz: (+++) = von großer Signifikanz (– – –) = nicht signifikant
  (++) = signifikant (– – –,) = ohne Bedeutung
  (+) = durchschnittlich

··) wie z.B. bei Erbsen-Konserven. *** Beim Dampfblanchieren geringere Verluste
**** Bei Möhren und anderen Wurzelgemüsen chemisches Laugenschalen mit bis 20%iger Natronlauge bei 80°C

nach W. Schuphan 1975

Bei Feldversuchen mit steigenden Nitrat-Gaben stiegen die Nitratgehalte in Grünen Bohnen mit der N-Düngung an.

Die düngungsabhängige Zinnkorrosion in der Dose durch Nitrat des Füllguts nahm zunächst nur allmählich zu, wuchs aber nach neunmonatiger Lagerung sehr rasch.

In einem anderen Versuch wurden Grüne Bohnen zu 3 verschiedenen Zeiten geerntet. Die zuerst geernteten Bohnen ergaben die höchsten Nitrat- und gleichzeitig auch die höchsten Zinngehalte nach Beendigung der Lagerung.

Beim Menschen sollen sich akute Zinnvergiftungen durch Erbrechen, Magenschmerzen, Durchfall und Kopfschmerzen äußern (173). Die Symptome zeigten sich 15 Minuten nach dem Genuß bis zu mehreren Stunden danach. Das Zinn wird im Körper nicht resorbiert, sondern über die Nieren ausgeschieden.

Man achte bei Entleeren von Dosen auf die Anzeichen einer Zinnkorrosion: Schlierige Zeichnungen der Innenwände, die eine dunkelgraue Farbe aufweisen.

Auch nach gründlicher Vorbehandlung der zum Dosenkonservieren bestimmten Rohware (Waschen, Schälen, Blanchieren) verbleiben geringe Pestizidrückstände, die die Innenwände der Weichblechdosen zerstören können. Von allen Pestiziden zeichnen sich hier die Dithiocarbamate durch starke Eisenkorrosion aus. In vernierten Dosen fand man allerdings 75% weniger korrodierte Eisenmengen. P. Marsal (174) macht für die Korrosion den aus dem Dithiocarbamat-Abbau (neben Dimethylamid) entstehenden Schwefelkohlenstoff verantwortlich.

Das von Marsal geprufte Dithiocarbamat 'Mancozeb' ist lt. Pflanzenschutzmittel-Verzeichnis 2. Erg. Lieferung, Juni 1973 S.G. 53 als Fungizid zur Anwendung bei Blattgemuse, Erbsen, Bohnen, Tomaten, Gurken, Wurzelgemüse, Zwiebeln und Porree zugelassen.

Zum Abschluß soll mit den Angaben der Tabelle 29 der Versuch gemacht werden, die potentielle Förderung verschiedener Zivilisationskrankheiten auch teilweise auf Zubereitungsart, Tiefgefrieren und vor allem auf die Dosenkonservierung pflanzlicher Nahrungsmittel zurückzuführen (30).

Nach bisher 'in vitro' vorliegenden Versuchen dürfte die hitzesterilisierte Dosenkonserve mit vorausgehender Wasserblanchierung nicht geeignet sein, Frischkost und sorgfältig zubereitete Nahrung aus frischem Obst und Gemüse auch nur annähernd zu ersetzen.

Durch die Art der konventionellen Dosenkonservierung werden auch alle Bemühungen der Pflanzenzüchter und der Anbauer, z. B. durch geeignete Düngungsmaßnahmen höhere Gehalte an wertgebenden Pflanzeninhaltsstoffen für den Verbraucher zu erzielen, wieder weitgehend zunichte gemacht.

Einseitige, langfristige Ernährung mit solchen Konserven tierischer und pflanzlicher Herkunft dürfte nach heutigem Wissensstand ausgesprochene Mangelernährung bedeuten. Bestätigung und Ausmaß dieses Mangels könnten allerdings nur Versuche am Menschen erbringen.

AUSBLICK

Dieses Buch ist einer ganzheitlichen Betrachtungsweise des Problems 'Mensch und Nahrungspflanze' gewidmet, wie sie uns das moderne Leben mit seinen verwickelten synergystischen und antagonistischen Vorgängen in Biologie, Biochemie und Physik vorschreibt. Das Buch orientiert sich an wissenschaftlichen Tatsachen und stützt sich auf Experimentalarbeiten in der Forschungskette 'Boden, Pflanze, Tier und Mensch' sowie auf experimentelle Befunde, die den Verzehr der Nahrungspflanzen in verschiedenen Zubereitungen und technologischen Verarbeitungen betreffen. An diesen interdiziplinär ausgerichteten Forschungen war der Autor in vielen Gemeinschaftsarbeiten, auch mit Pädiatern, Internisten, Pathologen und Toxikologen seit nunmehr 40 Jahren aktiv beteiligt. Mit Dank erinnert er sich an diese Zusammenarbeit und an die gemeinsame Tätigkeit mit seinen ehemaligen Mitarbeitern im Institut für Gemüsebau in Großbeeren b. Berlin, im Staatsinstitut für Angewandte Botanik, Hamburg, und von 1951–1972 in der Geisenheimer Bundesanstalt für Qualitätsforschung pflanzlicher Erzeugnisse, die er gründete und leitete.

Gemäß dem Wunsch des Verfassers soll diese Studie angesehen werden als ein Beitrag zur aktiven Präventivmedizin. Der schlüssige Beweis, daß eine pflanzenbetonte Ernährung – unter Berücksichtigung weiterer Kautelen – zu einer drastischen Senkung der Zivilisationskrankheiten in den 40er Jahren geführt hatte, diente als zentraler Ausgangspunkt und gab dem Autor den Mut, trotz Forschungslücken zu versuchen, seine experimentellen Ergebnisse und die einschlägigen der Weltliteratur ganzheitlich zu behandeln.

Die bisherigen Erfolge dieser interdiziplinären Qualitätsforschung an Nahrungspflanzen und ihre weltweite Resonanz werden dazu beitragen, die Erzeugung der pflanzlichen Nahrung – Grundlage der Ernährung von Mensch und Tier – weniger 'ökonomisch-chemisch' und unsere Ernährung stärker pflanzenbetont zu orientieren.

SCHRIFTTUM

1. Fragner, J. (1964). Vitamine, Chemie und Biochemie. Bd. 1 und Bd. 2 VEB Gustav Fischer Verlag, Jena.
2. Eichholtz, F. (1944). Sauerkraut und ahnliche Gärerzeugnisse. Verlag Vieweg & Sohn, Braunschweig.
3. Schuphan, W. (1942). Biochemische Sortenprufung an Gartenmöhren als neuzeitliche Grundlage für planvolle Zuchtungsarbeit. *Der Züchter* 14: 25–43.
4. Kübler, W. (1960). Die Bedeutung der Möhre fur die Deckung des Vitamin A - Bedarfs kuhmilchernährter Säuglinge. *Qual. Plant. Mater. Veg.* 6: 229–240.
5. Kübler, W. (1960). Der Einfluß der Vollmilch auf die Resorption von Carotin aus Möhren. Ein Beitrag zur Entstehung des Carotinikterus im Säuglingsalter. *Intern. Z. Vitaminforsch.* 31: 27–51.
6. Cutroneo, K. R. et al. (1972). Induction of benzpyrene hydroxylase by flavone and its derivatives in fetal rat liver explants. *Bioch. Pharmacol.* 21: 937–945.
7. Burger, M. & Knobloch, H. (1959). Antiphlogistische Ernahrung. *Munchen. Med. Wschr.* 101: 309–314.
8. Halbensteiner, H. (1958). Gibt es eine Verdauungsleukozytose? *Die Medizinische, Nr.* 46: 1873–1874.
9. Schuphan, W. (1948). Gemusebau auf ernahrungsphysiologischer Grundlage, H. A. Keune-Verlag, Hamburg.
10. Geßner, O. (1953). Die Gift- und Arzneipflanzen von Mitteleuropa. C. Winter-Univers.-Verlag, Heidelberg.
11. Schuphan, W. & Weiller, H. (1967). Untersuchungen über die antibakterielle Wirksamkeit des atherischen Öls der Mohre (*Daucus carota* L) und seiner Bestandteile. *Qual. Plant. Mater. Veg.* 15: 81–101.
12. Schuphan, W. (1969). Zur Chemotaxonomie der Mohre (*Daucus Carota* L. ssp. *sativus* 'Hoffm.'). Die Zusammensetzung des atherischen Öls der Mohrenwurzel in Abhängigkeit von Sorte und Umwelt. *Qual. Plant. Mater. Veg.* 18: 44–70.
13. Virtanen, A. I. (1969). Antimikrobielle und antithyreoide Stoffe in einigen Nahrungspflanzen. *Qual. Plant. Mater. Veg.* 18: 8.
14. Rudat, K. D. (1969). Vergleichende Untersuchungen uber die antibakterielle Wirksamkeit verschiedener Lauchgemuse und Cruciferen-Arten. *Qual. Plant. Mater. Veg.* 18: 29.
15. Bernhard, R. A. (1969). The sulfur components of Allium species as flavoring matter. *Qual. Plant. Mater. Veg.* 18: 72.
16. Meneely, G. R. and co-workers (1956). Survival of rats prolonged by adding potassium chloride to diets containing toxic levels of sodium chloride. *American Journal of Physiology* 187: 617.
17. Meneely, G. R. and co-workers (1956). Chronic sodium chloride toxicity. The protective effect of added potassium chloride. *Proc. Am. Soc. for the Study of arteriosclerosis, Circulation* 14: 501.
18. Meneely, G. R. and co-workers (1957). Chronic sodium chloride toxicity: the protective effect of added potassium chloride. *Annals of internal medicine* 47: 263.
19. Meneely, G. R. & Ball, C. O. T. (1958). Experimental epidemiology of chronic sodium chloride toxicity and the protective effect of potassium chloride. *American Journal of Medicine* 25: 713.

20. Meneely, G. R. (1973). Toxic effects of dietary sodium chloride and the protective effect of potassium. *Qual. Plant. - Pl. Fds. hum. Nutr.* 23: 3–31.
21. Schuphan, W. (1961). Zur Qualität der Nahrungspflanzen. BLV-Verlag, Munchen, Bonn und Wien.
21a. Schuphan, W. (1965). Nutritional Value of Crops and Plants. Faber & Faber Publishers, London.
21b. Schuphan, W. (1966). Jacość productów nochodzenia róslinnego. Panstwowe Wydawnictwo Rolnice i leśne, Warszawa.
21c. Schuphan, W. (1968). Calidad y valor nutritivo de los alimentos vegetales. Editorial Acribia, Zaragoza.
22. Schuphan, W. (1970). Problematik düngungsbedingter Höchsterträge aus phytochemischer und ernährungsphysiologischer Sicht. *Qual. Plant. Mater. Veg.* 20: 35–64.
23. Schuphan, W. (1971). Depression physiologisch aktiver Kationen in Nahrungspflanzen als Folge moderner landwirtschaftlicher Kulturmaßnahmen. Vortrag auf dem XI. Wissenschaftl. Kongreß der Deutschen Gesellschaft für Ernährung, Munchen, 13.11.1970. *Ernährungs-Umschau* 18: 148–154.
24. Schuphan, W. (1971). Ernährungsphysiologische Aspekte bei der Zubereitung und Verarbeitung von Gemuse und Obst unter besonderer Berücksichtigung experimenteller und empirischer Erfahrungen in Mangel- und Überflußsituationen. *Qual. Plant. Mater. Veg.* 21: 45–72.
25. Wedler, A. (1971). dto. Mitt. II. Verschiedene Inhaltsstoffe. *Qual. Plant. Mater. Veg.* 21: 79–95.
26. Schuphan, W. (1972). Effects of the Application of Inorganic Manures on the Market Quality and on the Biological Value of Agricultural Products. *Qual. Plant. Mater. Veg.* 21: 381–398.
27. Noorden, C. von & H. Salomon (1920). Hdb. der Ernährungslehre. Bd. 1, Springer, Berlin.
28. Schuphan, W. (1969). Studien uber essentielle Aminosäuren in Kartoffeln. 2. Mitt. Die Biologische Eiweißwertigkeit der Kartoffel (*Solanum tuberosum* L.) im Spiegel der essentiellen Aminosäuren. *Qual. Plant. Mater. Veg.* 6: 16–38.
29. Schuphan, W. & I. Weinmann (1959). Die Kartoffel als hochwertige Eiweißquelle nach Ergebnissen von Ernährungsversuchen und von Bausteinanalysen. *Nahrung* 3: 857–876.
30. Schuphan, W. (1973). Food Plants – fresh, prepared, processed – in relation to standards of living and potential diseases of civilization. *Qual. Plant. Pl. Fds. Hum. Nutr.* 23: 33–74.
31. Schenck, E. G. & C. H. Mellinghoff (1960). Der Diabetes mellitus als Volkskrankheit und seine Beziehung zur Ernährung. D. Steinkopf-Verlag, Darmstadt.
32. Zollner, N. Allgemeine Gesichtspunkte zur Bedeutung der Ernährung in Pathogenese, Prophylaxe und Therapie von Stoffwechselkrankheiten. 'Ernährungswissenschaften', 5. Symposium in Freiburg/Brsg., 28. und 29.4. 1967, 1968, 21–26, Georg Thieme Verlag, Stuttgart.
33. Kühn, H. A. Die Bedeutung der Ernährung für die Pathogenese und Therapie von Leber- und Gallenkrankheiten. *Ebenda*, S. 11–21.
34. Schettler, G. Herz- und Gefäßleiden. *Ebenda*, S. 6–11.
35. Scrimshaw, N. S. (1969). Nature of Protein Requirements, *J. Amer. Dietetic Assoc.* 54: 94–102.
36. Wendt, L. (1973). Krankheiten verminderter Kapillarmembranpermeabilität. Verlag E. E. Koch, Frankfurt/M, 2. Aufl.
37. Fleisch, A. (1947). Ernährungsprobleme in Mangelzeiten. Die schweizerische Kriegsernährung. 1939–1948. Verlag B. Schwabe, Basel.
38. Kellner, O. & M. Becker (1962). Grundzüge der Fütterungslehre. 13. verb. Aufl. Verl. Paul Parey, Hamburg u. Berlin.

39. Painter, N. S. (1968). Diverticular diseases of the colon. *British Medical Journal* 3: 475.
40. Burkitt, D. P. (1972). The importance of fibre in food. Bulletin 7 of the British Nutrition Foundation, 29.
41. Walker, A. R. P. (1961). *South African medical Journal* 35: 114 (cit. in 36).
42. Walker, A. R. P. (1972). The Consumers Observation Post, January 5.
43. Schwerdtfeger, E. & W. Schuphan (1976). Eiweiß und Aminosäuren in Nahrungspflanzen (Auswertung von 38.000 Analysenbefunden (1951–1973) der Bundesanstalt für Qualitätsforschung, Geisenheim/Rheingau). *Qual. Plant. - Pl. Fds. Hum. Nutr.* (im Druck).
44. Schuphan, W. (1956). Über exogene Aminosauren. Vorträge der Arbeitstagung Gatersleben. Beiheft f.d. Biochemie der Kulturpflanzen, Berlin, Sonderdruck aus '*Die Kulturpflanze*' 118-135.
45. Schick, R. & M. Klinkowski (1961/62). Die Kartoffel, Bd. I und Bd. II, VEB Deutscher Landwirtschaftsverlag, Berlin.
46. Kofranyi, E. & F. K. Jekat (1967). Zur Bestimmung der Biologischen Wertigkeit von Nahrungsproteinen. XII - Hoppe-Seyler's *Z. Physiol. Chem.* 348: 84–88.
47. Schuphan, W., S. Harnisch, H. Hentschel, H. Hulpke, E. Muhlendyck, G. Overbeck & E. Schwerdtfeger (1968). Die Kartoffel. Ihr Wert fur die Ernährung in verschiedener Zubereitung, *Ern. Umschau* 336–342.
48. Klapp, E. (1950). Kartoffelbau. 3. Neubearb. Auflage. Verlag E. Ulmer.
49. Schuphan, W. (1963). Essentielle Aminosäuren und B-Vitamine als Qualitätskriterien bei Nahrungspflanzen unter bes. Ber. tropischer Leguminosen. *Qual. Plant. Mater. Veg.* 10: 187–204.
50. Butler, N. R. & H. Goldstein (1973). Smoking in Pregnancy and Subsequent Child Development. *British Med. J.* 8. dec. 573–575.
51. Mau, G. & P. Netter (1974). Die Auswirkungen des väterlichen Zigarettenkonsums auf die perinatale Sterblichkeit und die Mißbildungshäufigkeit. *Dtsch. med. Wschr.* 99: 1113–1118.
52. Schuphan, W., E. Mühlendyck & G. Overbeck (1969). Wertgebende Inhaltsstoffe der Kartoffel in Abhangigkeit von verschiedenen haushaltsmäßigen Zubereitungen. Mitt. 1. Allgemeines Untersuchungsmaterial und Methodik. *Qual. Plant. Mater. Veg.* 17: 169–178.
53. Souci, S. W. & H. Bosch (1967). Lebensmittel-Tabellen für die Nährwertberechnung. Wissensch. Verlagsges. m.b.H. Stutgart.
54. — — (1974). Recommended Dietary Allowances. 8th edition, National Academy of Sciences, Washington D.C.
55. D.G.E. (1975). Empfehlungen fur die Nahrstoffzufuhr. *Ernahrungs-Umschau* 22: 132–133.
56. Oser, B. L. (1951). Method for integrating essential amino acid content in the nutritional evaluation of protein. *J. Amer. Dieter. Ass.* 27: 369.
57. Schuphan, W. (1958). Biochemische Stoffbildung bei *Brassica oleracea* L. in Abhängigkeit von morphologischen und anatomischen Differenzierungen ihrer Organe. *Z. Pflanzenzücht.* 39: 127–186.
58. Kraut, H. (1970). Ernährungsforschung und Entwicklungshilfe in Tanzania. Mitt. aus der Max-Planck-Gesellschaft, München, H. 3, 166–178.
59. Kraut, H. (1976). Rehabilitation unterernährter Kinder in Tanzania mit proteinreichen pflanzlichen Landesprodukten. *Qual. Plant.- Pl. Fds. for hum. Nutr.* (im Druck).
60. Hentschel, H. & W. Schuphan (1975). Pflanzenqualität, Erbgut und Umwelt. Vorschläge z. ernährungsbiologischen Aufwertung der Handelsklassen. *D. Lebensmittel-Rdsch.* H. 8: 277–283.
61. Schuphan, W. (1974). Die Situation im Pflanzenschutz als Problem der Qualitätsforschung. Anz. f. Schadlingskde, *Pflanzen- und Umweltschutz* 47: 49–58.

62. Schuphan, W. (1969). Die Qualität pflanzlicher Erzeugnisse. *Ernährungs-Umschau*, H. 1: 5–10.
63. Schuphan, W. (v. 7.3.1967). Qualitätserzeugung von Gemüse nach ernährungsphysiologischen Gesichtspunkten. Die industrielle Obst- und Gemuseverwertung Nr. 5.
64. Schuphan, W. & K. Boek (1960). Histologisch-chemische Untersuchungen in Speicherwurzeln der Mohre (*Daucus carota* L.) in Beziehung zu Ruckständen nach Aldrin- und Dieldrin-Behandlung. 1. *Mitt. Qual. Plant. Mater. Veg.* 7: 213–228.
65. Schuphan, W. (1960). Ruckstände von Aldrin und Dieldrin in Wurzeln von Mohren (*Daucus carota* L.) und ihr Einfluß auf den Biologischen Wert. *Z. Pflanzenkrankh. (Pflanzenpath.) Pflanzenschutz* 67: 340–351.
66. Ellis, P. R., H. A. Hardman, B. D. Dowker & J. C. Jackson (1973). Resistance of carrot to carrot fly. National Vegetable Research Station. *Ann. Rev.*, p. 88–89.
67. Ivankovic, S., W. J. Zeller, D. Schmähl & R. Preussmann (1973). Verhutung der pranatalen carcinogenen Wirkung von Äthylharnstoff und Nitrit durch Askorbinsaure. *Naturwiss.* 60: 525.
68. Ferencsi, S. A., P. G. Seeger & P. Trub (1970). Rote Bete in der Zusatztherapie bei Kranken mit bosartigen Neubildungen, Haug Verlag, Heidelberg.
69. Mitrovic, M. & N. Gladilin (1957). Les diètes préventives et curatives de la pellagra endémique. Report 4th International Congress of Nutrition, Paris.
70. Schuphan, W. (1972). La Normalisation des Fruits et Légumes au point de vue nutritionnelle et hygiénique. *Qual. Plant. Mater. Veg.* 21: 179–202.
71. – – (4.10.1974). Der Apfel in der Verbrauchergunst ganz vorn, Landw. Kammer Hannover, Freiwillige Qualitätskontrolle f. Obst und Gemüse 12: No. 9.
72. – – (1975). Verbrauchererwartung und Wirklichkeit im Hinblick auf unsere pflanzlichen Nahrungsmittel. *Ern. Umschau* No. 7, B. 25 ff.
73. Schuphan, W. (1963). Entnahme und Vorbereitung der Proben zur Qualitatsuntersuchung. *Qual. Plant. Mater. Veg.* 10: 319–330, Deutsch, Englisch, Französisch, Spanisch u. Russisch.
74. Schlottmann, H. (1963). Fehler bei der einer Qualitätsanalyse vorausgehenden Probeentnahme und deren Einfluß auf die Zuverlassigkeit der Befunde. *Qual. Plant. Mater. Veg.* 10: 301–318.
75. Rausch, H. (1975). Gesundheitsschaden durch natürliche Nahrungsmittel. *Verbraucherdienst, Ausgabe B* 20: 6–10.
76. Richter, E. & S. Handke (1973). Einfluß des Blanchierens sowie der Konservierung durch Lufttrocknung bei verschiedenen Temperaturen, Tiefgefrieren und Gefriertrocknung auf den Oxalsäuregehalt von Spinat. U. Lebensmitt. *Unters-Forsch.* 153: 31–36.
77. Richter, E. & S. Handke (1974). The influence of blanching and different methods of conservation on the quality of spinach. Intern. Congress of Horticulture, Warsaw.
78. Schuphan, W. & I. Weinmann (1958). Der Oxalsäuregehalt des Spinats (*Spinacia oleracea* L.) als Maßstab fur seinen Wert als Nahrungsmittel. *Qual. Plant. Mater. Veg.* 5: 1–22.
79. – – (1966). Toxicants Occuring Naturally in Foods. Publication 1354. National Academy of Sciences. National Research Council, Washington DC.
80. Michajlovskij & Langer in Hoppe-Seyler's *Z. physiol. Chemie* 312, 1958, 26–30, 31–36 sowie 317, 1959, 30–31.
81. Schuphan, W. (1975). Yield Maximisation versus Biological Value. Problems in Plant Breeding. *Qual. Plant. - Pl. Fds. f. hum. Nutr.* 24: 289–310.
82. Dahl, J. (1.10.1974). Tomaten ohne Geschmack. Trube Aussichten fur Amerikas Pflanzenzuchter. *Die Zeit.* No. 41.
83. Food and Drug Administration, Washington DC; Federal Register Vol. 35, No. 237, Dec. 1970. pp. 18623–18624.

84. Kehr, A. E. (1973). Naturally-occuring Toxicants and Nutritive Value in Food Crops – The Challenge to Plant Breeders. *Hort. Science* 8: 4–5.
85. Popoff, P. (1943). Untersuchungen über den Einfluß einiger genetischer und ökologischer Faktoren auf Ertrag und biologischen Wert von Paprika (*Capsicum annuum* L.) unter besonderer Berucksichtigung des Ascorbinsäuregehaltes. *Gartenbauwiss.* 17: H. 4, 446–492.
86. Schuphan, W. (1966). Probleme der Pflanzenzüchtung aus biochemischer Sicht. *Qual. Plant. Mater. Veg.* 13: 3–46.
86a. Hårdh, J. E. (1975). Der Einfluß der Umwelt nördlicher Breitengrade auf die Qualität der Gemuse. *Qual. Plant. - Pl. Fds for hum. Nutr.* 25: 43–55.
87. Kubler, W. (1962). Toxizitat der Carotinoide. *D. Med. Wchschr.* 87: 1619.
88. Dressler, O. (1973). Pflanzen nach Maß-Zuchtungsaufgaben fur das Gemusekonserven-Sortiment. *Ind. Obst.- und Gemuseverwertung* 58: 449–451.
89. Boek, K. & W. Schuphan (1959). Der Nitratgehalt von Gemusen in Abhangigkeit von Pflanzenart und einigen Umweltfaktoren. *Qual. Plant. Mater. Veg.* 5: 199–208.
90. Schuphan, W. & H. Hentschel (1965). Standortgerechter Anbau als wesentliche Voraussetzung fur insektizidfreie Kultur und optimale biochemische Qualitat, dargestellt an Mohren (*Daucus carota* L.). *Qual. Plant. Mater. Veg.* 12: 145–171.
91. Hoffmann, P. (1968). Zur Physiologie der Photosynthese bei hoheren Pflanzen. Bot. Studien, H. 18. VEB Gustav Fischer Verlag, Jena.
92. Becker-Dillingen, J. (1938). Handbuch des Gemusebaues, 3. Aufl., Verlag Paul Parey.
93. Schuphan, W. (1937). Unters. uber wichtige Qualitatsfehler des Knollenselleries bei gleichzeitiger Berucksichtigung der Veranderung wertgebender Stoffgruppen durch die Dungung. *Bodenk. u. Pflanzenern.* 2 (47): 255–304.
94. Schuphan, W. (1974). Jahresbericht B.F.A. fur Ernahrung, Institut für Qualitätsforschung, S.A. 63.
95. Dost, F. H. & W. Schuphan (1944). Über Ernahrungsversuche mit verschieden gedungten Gemusen III. *Die Ernahrung* 9: 1-27.
96. Schuphan, W. (1965). Stickstoff-Überdungung beim Spinat als Ursache von toxischen Erscheinungen (Methamoglobinamie) bei Sauglingen nach Spinatgenuß. *Verbraucherdienst, Ausgabe B*, 10: 27-28.
97. Schuphan, W. & S. Harnisch (1965). Über die Ursache einer Anreicherung von Spinat (*Spinacia oleracea* L.) mit Nitrat und Nitrit in Beziehung zur Methämoglobinamie bei Ratten. *Z. f. Kinderheilk.* 93: 142–147.
98. Schuphan, W. (1974). Significance of Nitrates in Food and Drinking Water. Intern. Atomic Energy Agency, Vienna, 101-116 – *Qual. Plant.-Pl. Fds. for hum. Nutr.* 24: 19-35.
99. Schuphan, W. (1969). Bildung von Nitrat und Nitrit im pflanzlichen Stoffwechsel. *Bibl. 'Nutritio et Dieta'* 9. Nr. 11: 120-132.
100. Briefl. Angaben von Prof. Dr. med. J. Borneff, Dir. d. Hygien. Inst. d. Universitat Mainz.
101. Brown, J. R. & G. E. Smith (1966). Soil fertilization and nitrate accumulation in vegetables. *Agronomy J.* 58: 209-212.
102. Scharrer, K. & W. Seibel (1956). Über den Einfluß der Ernahrung und Belichtung auf den Nitratgehalt von Futterpflanzen. *Landw. Forsch.* 9: 168–178.
103. Karlson, P. (1970). Kurzes Lehrbuch der Biochemie. 7. neu bearb. Auflage Georg Thieme Verlag, Stuttgart.
104. Mengel, K. (1972). Ernährung und Stoffwechsel der Pflanze. 4. Aufl. VEB Gustav Fischer Verlag, Jena.
104a. Bericht uber die Referate der Arbeitstagung 'Kalipenie' in Mönchengladbach am 29.11.1975. (Im Druck).
105. Meneely, G. R. et al. (1960). Cardiovascular and biochemical changes. Abstracts, 5th. Intern. Congr. Nutrit.. Washington, p. 30.

106. Knipping H. W. & H. Loosen (1956). Taschenbuch der Herz- und Kreislauftherapie. Ferdinand-Enke-Verlag, Stuttgart.
107. Lee, F. A. (1958). The blanching process. Advances in Food Research, Vol. 8: 63–109.
108. Schuphan, W. & H. Hentschel (1970). Hohe Stickstoffgaben beim Spinat und ihre Folgen. *Ern. Umschau*, 197–200.
109. Aehnelt, E. & J. Hahn (1969). Beobachtungen über die Fruchtbarkeit von Besamungsbullen bei unterschiedlicher Grunlandbewirtschaftung. Exper. Pflanzensoziologie, Den Haag.
110. Hahn, J. & E. Aehnelt et al. (1971). Uterus- und Ovarbefunde bei Kaninchen nach Futterung mit Heu von ungedungtem und intensiv gedüngtem Grünland. *Deutsche Tierärztliche Wochenschr.* 78: Nr. 4, 114–118.
111. Aehnelt, E. & J. Hahn (1973). Fruchtbarkeit der Tiere – eine Moglichkeit zur biologischen Qualitätsprufung von Futter- und Nahrungsmitteln? *Tierärztliche Umschau*, Nr. 4: 155.
112. Juhl, M. (1975). The influence of increasing amounts of nitrogen on the propagation of the cereal cyst nematode, *Heterodera avenae*, Woll. *Tidskrift for Planteavl* 75: 609-624.
113. Schuphan, W. (1975). Verbrauchererwartung und Wirklichkeit im Hinblick auf unsere pflanzlichen Nahrungsmittel. *Ern. Umschau*, Beilage Nr. 7, Nr. 8, Nr. 9, Seite B.25–B.28; Seite B.29–B.31, Seite B.33–B.34.
114. Schuphan, W. (1975). 'Biologischer' oder 'chemischer' Anbau? Glaube und Wirklichkeit. *Hippokrates* 46: 158–179.
115. Reay, R. C. (1974). Some mechanism of chemical control of insect pests S. 16–25 in: Pollution and the use of Chemicals in agriculture. Editors: D. E. Ct Irvine; B. Knights Butterworth, London.
116. Schmutterer, H. (1972). Zuviel Pflanzenschutz? Mitt. DLG 87, 1041.
117. Koepf, H., Bo. Pettersson & D. Schaumann (1974). Biologische Landwirtschaft, Verl. E. Ulmer. Stuttgart.
118. Schuphan, W. (1965). Pflanzenschutzprobleme im Spiegel der Qualitätsforschung. *Anzeiger fur Schädlingskunde* 38: 97–104, 117–123.
119. Muller, H. (1972). Ein Beitrag zum Einsatz des Wachstumsregulators Chlorcholinchlorid (CCC) im Gemusebau. 1. Mitt. *Qual. Plant. Mater. Veg.* 22: 65–81.
120. Kastli, P. (1953). Die Ausscheidung von toxisch wirkenden Stoffen durch die Milchdruse mit besonderer Berucksichtigung der Insektizide. *Schweiz. Arch. Tierheilk.* 95: 171–187.
121. Whitten, J. L. (1966). Damit wir leben konnen. Verl. Van Nostrand Reinhold Co., New York.
122. Robinson, J. (1967). In 'Abstracta 6. Internat. Pflanzenschutzkongreß', Wien. 'Die Pharmakodynamik von HEOD (Dieldrin)', S. 221: 'Dieldrinrückstände im britischen Alltagsleben'.
123. Heeschen zus. mit Tolle (1974). Ruckstande in Futtermitteln, Milch und Milcherzeugnissen. AGRA-EUROPE 17: Dokum. 19.
124. Acker, L. & E. Schulte (1970). Über das Vorkommen von chlorierten Biphenylen und Hexachlorbenzol neben chlorierten Insektiziden in Humanmilch und menschlichen Fettgeweben. *Naturwiss.* 57: 497.
125. Raalte, H. G. S. van (1975). Human experience with dieldrin in perspective. 4. Intern. Symp. 'Ecological and Toxicological Aspects of Organochlorines' in Munchen-Neuherberg, 9.–10.9.
126. Meemken, H. A. (1975). Ruckstände von Pesticiden in fetthaltigen Lebensmitteln unter besonderer Berucksichtigung der tierischen und pflanzlichen Fette und Öle. *Fette, Seifen, Anstrichmittel* 77: 290–296.
127. Keplinger, M. L. B. & Deichmann (1967). Acute Toxicity of Combinations of Pesticides. *Toxicol & Appl. Pharmacol.* 10: 586–595.

128. Liang, T. T. & E. P. Lichtenstein (1974). Synergism of Insecticides by Herbicides: Effect of Environmental Factors. *Science* 186: 1128–1130.
129. Schuphan, W. (1968). Rückstände chemischer Pflanzenschutzmittel – eine Gefahr? Umschau in Wissenschaft und Technik H. 20: 638.
130. Schuphan, W. (1971). Gefahren durch Pestizidanwendung – Nahrungspflanzen und Umwelttoxikologie. Hessischer Naturschutztag 1970 X H. 2, Darmstadt.
131. Miller, L. P. (1942–1943). Sugar components of beta-glycosides formed in plants through treatment with chemicals. *Amer. J. Bot.* 29: 145. Ders. in *Contr. Boyce Thomps. Inst.* 13: 185.
132. Bender, E. (1967). Obstbaulicher Pflanzenschutz im Jahr 1967. Der Badische Obst- und Gartenbauer Nr. 2.
133. Beran, F. (1975). Moderner Pflanzenschutz bedeutet Gesundheitsschutz. Der Förderungsdienst, Wien, 5: 161. (Zit. in 'Kurz und Bundig' BASF, 28: H.a., 1975).
134. – – (1975). Gemeinsame Stellungnahme der Biologischen Bundesanstalt, Braunschweig, und des Bundesgesundheitsamtes, Berlin, zum Einsatz von Wuchsstoffherbiziden im Forst. *Bundesgesundheitsblatt* 18: Nr. 16, 264–265.
135. Wellenstein, G. (1975). Unerlaubt hohe Pestizid-Ruckstande in Waldbeeren. *Umschau*, 75: H. 16, 510–512.
136. Shirasu, Y. (1973). Significance of Mutagenicity Testing on Pesticides. Abstr. 3. Int. Symp. Chem. and Toxicol. Aspects of Environmental Quality, Tokyo, Japan, Nov.
137. – – (1973). Nachrichtenblatt Pflanzenschutzdienst DDR, NF 53: 179.
138. Fürst, L. Anlage zu den Anbaurichtlinien für Qualitätsobst aus ANOG-Betrieben (6. Fassung vom 19.2.1968).
139. Furst, L. (1975). Unters. uber naturgemäße Anbau-Verfahren im Obstbau. Eden-Stiftung, Bad Soden.
140. Schuphan, W. & H. Hentschel (1972). Einbeziehung ernährungsphysiologischer Kriterien in bestehende Handelsklassen. *Der Erwerbsgartner* 26: 483–484.
141. Lt. Schweizer Zeitschrift 'Der Gartenbau' Nr. 10, 1975.
142. El Titi, A. & H. Steiner (1975). Möglichkeiten und Grenzen des integrierten Pflanzenschutzes im Gemusebau, *Qual. Plant. Pl. Fds. hum. Nutr.* 25: 57–75.
143. Steiner, H. Fortschritte im Umweltschutz. Informationen uber den integrierten Pflanzenschutz (Hektogr. Ber. mit Literaturerg. bis 1973).
144. Schuphan, W. (1940) Eine kritische Stellungnahme von Agrikulturchemie und Medizin zur Frage der alleinigen Stallmistdungung. Teil A. *Die Ernährung* 5: 29–37.
145. Dost, F. H. & H. Schotola Dto. Teil B. S. 25–43.
146. Schuphan, W. (1974). Nutritional Value of Crops as Influenced by Organic and Inorganic Fertilizer Treatments – Results of 12 years' experiments with vegetables (1960–1972). *Qual. Plant. – Pl. Fds. Hum. Nutr.* 23: 333–358.
147. Salomon, M. (1972) Natural Foods – Myth or Magic, Assoc. Food & Drug Offic. USA. *Quaterl. Bul.* 36: 131–137.
148. Wedler, A. (1971) Exper. Ergebn. uber die Änderung des Gehalts an wertgebenden Inhaltsstoffen bei Zubereitung und Verarbeitung von Gemüse. Mitt. II. Verschiedene Inhaltsstoffe. *Qual. Plant. Mater. Veg.* 20: 79.
149. Kasper, H. (1975). Gemeinschaftsverpflegung und Diätbedürftige. *Ernährungs-Umschau* 22: 67–72.
150. – – (1975). Empfehlungen für die Nahrstoffzufuhr der Deutschen Gesellschaft für Ernährung. *Ebenda*, 22: 132–133.
151. Herrmann, K. (1975). Über die Hohe des Thiamin- und Riboflavingehaltes des Gemüses. *Ebenda*, 22: 134–136.
152. Zacharias R. & A. Bognár (1975). Untersuchungen über die Qualität tiefgefrorener Speisen fur die Schulverpflegung. *Ebenda* 22: 36–41.
153. Somogyi, J. C. (1975). Einfluß der Zubereitungsweise auf den Vitamin C-Gehalt von Kartoffeln und Gemuse. *Ebenda* 22: 42–45.

154. Warning, H. (1975). Kantinen-Verpflegung. Ernahrungsprobleme im Industriebetrieb. Zusammenfassung eines Beitrages in der Fortbildungsakademie der Ärztekammer des Saarlandes. *Wendepunkt* 52: H. 6 u. 7, 245–248, 305–308.
155. Ders. Briefl. Bestätigung des Inhalts der Rezension.
156. Hellendoorn, E. W. (1973). Physiological Importance of Indigestible Carbohydrates in Human Nutrition. *Voeding* 34: 618–636.
157. WHO (1974). Trace Elements in Relation to Cardiovascular Diseases. World Health Organization, Geneva.
158. Schlottmann, H., E. Muhlendyck & W. Schuphan (1961). Wertstoffverluste bei Gemüse und Obst zwischen Ernte und Verzehr. *Dt. Lebensmitt. Rdsch.* 57: 270–276.
159. Rausch, H. (1961). Die Vitaminversorgung in der Gemeinschaftsverpflegung aus ärztlicher Sicht. *Die Ernährungswirtsch.* 8: 9–10.
160. Lang, K. (1970). Biochemie der Ernahrung 2. n. b. Aufl. D. Steinkopf Verlag, Darmstadt.
161. Eichholtz, F. (1976). Die Biologische Milchsaure und ihre Entstehung in vegetabilischem Material. Eden-Stiftung, Bad Soden/Ts.
162. Schormuller, J. (1974). Lehrbuch der Lebensmittelchemie. 2. vollst. neubearb. Auflage. Springer-Verlag, Berlin-Heidelberg-New-York.
163. Sprecher von Bernegg, A. (1929). Tropische und subtropische Weltwirtschaftspflanzen, II. Teil Ölpflanzen. Verl. Ferdinand Enke, Stuttgart, S. 161–164.
164. Friedrich, W. (1975). Vitamin B_{12} und verwandte Corrinoide. Georg Thieme Verlag, Stuttgart.
165. Schuphan. W. (1970). Gemuse und Obst: Erhaltung der Frische, Vermeiden von Wertstoffschwund. *Ernahrungswirtsch.* 17: H. 12, A 210–212.
166. Gutschmidt, J. & S. Hesse (1954). Über die Eignung einiger deutscher Buschbohnensorten zur Konservenherstellung. I. Die Eignung zum Sterilisieren. II. Die Eignung zum Gefrieren. Die Ind. Obst- und Gemuseverwertungsindustrie Nr. 15 und 16.
167. Hofmann, K. (1966). Über den Nahrwert des Fleisches und seine Veränderung beim Erhitzen. *Die Fleischwirtschaft* 46: 1121–1124.
168. Mauron, J. (1975). Ernahrungsphysiologische Beurteilung verarbeiteter Eiweißstoffe. *D. Lebensm. Rdsch.* 71: H. 1, 27–35.
169. Synge, R. L. M. (1976). Damage to nutritional value of plant proteins by chemical reactions during storage and processing. *Qual. Plant. – Pl. Fds. hum. Nutr.* 24: 337 350.
170. Gersons, L. (1971). The Influence of Fertilizer on Can Corrosion with Green Beans. *Bull. Inacol* 22: 391–407.
171. Barbieri, G. et al. The Role of Oxygen, Nitrate Ions and Carbon Disulphide as Activators of Tinplate Corrosion. *Ebenda*, 382–390.
172. Groot, A. P. de (1973). Subacute Toxicity of Inorganic Tin as Influenced by Dietary Levels of Iron and Copper. *Fd. Cosmet. Toxicol.* 11: 955–962.
173. – – Untersuchungen des Zinngehaltes von Fruchtsäften in Dosen. Forbrucker-Rapporten Nr. 7/8, 1974; (Zit. in '*Verbraucherdienst, Ausg. B*', 20, H. 5, 1975, 118).
174. Marsal, P. (1972). Influence des produits phytosanitaires sur la corrosion des boîtes en fer blanc. *Industr. alim. agr.* No. 4: 369–380.
175. Schuphan, W. et al. (1968). Die Kartoffel. Ihr Wert fur die Ernährung in verschiedenen Zubereitungen. *Ern. Umschau* 15: 336–342.
176. Beckmann, E.-O. (1975). Ertrag und Qualität von Herbstspinat in Abhängigkeit vom Bodenzustand. *Ind. Obst- und Gemüseverwertung* 59: H. 5, 107–111.
177. Riethus, H. (1975). Kann Rohware aus biologischem Anbau Bedeutung für die Verarbeitungsindustrie haben? *Ebenda*, 105–106.
178. Kuhnau, J. (1973). Die Flavonoide und ihre Rolle in der menschlichen Ernährung: Ein Beitrag zur Kenntnis semi-essentieller Pflanzenstoffe. *Qual. Plant. – Pl. Fds. Hum. Nutr.* 23: 113 118.

179. Holtmeyer, H. J. (1969). Magnesiumstoffwechselstörungen und Herzinfarkt. In: Herzinfarkt und Schock. Georg Thieme Verlag, Stuttgart.
180. Kloke, A. (1974). Beeinträchtigung der Qualität von Nahrungs- und Futterpflanzen durch Umweltchemikalien, insbesondere durch Schwermetalle. *Qual. Plant. – Pl. Fds. Hum. Nutr.* 24: 137-157.
181. Lichtenstein, E. P. (1973). Environmental factors affecting penetration and translocation of insecticides from soils into crops. *Qual. Plant. – Pl. Fds. Hum. Nutr.* 23: 113-118.
182. Becker, M. (1968). Nitrat und Nitrit in der Tierernahrung. *Qual. Plant. Mater. Veg.* 15: 48-64.
183. Hagenow, G. (1974). Die Bedeutung der Küchenzwiebel (*Allium cepa* L.) als Nahrung und Heilmittel im Altertum. Erfahrung und Aberglaube. *Qual. Plant. – Pl. Fds. Hum. Nutr.* 24: 163-173.
184. Becker, A. & W. Schuphan (1975). Ein Beitrag zur Biogenese und Biochemie antimikrobiell wirkender ätherischer Öle der Küchenzwiebel (*Allium cepa* L.) *Qual. Plant. – Pl. Fds. Hum. Nutr.*, 25: 107-169.
185. Franz, J. M. & A. Krieg, (1972). Biologische Schädlingsbekämpfung. Verlag Paul Parey, Berlin und Hamburg.
186. Stein, M. (1976). Natural Toxicants in selected leguminous seeds with special reference to their metabolism and behaviour on cooking and processing. *Qual. Plant. – Pl. Fds. Hum. Nutr.* In Press.
187. Genevois, L. (1973). Mutations biochimiques chez les végétaux supérieurs. Masson & Cie, Paris.
188. Kommission für Pflanzenschutz- Pflanzenbehandlungs- und Vorratsschutzmittel der Deutschen Forschungsgemeinschaft (1975). Wirkungen von Kombinationen der Pestizide. Mitt. IX.
189. Schettler, G. (1975). Neue Ergebnisse der klinischen Fettstoffwechsel-Forschung. *Fette, Seifen, Anstrichmittel* 78: 1-9.
190. Robbelen, G. (1976). Zuchtung und Erzeugung von Qualitätsraps in Europa. *Fette, Seifen, Anstrichmittel* 78: 10-12.
191. Thomas, W. A. (1972/1975). Indicators of Environmental Quality. A Plenum / Rosetta Edition, New York – London.
192. Troll, W. & K. Hohn (1973). Allgemeine Botanik 4. Aufl. Ferdinand Enke Verlag, Stuttgart.
193. Metzner, H. (1973). Biochemie der Pflanzen. Ferdinand Enke Verlag, Stuttgart.
194. Newman, A. A. (1972). Chemistry of Terpenes and Terpenoids. Academic Press, London and New York.
195. Fritz, D. & W. Stolz (1973). Erwerbsgemusebau. Verl. E. Ulmer, Stuttgart.
196. Kuhnau, J. (1976). Unterschiede in der ernährungsphysiologischen Bedeutung pflanzlichen und tierischer Lebensmittel fur den Menschen. *Ernahrungs-Umschau* 23: 43-48.

SACHREGISTER

Abkühlungsvorgang 76
Abtriftschäden 100
Äpfel 27, 28, 29, 30, 33, 34, 38, 30, 44, 47, 52, 96, 97, 103, 104, 106, 108
Pausenapfel 27
Ätherische Öle 2, 25, 33, 45, 51, 61
  schwefelhaltige
    in Kohl, Zwiebeln, Rettich 2, 45, 49
    S-Alkylcystein-Sulfoxide in Zwiebeln 51
    Senföl 45
    Thiocyanat 45
    1,5-Vinyl-2-thiooxazolidon 45
  Eigenschaften, antimikrobielle, cholagoge (Rettich), thyreostatische, blutdrucksenkende, geschmackgebende 51
  Terpen-Abkömmlinge
    in Umbelliferen (Möhren, Pastinaken, Petersilie) 2
    (Sellerie) 61
  Ätherisches Mohrenol, 32, 33, 90
Äußere Beschaffenheit 26, 27, 30, 32, 38, 144
Äußerer Einfluß 63
Äußere Wertmerkmale 25
A-Hypervitaminose 1
Alimentäre Situationen 138
Alkalibehandlung 142, 144, 145
Alkali-Zusätze 142
Allergien 91
Amide 18, 64
Aminosäuren 18, 56, 64, 67, 69, 130, 136, 145
  Freie 18, 64, 131, 136,
  Nichtessentielle 130, 145
    Arginin 145
    Glutamin/Glutaminsaure 64, 129
    Ornithin 145
    Serin 145
    Tyrosin (C-Nitrosotyrosin) 145
      (Dopa-Nitrosotyrosin) 145
  Essentielle 18, 20, 56, 64, 69, 130, 131, 145
    Leucin 145
    Isoleucin 145
    Threonin 145
    Histidin 18, 129
    Lysin 4, 21, 47, 54, 55, 56, 129, 145
    Tryptophan 4, 47, 145
    schwefelhaltige 69, 129, 145
      Methionin 21, 55, 56, 64, 69, 130, 131, 136
      Cystein 145
      Cystin 129, 145
  Einbußen an 145
Anämie 145
Anaerobe Bakterien 10
Analysenmethoden 61
Anbauart, Freiland- oder Gewächshaus 61
Anbau
  Biologischer 101, 102, 103
  Biologisch-dynamischer 101, 102, 103
  Chemisch-ökonomischer 102
  Konventioneller 101, 102
  Organischer 101, 102, 103
  – erfolg 67
  – intensivierung 85
  Obstbau aus naturgemäßem 104
  – organisation 103
Anbauer
  Bemühungen der 148
Anbauweise
  Konventionelle 103, 104
Anbauwert 24, 30
ANOG 103, 104
Anthocyane 139
Anthropogene
  Faktoren 18
  Kulturmaßnahmen 56
Anthroposophische Weltanschauung 101
Antibiotika 95
Antienzyme 44
Antiphlogistische Aktivität 2, 33
Apfelanbau 38, 108
Apfelsäure 27
Apfelsine 48
Apfelsorten 27, 33, 34, 40, 49, 53, 63, 88, 103
  Vitamin C-reiche 27, 28, 29, 30, 33, 34, 40

Vitamin C-arme 27, 28, 29, 30, 34, 63, 88, 103
Aroma 103
　Feines, arteigenes 106
Ascorbinsäure 1, 33, 69, 75, 130, 141
　-Verluste 141, 142
　-Zerstörung 142
Aufgußwasser 76
Aufwärmen 142
Aufwärmverluste 142
Aufwinde 100
Auftauverluste 141, 142
Ausarbeitung, körperliche 138
Auslaugungsvorgang 76
Auswaschverlust 76, 141
Außerhausverzehr 138

Bedarf des Menschen 16
Bedarfswerte 16
Bekömmlichkeitsproblem 137, 138
Beregnen – Beregnung 58, 126
Beregnungsanlage 111
Berieseln 58
Bestandsdichte 58
Bestimmungsmethoden 111
Betonrahmenparzellen 69, 111
Binomialverteilung 83
Biochemische Qualitätsforschung 53
'Biologischer' Anbau 101, 102, 103, 104
Biologisches Denken 106
Biologisch-dynamische Wirtschaftsweise 101, 103, 104
Biologisch-dynamische Selbstdarstellung 103
Biologische Eiweißwertigkeit s. Eiweiß
'Biologisches' Erzeugnis 104, 105
Biologische Milchsäure 140
Biologischer Wert 1, 27, 30, 32, 33, 59, 61, 103, 110
　der Nahrungspflanzen 137
Biotypen 40
Blätter, freiinserierte (Blattpetersilie, Grünkohl) 20, 54
Blattgemuse 20, 22, 148
Blatt
　-mittelrippen 22
　-spreitenfläche 56
　-stiele 56
Blausäureglykoside 44
Blutdruck, systolischer 2, 72
Blutdrucksenkende Eigenschaften 51
Blutplasma 72
Boden(s) 47, 56, 63, 67, 110
　-analysen 110
　-art 32

　-bearbeitung 59
　Humusanreicherung im 113
　-pflege 59
　Pflegemaßnahmen des 101
　Phosphatgehalt im 116, 121
　P-Versorgung des 116
　-reaktion auf 111, 113
　　Sand 111
　　Moor 113
　-Reserve an Phosphat 116
　-qualität 103
　-seegebiet 29
　-trockenheit 67
　-untersuchung auf
　　Pflanzennährstoffe des K, Ca, Mg, Fe, P, S 115, 116, 117, 118, 119, 120
　Versorgungsstufen 118
　Vollmechanische Bearbeitung des 101
　-vorbereitung 58
Bohnen 148
　Brech- 142, 143, 144
　Brech-, Sorten 142
　Busch- 11
　Grune 5, 145, 148
　　Nitratgehalt 145, 148
　　Zinngehalt 145
　Lima- 44
　Phaseolus- 23, 48
　Soja- 44
　Weiße 10, 73, 83
Bombenkrieg 5
Botanische Analyse 84
Botrytis 34
　-befall bei Erdbeeren 106
Brot 5, 11
　-arten 16
　Vollkorn- 7, 10, 16
　Weiß- 7, 16
Bullen, Unfruchtbarkeit 83

Calcium 17, 41, 56, 73, 84, 120
Capsaicin 49
Carcinogene Anti–Substanzen 33
Carotin (Provitamin A) 1, 16, 17, 25, 30, 49, 51, 54, 56, 69
　Ausnutzungsfähigkeit 1
　– in Aprikosen 35
　– in Möhren 1, 25, 30, 33, 35, 89
　-gehalt 16, 31, 41, 49, 53, 55, 89
　-synthese 88, 90
Cellulose 7
Cerealien 4, 7
Chemische Industrie 38, 39
Chlorid 16, 72

161

Chlorophyll, Gesamt- 54
Cholesterin 8
  Serum – 72
Cholinesterase-Hemmer 43, 44
Chromosomensatz 40
Corticoid-Therapie 73

Dämpfen 140
Darm
  -passage, Dauer der 10
  -peristaltik 7
Dehydroascorbinsaure 33
Demeter-Ware 104
Deutsches Lebensmittelrecht 105
Diät für Nierenkranke 23
Diät im Kinder- und Erwachsenenversuch 22
Dickdarm 8
Dithiocarbamate, Toxische Sekundärwirkung durch 148
Dosenabfüllung 76
Dosenerzeugnisse, unerwunschte, natriumreiche, und kaliumarme 143
Dosenkonserven 141, 142
  mit vorausgehender Wasserblanchierung 148
Dosenkonservieren 142, 143, 145, 148
  Konventionelles 148
Dünger 38
  Organischer 59
  Rein-organischer 115
  Organischer Nitrat- (Guano) 103
  Mineral- 87, 101
  Mineralischer 115
  Mineralischer Nitratdunger 103
  – Schwefelsaures Kali 103
  Phosphat- 103
  auf verschiedenen Bodensubstraten
    Sand, tertiarer 111, 112, 113, 116, 117, 118, 119, 120, 121, 122, 123, 127, 128, 129, 130, 132, 133, 134, 135, 136
    Hochmoorboden 111, 112, 113, 116, 117, 118, 119, 120, 121, 122, 123, 127, 128, 129, 130, 132, 133, 134, 135, 136
Dungern
  Langzeitversuche mit verschiedenen 110
  Verbrauch an Mineral- 61
Dungung 2, 58, 59, 63, 67
  organische 68, 83, 103, 110, 120, 131, 135
  Organisch-mineralische 61
  Organische, mineralische, kombinierte 111

  Kombinierte 113
  Biologisch-dynamische 113
  Biologisch-dynamische (ungewöhnliche hohe) 115
  Mineral- 59, 61, 113
  Stallmist- Überlegenheit der 133
  Stickstoff- 56, 67, 69, 83
  Stickstoff- negativer Einfluss auf Eisengehalt 130
  Steigende Stickstoff- (N-) 18, 84, 141
  Stickstoffüber- 49, 63, 67, 69
  Intensive 69
  Über- 58, 67
  Phosphat- 116
Düngungs-
  -maßnahmen, 41, 80, 148
  -Eskalation der 87
  -stufen 22
  -stufen (Stickstoff) 69
  -reihen 111
  -verfahren, Wertstofferhöhende 139
  -Grossversuche in Grossbeeren 110
  -Versuche, 12 jährige 110
  -Varianten mit
    Biologisch-dynamischem Kompost 111, 113, 115, 116, 117, 118, 119, 120, 121, 122, 123, 127, 128, 129, 130, 131, 132, 133, 134, 135, 136
    Stallmist 58, 83, 111, 113, 115, 116, 117, 118, 119, 120, 121, 122, 123, 124, 125, 127, 128, 129, 130, 131, 132, 133, 134, 135, 136
    Stallmist + NPK 84, 111, 113, 115, 118, 119, 120, 121, 122, 123, 124, 125, 127, 128, 129, 130, 131, 132, 133, 134, 135, 136
    NPK 84, 101, 111, 113, 117, 118, 119, 120, 121, 122, 123, 127, 128, 129, 130, 131, 132, 133, 134, 136
Dunsten 140

HEAS-Index 18, 20, 22, 54, 69
EG-Qualitätsnormen (EG-Gütenormen) 25, 33, 37, 38, 47, 49, 51, 61, 63, 103
Einfuhrzertifikat 37
Eingeborene Afrikas 10, 22
Einheitsgeschmack (Gemeinschaftsverpflegung) 139
Eintopf
  Gemüse- (Quer durch den Garten) 5, 138, 143
  -gerichte 23, 74
  -kost (Hülsenfrüchte) 10
    Kalium- und rohfaserreiche 10
  -Mahlzeit 143

Einwirkung von Hitze 144
Einwirkung von Alkali 144
Eisen 56, 120, 130, 145
Eisen-Korrosion 148
Eiweiß 2, 4, 5, 6, 67, 137, 143, 145
  -bedarfswerte 23
  -bilanz 22
  -bildung 18, 67
  -körpern, Additive Schaden an 145
  -luxus 137
  -mangel 4, 6
  -mast 5, 137
  -qualität 20, 47, 54
  -qualität, Aufwertungen der 22
  – Schädigung 144, 145
    durch Hitzeeinwirkung 144
      Chemische Zusätze 144
      Thermische Prozesse
      ($> 100\,°C$) 144
  -stoffe, Verarbeitete 144
  -träger, hochwertiger 140
  -verdaulichkeit, Verringerung der 145
  -versorgung, optimale 4
  des Volleis 49
Eiweiß (Protein)
  Biologische Wertigkeit von (Proteinen)
    4, 18, 20, 44, 47, 49, 64, 69, 131, 144
  hoher biologischer Wertigkeit 140
  Biologische Wertigkeit von pflanzlichem
    18
  Bedeutung von Pflanzen- 18
  Pflanzliches 11
  Wert von pflanzlichem 11
  Mais- 47
  Nicht- 18
  Rein-... Gehalt 18, 64
  Übermass an 5
  Tierisches 5, 10, 11, 18, 49
Eiweißgehalt 18, 64
  Relativer 18, 20, 54, 64, 136
Elektrokardiogramme, abnorme 2, 72
Energiekrise 38
Enzyme 45
  Anti- 44
Enzym
  -aktivierung 73
  -hemmer 44
  -insuffizienz 137
  -inaktivierung 45
Erbsen 51, 73, 74, 141, 148
  Pflück- 75
  Konserven- 142
  Reife 10, 16, 73, 83
  Wertstoffschonende Purierung 138
Erbspuree 138

Erdalkalimetalle 73
Erdbeeren 34, 106, 139, 141
Erdbeersorten 34
Ergebnisse, Aussagekraft unserer 126
Erkältung 41
Erkenntnisse, Agrarbiologische 87
Ernahrung 42
  Pflanzenbetonte 5
  Gesunderhaltende 1
  Kleinkinder- 33
  – des Kleinkindes 30
  – von Kleinkindern 41, 88
  Kinder- 27
  Mangel- 149
  Kriegs- 6
  Vollwertige 48
  Über- 7, 10
Ernahrung(s)
  -erfolg bei Säuglingen 125
  -forscher 5
  -gewohnheiten, Amerikanische 8
  -Großexperiment, Unfreiwilliges 8
  -Kommission, Eidgenössische 104
  -leukozytose 2
  Menschen-Versuch 137
  -physiologische Aspekte 11
  -physiologische Bewertung 103
  -physiologische Qualität 59
  -physiologische Wert 1
  -versuche (Säuglinge) 135
  -versuche mit Erwachsenen 23
  -weise 10
    rohfaserarme 10
    eiweißreiche 10
    fettreiche 10
Ernte
  -anteil an grossen Fruchten 47
  -mengen, Höhere 113
  Mechanische 48
  -zeitpunkt 58
  -weise 58
Ertrag 64, 106, 110, 135
  Gesamt- 47
  Mehr- 115
  Hochst- 101, 102
Erträge 127
  Düngungsbedingte 127
  12 jährige Gesamt- 127
  Hektar- 121
  Hohe 63
  Optimale 135
  Hochst- (Maximal-) 48, 59, 69, 101,
    109, 121
Ertrags
  -abfall auf Sandboden 121

-bildung 110
-faktor 62
-fordernde Eigenschaften 63
-hohe 61
-hohe, Kausalitat der 111
Maximierung des 47
-steigerung 63
-werte 63
Erzeugnisse
   Pflanzliche 73
   Generative 83
   aus organischem Anbau 104
   Vorfabrizierte, veredelte 138
Erzeugungskette 4
Essensgewohnheiten 7
Essentielle Aminosauren 18, 20, 64, 69, 129, 130, 144, 145

Fakalien 58, 88
Farberhaltung 75
Farbstoffe, Semi-essentielle Pflanzen-139
Fett 2, 4, 6, 7, 10, 137
   -ration 6
Fette 4, 11
   Verborgene 4
Fermentationsprodukte 140
Fermente
   Aktivierung der 73
   Inaktivierung der 140
Fertilitätsabfall 14
Fertiggerichte 63
Flavonole 139
Flavonoide 2, 33
Fleisch 4, 18
   -konsum 4
Food and Drug administration (FDA) 48, 49
Folgekulturen
   je Vegetationsjahr 127
Fremd
   -befruchter 40, 61
   -geruch und -geschmack 37
Frucht-
   -folgen, Krankheits- und schädlings-abweisende 106
   -gemuse 18
   -wechsel 58, 127
Futterruben 127

Gärprodukte, Milchsaure 140, 142
Gallensauren 8
Gallenwege 6
Garmachen 139, 143
Garkochverluste 142
Gefriererzeugnisse, blanchierte 141

Gemuse 2, 18, 35, 59, 143
   -arten 51
   -bau 69
   -beigabe 138
   Frisch- 1
   -fruchte 22
   Gedünstete 137
   Grob- 5
   Wurzel- 20, 148
Gen-Mutation 40
Geschmack 33, 48, 103, 106
   Bitterer 49
Geschmacks
   -bewertung 35
   -einbußen 76
   -ruckgang 64
   -teste 35
   -unterschiede 52
   -verbesserung 75, 76
   -verlust 106
Gesund
   -erhaltung 25, 48, 51, 103
   -erhaltende Eigenschaften 2
Große 38, 63, 101
   Maximale 63
   Über- 63
Groß
   -knospe 20, 51, 54
   -kuchenverpflegung 63
   -verteiler 29
Gute
   -garantie 32
   -normen 38

Hackfruchte 58, 59
Hamoglobin-Synthese 145
Handels
   -klassen 25, 31, 51, 61
     -bewertung 25
     Kritik an 33
   -qualitat 32
   -sorte 29
   -wert 25
Hepatitis epidemica 5
Herzkranzgefäße 7
Himbeeren 141
Hitzeeinwirkung 44
Hulsenfruchte(n) 5, 11, 16, 57, 137, 138
   Reife 10, 17, 18, 24
   Verzehrsruckgang bei reifen 10
Humus 113
   -anreicherung 113
   -bestimmungen 111
   -gehalt 110

Hungers
 -nöte 4, 90
 Bekämpfung des 63
Hypertoniker 74

Idealgewichts, Erhaltung des 51
Infektionskrankheiten 6
Innere Bedingtheit 63
Ionen-Antagonismus 73

Joule (s. auch Kalorien) 1, 11, 16, 24

Kali 64, 116, 120
 -gaben 64, 80
Kalipenie 73
Kalium(s) 2, 5, 11, 72, 75, 83, 84, 118, 120, 121, 142
 -bedarfswert 16
 -gehalt 11, 73, 80, 83
 -mangel, akuter 73
 Metabolismus des 73
 /Natrium-Metabolismus 73
 in der Pflanze 121
 -Kurven 120
 -reiche Erzeugnisse 17
  Reife Erbsen 17
  Weisse Bohnen 17
 Rolle des 72
KCl 2, 73
K-Ion 73
K/Na 72
 -Verhältnis 11
Kalorie (Kalorien) (vgl. auch Joule) 1, 11, 16, 23, 51, 137, 143
 Ausrichtung auf 1
 -arm 12
 Gesamt- Bedarf an 138
 -Gehalt 23, 55
 -Träger 23
Kalorische Betrachtung 6
Kartoffel(n) 2, 4, 5, 11, 16, 18, 22, 23, 27, 31, 41, 43, 44, 47, 49, 51, 59, 63, 64, 73, 106, 127, 137, 143
 -Verarbeitungsprodukte 48
Kirschen 35, 47, 52
 -sorten 52
Kleinkinder 56, 135
Kleinstkinder 69
Klima 47, 56, 67
 -Kammer-Versuche 67, 68
Klinischer Wert 2
Kochen, Auslaugendes 73
Körper-Natrium, Austauschbares 72
Körperliche
 Beanspruchung 10

Bewegung 6
Koch
 -salz 16, 72, 73, 76
 -salzbetonte Lebensweise 2
 -technik 45
 -verfahren 143
Kochwassers
 Mitverwendung des 140, 143
 Verwerfen des 73
Kohlenhydrat(e) 2, 5, 139, 143
 Losliche 139
Kohlenhydratträger 5
Kolon 9
Kopf
 -bildung 22, 54
 -salat 21, 127, 139
 -schluss 22
Konserven, Gemüse- 74, 75
Konservieren 137
Konservierung(s) 2
 Naß- 48, 138, 140
 -prozess 74
 -prozess, brutal 142
 -verfahren 143
Kosmetik 25, 38, 97, 104, 144
Kosmetische Mittel 97
 Ausfärbehilfen 104
 Attraktive Fruchtfarben 97
  durch Captan 39, 104
  Pomarsol forte 39
  Tuzet 39
Kräuterextrakte 103, 115
Krebs 7
 -auslosender Faktor 9
Kriegs-
 -ernährung, Pflanzenbetonte 6
 -zeiten 4
Kropfvorkommen 45
Küchenkräuter 2
Kultur
 -maßnahmen 27, 57, 59, 63, 69
 Vielseitige 87
 -pflanzen 40

Lagern, Längeres 139
Lagerung 67
Lagerfähigkeit 64
Lagerhaltung, bessere 97
Lebens
 -alter, Mittleres 2
 -dauer 72
 -gemeinschaft, gesamte 99
 -mittelüberwachung, Stark überforderte 109
 -mittelverordnung 104

-unterhalt 6
Leber 7
Leitungswasser 76
Licht 51, 59
  -ausschluß 20, 54
  -intensitat 67, 68
Lignin 7
Linsen, 17, 138
Lithocholsaure 8

Magnesium 73, 84, 115, 120
  -gehalt 64, 83, 116, 118, 119, 120, 121, 122, 123
Mais 23, 47
  -anbaugebiete 23
  -keimol 17
  -kost 23
  -Sorten 47
Mandarinen-Fruchtsafte 145
Mangan 84
  -gehalt 120
Mangel
  -ernahrung 6
  -ernahrte Kinder 23
  -zustände 72
Maschinelle Grossverteilung 101
Massenauswanderung(en) 4, 90
Mastdarm 8
Menschen, Versuche am 149
Methamoglobinamie 62, 69
Mikroklima 57
Mineralstoff(e) 2, 6, 11, 25, 51, 76, 111, 120, 138, 139, 141
  -angebot 120
  -aufnahme 120
  -gehalte 16
  in ihrer naturlichen Korrelation 143
  -verluste 143
  -Zusammensetzung, Naturliche 143
Mischproben 111
Mohre(n) 1, 2, 5, 11, 20, 22, 27, 30, 32, 35, 40, 48, 49, 50, 51, 55, 64, 68, 88, 127, 138, 140, 142, 145
  -milch 1
  -problem 88
  -sorten 31, 33, 53
  -sorten, Carotinreiche 55
  -zuchtung 31
Modifikation
  Standort- 47
Monokultur 88
Moorboden 57
Moor
  Hoch- 111
Morphologische Zugehorigkeit 127

Muskelschwäche 72
Mutation 47, 48
Muttermilch 18, 91

Nachkommen 40
  -schaftsschäden 91
NaCl (Kochsalz) 2
  -gaben 72
Na-Ion 72
Nahrmittel 4, 5
Nahrwertes, Maß des 1
Nahrung 63
  Fett- und cholesterinhaltige 8
  aus frischem Obst und Gemüse 148
  Rohfasergehalt der 140
Nahrungsmangel 4
Nahrungsmittel
  Hochwertiges 4
  Industriell verarbeitete 138
  Qualität pflanzlicher 24
  Tierische-Produkte 4, 7, 10, 16, 17, 73, 93
    Überwertung der tierischen 1
  Verfeinerte 138
Nahrungspflanzen 73
Nahrungsproduktion, Tierische 4
Natrium 2, 16, 72, 73, 84, 120, 131
  -gehalte (hohe) 73, 74, 83, 120
  Korper-
  -Metabolismus 73
Nematoden, Getreide- 84
Nephrolithiasis 43
Niacin 17, 23, 47
  -gehalt 16
Niederschläge 67, 125
Nierenerkrankung 72
Nitrat(e) (auch NO_3) 18, 49, 56, 130, 136, 141, 145
  -stickstoff (auch -N) 64, 67, 75, 116
  -bildung 67, 69
  des Fullguts 148
  -Gaben, Feldversuche mit steigenden 148
  -Gehalte 67, 69, 88, 141
  -reicher Spinat 62
  -reduktion 63, 68
  Reduktionsprodukt von 145
  Toxisches 49
Nitrit 69, 145
  -bildung 67
  -vergiftung 68
Nitrosamine, Krebserregende 63
Notzeiten 4

Östrogenhaltige Nahrungsmittel 44

Obst 11, 18, 34, 143
 -arten 73
 Frisch- 137, 148
Obstipationen 10
Organische Substanz 115
Osmotisches Gleichgewicht 72
Oxalsäure/Oxalat 41

Parzellenbewässerung, Gleichmassige 111
Pektingehalt 30
Pellagra-Erkrankungen 23
Pellagragebiete 47
Pentosane 7
Peroxydase 61
Pfirsiche 35
Pflanzenbestandteile, N-haltige 20
Pflanzeninhaltsstoffe 91
 Nichtkalorische 7
 N-haltige 20
 Organische 120
Pflanzenkost (Pflanzliche Kost) 5, 11
 Rohfaserreiche 7
Pflanzenkrankheiten 47, 87
Pflanzenschädlinge 87
 Resistenz 33, 52, 104
  -eigenschaften 52
  Teil- 33, 35
 Zunahme von Pflanzenkrankheiten 86, 87
 Bekämpfung der 32, 33, 47, 88, 97
Pflanzenschutz 59, 84, 88
 Biologischer 109
 Chemisch-ökonomischer 106
 Integrierter 38, 84, 98, 103, 104, 106, 107, 108, 109
  Schadensschwelle 104
 Ökologischer 98
 Bekämpfungsmethoden 109
  Lagerschorfspritzungen 97
  Pestizid 101
   -applikation 101
   -verspritzung 99
    durch Hubschrauber 99
     Flugzeugversprühte Pestizide 100
     Umweltkontaminierung 99, 100
Pflanzenschutzmassnahmen
 Eskalation der 87
 Chemische – bei ANOG-Kultur 104
Pflanzenschutzmittel = Pestizide 33
 Akarizide 97
 Fungizide 97
 Herbizide 67, 68, 69, 87, 92, 98
 Insektizide 92

Pestizide 33, 38, 84, 87, 88, 92, 98, 101
 Akarizide 97, 103
 Fungizide 38, 97, 103,
 Pentachlornitrobenzol (Quintozen, Brassicol, KP2) 91,
  Mutagene, teratogene, carcinogene Eigenschaften 91
  Verunreinigung: Hexachlorbenzol 91, 93, 96
  Hexachlorbenzol (HBC) 91, 93, 96
   -relativ hohe Mengen in Muttermilch 91, 93
   -relativ hohe Mengen in Fasanen 91
 Herbizide und Wachstumsregulatoren 67, 68, 69, 87, 91, 92, 97, 98
  Äthylenchlorhydrin und Chloralhydrat 97
  Bildung körpereigener Glykoside bei Gladiolen, Kartoffeln und Tabak 97
  Atrazin 97
  Chemotherapie 98
  Chlorcholinchlorid (CCC) 91
   Rückstände 91
  β-Indolylessigsäure 91
  Derivate der Phenoxyessigsäure 91
  2,4-D 67, 68, 91, 99
   im Getreidebau 99
  MCPA 99
  2,4,5-T 99
   im Getreidebau 98
   im Forst 98
  Einsatz der 69, 98
   Konventionell mit Bodengeräten 99
   Folgen:
    Umwelt-Kontamination 99
    Verkruppelungen an Ahorn, Ölfruchten 99
    Rotklee 99
    Durch Abtriften bei 99
   Hubschrauberspritzung 98
    zur Bekämpfung des Unwuchses 98
    im Forst mit 2,4,5-T 99
    Folgen:
     Kontaminierung von Him- und Brombeeren, 98, 99 sowie von Hutpilzen 99
     Schaden bei Bienenhaltung 99
     Mißwuchs 99
     Unwuchs 98
     Abtriften 99

167

Nachkommenschaftsschäden 91
Sicherheitsabstände 100
Insektizide
Anreicherungs
-kette 93
-toxizität 93
Anwendung
-präventive 106
Gesetzgeber 97
Höchstmengenverordnung 32
Zulassungsprufung 98
Karenzzeiten 98
Toleranzen 99
Grenzkontrolle 35
Interaktionen 91, 97
Chemische 97
Kumulierungseffekt 95
Leben und Gesundheit der
Warmbluter 103
Lebensmittel
-kontrolle 32
-überwachung 32
Ruckstande (Pestizide) 32, 95, 96
in Muttermilch 91
Toxische 93
Ruckstands
-analysen 36
-freiheit 103
-probleme 85
-werte 99
Potenzierungen 91, 96
Toxische(r)
Metaboliten 97
Nutzen/Schaden-Effekt 92
Probleme 91
Spatwirkung 92
Mutagene 92
Teratogene 92
Carcinogene 92
Toxikologische
Einzelprufungen 97
Praxisfremde – Prufung 91
Toxizitat, chronische 92
Umwelt
-belastungen 98
-Kontaminationen 99
-probleme 98
-schonung 98
-verschmutzer 84
Organochloride (Chlorierte Kohlenwasserstoffe, Chlorierte Insektizide) 32, 88, 92, 93, 95,
Einfuhr von Kontaminierten
Nahrungs- und Futtermitteln aus

den Tropen und Subtropen 93
Kraftfutter 95
Ölpresskuchen 95
Milchvieh 95
Mutterkühe 93
DDT-angereicherte Milch 93
Kälber 93
Nervenschäden 93
Kuhmilch 93
Frauenmilch 93
Heptachlor 32
Hexachlorcyclohexan (HCH) 93
Lindan 88
Organophosphor-Insektizide (Phosphorsäureester) 44, 95
Bromophos 103
Diazinon 103
Malathion 103
Parathion (= E605) 96
Potenzierung der Toxizität bei gleichzeitiger Anwendung z.B. von Atrazin (Herbizid) 97
Persistente Umweltchemikalie (kein Pestizid) 93
Polychlorierte Biphenyle (PCB) 93, 96
Rückstände in Lebensmitteln 95, 96
Pflanzenstoffe
Kropferzeugende 44
Pflanzenzüchter
Amerikanische 48
Bemuhungen der 148
Pflanzenzüchtung 59
Phänotypische Merkmale 63
Phosphat 64, 121
Phosphorsäure (P) 82, 116, 120, 141
Phytophthora infestans, Befall durch 4, 90
Polyploidie 40
Präventivmedizin 10
Probeentnahme 45
der Ernteprodukte 110
Protein (Proteingehalt) s. Eiweiß

Qualität(s) 27
-begriff 25
-bewertungen 24
-eigenschaften 24
Ernahrungshygienische 87
Erzeugnisse für Spezialanbaugebiete, Markt- 106, 134
-Merkmale 64
Erhaltung äußerer – 141
-normen 37
-normierung 39
-schema 27, 31

-schützer, USA 48
Standortgerechter – Anbau 57, 106, 109
-überwachung 37
-ziel. Wünschenswertes 141
-zuchtung 55

Ratten 2, 10, 72
-wachstum 145
Rekonvaleszente 135
Riesel
  -feldanbau 64
  -feldkultur 63
  -wasser 88
Rinderfilet 17
Rohfaser 5, 6, 7
  -gehalte 10
  -reiche Kost 10, 11
Rückresorption 72
Ruderalpflanzen 68

Säuglinge 56, 135
Sand 113
Sauerkraut 138, 140, 142
Schädlingsbefall 47
Schälen 142, 147
Schadstoffe 41, 48, 56, 131
  Freie Aminosäuren 131, 136
  Natrium 131
  Nitrat 131, 136
Schadstoffgehalte 131
Schlachthofabfälle 103, 115
Schwefel 51, 54, 145
  -gehalt 145
  kohlenstoff 148
Schwerarbeit 6
Sektorialmethode 45
Sellerie 2, 51, 59, 127
  -knollen 61
  Knollen- 45, 64, 120, 121
  Suppen- 120, 121
Skorbutschutz 1
S-Nitroso-Derivate 145
Sodalösung 76
Solanin 43, 48, 49
  -gehalt 43
  Kartoffel- 43
Sonnen
  -lichteinwirkung 39
  -scheindauer 67
Sortierung, Größen- 61
Speizesalz 2
Spurenelemente = Spurenstoffe 2, 5, 6, 16, 25, 51, 67, 138, 139

Standards 25
Standort 68
  -faktoren 61
  -wahl 41, 57
Stallmistkompost 103
Sterilisierprozeß 142
Stickstoff 51, 62
  Gesamt- 64, 69, 115
  -problem 63
  Schädlicher 64
  Steigende – Gaben 61
  Steigerungsversuche 68
  -überdüngt 106
  -verbrauch 62
  -versorgung 131
  -zufuhr, Reichliche 64
Stress 6
Stuhl 8

Taurodesoxycholsäure 10
Technologische Einbußen 2
Temperatur(en) 59, 63, 67, 141
  extreme 57
  Gar- 139
  -hohe 67
Therapeutische(r)
  -Eigenschaften 2
  -Wert 103
Tiefgefrieren 48, 140, 141, 142, 143, 148
Tiefgefriererzeugnisse 143
  Ernahrungsphysiologische Überlegenheit der 143
Transport 67
  -festigkeit 48
Trophische Aufwertung 49
Trypsin
  -Hemmer 44
  -Inhibitoren 44
Toxische Inhaltsstoffe 45
Tumorfördernde Wirkung 10

Überbewertung der tierischen Nahrungsmittel 1
Umwelt 40, 50
  -bedeutung 98
  -bedingungen 31
  -faktoren 49
  Geologische 138
  Risiken für die 103
Unterbewertung der pflanzlichen Nahrungsmittel 1

Verarbeitungsprozesse 137

Verbraucher(s) 32, 39
 -bezogene Vorschläge 39
 -erwartung 105
 -feindliche Massnahmen 38
 Interessen des 38
 -schutz 36
Verdaulichkeit-
 'In Vitro' 148
Verluste
 an lebenswichtigen Vitaminen und Mineralstoffen 139
 Vermeidbare 139
 an wasserloslichen Bestandteilen 139
Vergiftungsfälle 69
Verpflegung
 Gemeinschafts- 137
 Kantinen- 137, 138
Verweildauer des Stuhls 7
Vitamine 16, 51
 Vitamin A 1, 30
  -Mangel 23
  -Praparate 1
  – Substitution durch Möhrenmilch 1
  -Versorgung des Sauglings durch Mohren-Carotin 1
 Vitamine der B-Gruppe (des B-Komplexes) 5, 76, 139
  Gehalte 16
  Mangelkrankheit 23
  Verluste 143, 144
   Vitamin B_1 17
    -Unterbilanz 137
   Vitamin B_2 17
   Vitamin B_{12} 17, 140
   Vitamin B-Konsum 43
 Vitamin C 4, 5, 16, 17, 25, 33, 34, 38, 41, 51, 54, 76, 88, 139, 140, 141, 143
  -arm 35, 52, 58
  -bedarf 24, 27
  -gehalt(e) 5, 16, 27, 34, 35, 39, 49, 51, 52, 53, 54, 106
  -reich 27
  -verluste 140
  -Werte 52
Vollgetreideverzehr 137
Vorfrüchte 58
Vorfruchtwahl 58

Warmhalten 139
Wasser(s) 63
 -abgabe 73
 -aufnahme 73
 -enthartung 138
 Härtegrad des 138
 -haushalt 73

Trink – beschaffenheit 138
Weiches 138
Weichheitsgrad des 138
 -versorgung 64, 67
Weißmehl
 -verbrauch 137
 -produkte 137
Weißzucker-Verbrauch 137
Werkskantinen 137
Wertgebende Pflanzen-Inhaltstoffe, 16, 27, 41, 49, 52, 53, 56, 59, 64, 110, 111, 127, 132, 133, 137, 139, 141, 148
 Zuchtung auf 47
Wertminderung
 beim Zubereiten und Garen 139
 Erhebliche 139, 140
 Ernährungsphysiologische 144
Wertstoff(e)
 Anorganische 2
 -gehalte 2, 38, 49
 -schonende Verfahren 140
 -verluste 141
Wiederaufwärmen 140
Winterlagerung 64
Witterung(s)
 Jahres- 110
 -verhältnisse 125
 Variation der – -verhaltnisse 126
 -verlauf 67, 110
Wirkstoffe 1
 Lebensnotwendige 2
Wohlbefinden 103
Wohlgeschmack 103
Wurzen, Starkes 73

Zink 67
Zinn 145
 -gaben, Hohe 145
 -gehalte, Düngungsbedingte 145
 -korrosion, Anzeichen einer 148
 -korrosion, in der Dose, Düngungsabhangige 148
 -Phänomene 145
 -Vergiftung, akute 145, 148
Zivilisationskost 2
Zivilisationskrankheiten 5, 6, 7, 10, 73, 83, 98
 Förderung verschiedener 148
 Ruckgang der 143
 Verdauungskrankheiten 6, 7, 43,
Zubereitung
 in der Grossküche 139
 Art der 148
 Schonende Verfahren der 140
Zuchtung(en) 55

auf wertgebende Bestandteile 47, 148
Neu- 27, 48
Züchtungsmassnahmen 139

Zuchtziele, Wirtschaftliche 47
Zusatz roher Gemüse 140
Zwiebel(n) 2, 51, 148

Tabelle 2. Statistische Feststellungen und empirische Tatsachen über die Signifikanz von Z Ernährungsformen pflanzlicher und tierischer Herkunft sowie mit deren typischen chemische

Kontinent (Land)	Art der Zivilisations- krankheiten	Zivilisationskrankheiten traten bzw. treten mehr oder w			
		nicht auf	auf	nicht auf	
		Signifikanz*			wenn c
		1 während des 2. Weltkrieges	2 Vor u. nach dem 2. Weltkrieg (1952 bis heute)	pflanzlichen Erzeugnissen wie während des 2. Weltkrieges	

Europa (Deutschland) (Schweiz)	1. Diabetes	(——)	2. (+++)	Kartoffeln
	2. Arthritis	(——)	5. (++)	Gemüse
	3. Gallen- und Leber-Erkrankg.**	(——)	3. (+++)	Hülsenfrüchte Teigwaren einzeln oder als 'Eintopf'.
	4. Magen-Erkrankg.	(——)	4. (+++)	
	5. Herz- u. Kreislauf-Erkrankg.	(——)	1. (+++)	
	6. Appendicitis	(——)	6. (++)	Brot, Obst.

Afrika	3	4	* Signifikanz: (++
Art der Zivilisations- Krankheiten	In Afrika lebende Afrikaner* (Eingeborene)	Europäer (Fremde)	oder Verzehr (++ (+– (—— (——
1. Erkrankung der Herzkranzgefäße	(———)	(+++)	
2. Dickdarmkrebs	(———)	(+++)	** Ausgenommen: I
3. Nicht krebsartige Tumoren im Dickdarm	(———)	(+++)	* die sich von ihrer r Entwicklungsländern
4. Appendizitis	(———)	(+++)	
5. Gallenblasenerkrankg.	(———)	(+++)	
6. Diabetes	(———)	(+++)	
7. Karies	(———)	(+++)	
8–12 Weitere Zivilisations- krankheiten	(———)	(++)(+++)	

onskrankheiten im Vergleich mit verschiedenen
ndteilen.

	auf		nicht auf	auf	nicht auf
rung hauptsächlich besteht aus			wenn in den hauptsächlich verzehrten Nahrungspflanzen (wie experimentelle Untersuchungen während und nach dem 2. Weltkrieg zeigten) die Gehalte an		
er- hr*	tierischen Erzeugnissen wie vor und nach dem 2. Weltkrieg	Ver- zehr*	Rohfaser, Vitaminen, Flavonoiden, Linolsäure, Kalium, Magnesium, Eisen und Spurenelemente, Äther. Öle mit mehr oder weniger antimikrobieller Wirkung, die die Verdauung positiv beeinflussen		gesättigten Fetten, tie Proteinen vermischt Fett, Stärke und Zuc
+)	Fleisch u. Fleisch- produkte wie Wurst u.s.w. Geflügel, Eier u. Eierspeisen, Fett, Butter, Milch u. Milch- produkte Fisch u. Meeres- erzeugnisse. Zusätzliche pflanzl. sog. Veredlungs- Produkte: (Frites, Sticks, Chips). T.V. Snacks: z.B. gesalzene Erdnüsse.	(+++)	hoch sind	unwesentlich sind	durchschnittlich (normal) sind

von großer Signifikanz
signifikant
durchschnittlich
nicht signifikant
ohne Bedeutung

e Hepatitis
n, rohfaserreichen Kost ernähren. 'Diese Krankheiten sind noch, oder waren bis vor kurzem, in ländlichen Gegend
bekannt.' (40)

nach W. Sch

auf

-ischen
mit
ker

och
ind

n von

phan

Tabelle 8. Zusammenstellung über die prozentualen Wertstoffgehalte der Gemüse im

Nährungspflanzen	Trock.-substanz	Kalorien nach Schall-Heisler	Rein-eiweiß- (Reineiweiß-N × 6,25)	Ges.-N	Rein eiwe N
	in % des Fr. Gew.	in 100 g Fr. Subst.	in % des Frischgewichtes		
Blattgemüse	12,4	32	1,7	0,396	0,27
Knollen- u. Wurzel-gemüse einschl. Kartoffeln	14,0	49	0,6	0,269	0,10
Hülsenfrüchte					
a) reif (Korn)	86,2	338	21,2	3,872	3,38
b) unreif (Korn)	24,8	77	3,5	0,941	0,56
c) Hülse + Korn	12,4	58	1,3	0,343	0,20
Fruchtgemüse (einschl. Erdbeeren)	8,3	24	0,4	0,159	0,06
Lauchgemüse	11,6	49	0,8	0,267	0,12
Blüten- Stengel- und Sproßgemüse	7,8	18	0,6	0,179	0,09
Gemüse (insgesamt)	22,2	81	3,8	0,803	0,60
Gemüse (insgesamt, aber ohne reife Hülsenfrüchte)	13,1	44	1,3	0,365	0,20
Getreide (z. Vergleich)	88,7	346	9,4	1,660	1,50

(I) = Schwefelhaltige ätherische Öle (Derivate der Isothiocyansäure und der Merkap
(II) = Nichtschwefelhaltige ätherische Öle terpenartiger Natur, bei Möhren in mg/1(

ch zum Getreide.

rel. Eiw. gehalt Reineiweiß- in % des Gesamt-N)	Ges. Zucker	Mono- saccha- ride	Di- saccha- ride	Carotin (Pro- vitamin A)	Vitamin C (Ascorbins. teils + Dehy- droascor- binsäure)	Ätherische Öle
				in mg/100 g des Frischgewichtes		
65	2,4	1,7	0,7	1,94	74	9,0(I) 9,4 (II) 11,6(II) (Sellerie)
37	4,4	1,8	2,6	9,11*	26	23,6 (I) 15,0 (II) 2,6(II) (Sellerie)
88	4,5	3,0	1,5	—	Spuren	?
60	3,8	0,5	3,3	0,36	26	?
61	2,2	2,0	0,2	0,11	20	?
41	3,3	3,1	0,2	0,91	71	?
48	5,5	2,6	2,9	0,43	24	20,2 (I)
54	2,1	1,9	0,2	0,03	27	10,1 (I) 3,8 (II)
57	3,5	2,1	1,4	1,61	34	1,76(I) 9,10(II) 7,1 (Sellerie)
52	3,4	2,0	1,4	1,84	38	15,7 (I) 12,0 (II)
90	2,9	1,3	1,6	—	2	— —

* Nur Möhren, sonstige höchstens Spuren
Knollensellerie in ccm $KMnO_4$ ausgedrückt

Tabelle 22. 2,4-D. Wirkung und Nebenwirkung. Besonderheiten von 2,4-D: Extrem nied
Anwendung kann auch nicht behandelte Nahrungspflanzen je nach Windstärke in einer

Erwünschte Wirkungen als Wachstums-Regulator; als Herbizid	2,4-D-Behandlung verursacht in Pflanzen			Möglich
1. Wachstums-Regulator in niedrigen, bis zu extrem niedrigen Konzentrationen 2. Herbizide: Angriff auf den Sproß, Starke Zellstreckungs-Aktivität. In höheren Konzentrationen Aufhören des Wachstums. Augenfällige Befunde: 2,4-D-Morphosen in Steigerungen bis zur Abtötung	Änderungen in der Zusammensetzung von Kohlenhydraten, Lipiden, organischen Säuren, Alkaloiden, Steroiden, Aromastoffen, Vitaminen, Pflanzenfarb- und Mineralstoffen, Änderungen der Hormongleichgewichte	Beeinträchtigung der Aktivität vieler Enzyme, einschl. der Ascorbinsäureoxidase, der Katalase, der Indolylessigsäureoxydase, der Phosphatase, der Polyphenoloxidase und vieler anderer Enzyme	Abnahme von Rutingehalt in Tomatenblättern und ganz allgemein von Amino- und von Amid-N-Verbindungen	
	(Philip. L. Altman & Dorothy S. Dittmer, 1968) Dies kann zur Bildung nicht pflanzeneigner, chemischer Verbindungen in Nahrungs- und Futterpflanzen führen, die eine höhere Sterblichkeit bei Nachkommen von Wistar-Ratten auslösen. (W. Weinmann, 1958; C. Pätzold & C. Schiller, 1972			

nzentrationen führen zu extrem hohen physiologischen und schädlichen Wirkungen.
ung bis zu 1.500 m mitkontaminieren.-LD50 (oral) = 375–500.

irkungsweise

hren für Tier und Mensch

		via 2,4-D-behandelte Nahrungspflanzen bzw. tierische Gewebe	
ng	Steigerung der	durch	
		Mutation Modifikation	Übermäßige Nitrat-Anhäufung
gly- er gs- y en- Auf- al- Ei- n-	m RNS & Ribosomen RNS-Synthese und folglich der Protein Synthese.	auch in Embryonen bei der Samenbildung mit physiologischen Folgeschäden bei der Pflanzenentwicklung. (B. Haccius & G. Frey, 1965). (Stimulierung der DNS-Synthese in Zellkulturen von embryonalen Hühnchen-Skelettmuskeln durch 2,4-D in praxisüblicher Konzentration: Zelluntergänge mit Chromatineinschmelzung, Kernfragmente, erhebliche Verminderung der cytoplasmatischen Anteile.) (D. Preis, D. Haag & Kl. Goerttler, 1972)	Verstärkung der durch hohe N-Düngung bedingten Schäden: Reduktion zu Nitrit Methaemoglobinämie bei Säuglingen und beim Milchvieh (mögliche Bildung von carcinogenen Nitrosaminen im Verdauungstrakt). (J. M. Way, 1969 und eigene Ergebnisse, unveröffentlicht)

Tabelle 23. Potentielle Förderung verschiedener Zivilisationskrankheiten durch a

1. Abnahme bestimmter Nahrungsbestandteile,	Verschiedene Zivilisationskrankheiten
2. Physiologische Unregelmäßigkeiten,	Übermaß an Düngern
3. Gesundheitsgefährdung,	organischer Herkunft / minera
4. Krankheiten,	**Unvergoren:** N
5. Stress, gefördert durch:	Stallmist und Jauche, verschiedene Komposte, menschl. Fäkalien, Verwendung verunreinigten Wassers für Beregnung

1.) ·)		
Biologische Eiweißwertigkeit	(++)(+++)	(++)
Essentielle Aminosäuren	(++)(+++)	(++)
		Methic
Vitamin C	(++)	(++)
Provitamin A, Carotin		
Äther, Öle (Knollensellerie)		(+++
Kalium	(+++)	(+++
Magnesium		
Mineralstoffe (insgesamt)		
Spurenelemente		
Wasserlösliche Vitamine (insgesamt)		

2.) ·)	Potentielle		
Anstieg von	Bildung		
a) freien Aminosäuren	von ↗	(+++)	(+++
b) Nitrat/Nitrit/Nitrosaminen		(+++)	(+++

3.) ·) | dto ↗
Nitrat/Nitrit/Nitrosaminen
Pestizide
Herbizide
Blei, a)
CO b)
Benzpyren (Kondensierte Aromaten) c)

4.) ·)		
Übertragung infektiöser Krankheiten··)	(++)(+++)	
Kreislauf-Beschwerden }	(+++) (Kleinkinder und Erwachsene)	(+++
Methämoglobinämie }	(+++) (Milchvieh)	(+++
		Nitrat/N

Beeinträchtigung des Nervensystems
Beeinträchtigung der Enzyme
Beeinträchtigung der Blutbildung
Beeinträchtigung der Atmungsorgane
Asthma-Anfälle

5.) ·)

---

* Obwohl ein erwünschter Anstieg des Kaliumgehaltes durch höhere K-Gaben in
·) Signifikanz: (+++) = von großer Signifikanz   (— —) = nicht signifi
            (++)   = Signifikant   (— — —) = ohne Bedeu
            (+—)   = durchschnittlich
··) wie z.B. Bakterien- u. Amöben-Ruhr, Typhus, Infektiöse Hepatitis, Eingewe

ogene Einwirkungen auf Nahrungspflanzen und ihre Umwelt.

potentiell gefördert werden durch anthropogene Einwirkungen auf Nahrungspflanzen und auf ihre Umwelt

Herkunft	Einsatz von bzw. Übermaß an				Emissionen durch	
	Pestiziden		Herbiziden		Industrie	
(K)*	chlorierte Kohlenwasserstoffe	Phosphorsäureester	a) Aminotriazol	a) 2,4-D b) 2,4-T	über Staub-Kontaminierung a) Zement b) Kalk auf Blättern niedergeschlagen	direkt SO_2, Stickstoff-Oxide (NO_x), CO, Blei
	Insektizide					
	a) DDT b) Aldrin Dieldrin c) γ-BHC d) Chlordan	e) Parathion f) Diazinon g) Dimethoat				
	CH_3-Hg	AS				
					a) Spinat Grünkohl	
					a) dto	
	b)c)(+++)		e) (+++)			
(+++)						
					(+++)	
				(+++)		(+++)
	a)b) Metaboliten	e)f)g) Metaboliten		a) Krebs		a) b) c) (+++)
			e) Cholinesterase			(+++) (+++) (+++) (+++)
	a) b) c) d)				(++)	(+++)

ngung erreicht werden kann, nimmt der Magnesium-Gehalt dadurch stark ab. (Zur alimentären Bekämpfung von He

Verkehr (Straße)	
über Kontaminierte Nahrungspflanzen (Grünkohl, Salat)	direkt Oxide einschl. O_3, NO_2, Blei, CO Kondensierte Aromaten

) c)

(+++)

(+++)
(+++)
(+++)
(+++)

(+++)

zerkrankungen essentiell).

nach W. Schuphan

Tabelle 27. Moor. Fen. Stallmist im Vergleich mit Biologisch-Dynamischer Düng
Inhaltsstoffe. Valuable Plant Constituents.

Düngermenge Amount of Manure	Gemüse Crops		Ertrag Yield 100 kg/ha
Stallmist Stable Manure 300 dz ⎫ 30000 kg ⎭ ha	Früh-Spinat Kopfsalat Möhren Wirsing Früh-Kartoffeln Knollensellerie	Early-Spinach[1] Lettuce[6] Carrots[00][3] Savoy[6] Early-Potatoes[2] Celeriac[0][1]	73 178 436 132 203 329
Biologisch Dynamischer Kompost Biodynamic compost 860 dz ⎫ 86000 kg ⎭ ha	Früh-Spinat Kopfsalat Möhren Wirsing Früh-Kartoffeln Knollensellerie	Early-Spinach[1] Lettuce[6] Carrots[00][3] Savoy[6] Early-Potatoes[2] Celeriac[0][1]	**111** **272** **867** **140** **371** **407**

[0] = Ertrag (Knollen + Blätter) - Yield (bulbs + leaves); [00] = Ertrag nur 196
Mittel von Ertrag und Analysenwerten ⎧ [1] (1962, 1969, 1972)
Mean of yield and analytical data ⎨ [2] (1964, 1967, 1970)
⎪ [3] (1963, 1966)
⎪ [4] (1962)
⎪ [5] (1963)
⎩ [6] (1964)

Stable manure compared with biodynamic-compost. Ertrag. Yield – Wertgebende

ocken-stanz y atter	Gesamt-Zucker Total sugar	Rel. Eiw.-gehalt Rel. Protein cont.	NO$_3$	Ascorbin-säure Ascorbic acid	Carotin Carotene	K	Mg	Fe
% Fr. S. (Fr. M.)			mg/100 g Fr. S.			%		mg %
81	0,71	85,6	1,4	53,1	2,3	0,47	0,06	3,7
98	1,56	79,7	—	15,4	—	0,34	0,02	—
71	5,82	50,5	—	8,0	12,4	0,31	0,02	1,3[5]
51	—	51,5	—	73,5	—	0,40	0,03	2,1[5]
73	—	21,7	—	27,7	—	0,38	0,02	—
29	2,30	60,4	—	14,0	—	0,37	0,02	0,8[4]
97	1,00	87,0	1,7	49,1	2,3	0,48	0,06	4,5
37	1,20	74,1	—	15,4	—	0,32	0,03	—
95	5,92	48,9	—	8,1	14,5	0,32	0,02	1,0[5]
71	—	54,1	—	80,1	—	0,39	0,03	3,0[5]
67	—	21,7	—	26,4	—	0,46	0,02	—
79	2,25	54,7	—	14,1	—	0,36	0,02	0[4]

rten) – Yield only 1966 (3 cultivars).

Tabelle 28. Sand: Stallmist im Vergleich mit Biologisch-Dynamischer Düngung. Inhaltsstoffe. Valuable Plant Constituent.

Düngermenge Amount of Manure	Gemüse Crops		Ertrag Yield 100 kg/ha
Stallmist Stable Manure 300 dz } ha 30000 kg	Früh-Spinat Kopfsalat Möhren Wirsing Früh-Kartoffeln Knollensellerie	Early-Spinach[1] Lettuce[6] Carrots[00] [3] Savoy[6] Early-Potatoes[2] Celeriac[0] [1]	24 108 357 133 133 **329**
Biologisch Dynamischer Kompost Biodynamic Compost 860 dz } ha 86000 kg	Früh-Spinat Kopfsalat Möhren Wirsing Früh-Kartoffeln Knollensellerie	Early-Spinach[1] Lettuce[6] Carrots[00] [3] Savoy[6] Early-Potatoes[2] Celeriac[0] [1]	**52** **208** **621** **174** **238** 318

[0] = Ertrag (Knollen + Blätter) – Yield (bulbs + leaves); [00] = Ertrag nur 1966 (3
Mittel von Ertrag und Analysenwerten
Mean of yield and analytical data
{ [1] (1962, 1969, 1972)
  [2] (1964, 1967, 1970)
  [3] (1963, 1966)
  [4] (1962)
  [5] (1963)
  [6] (1964) }

manure compared with biodynamic-compost. Ertrag. Yield – Wertgebende

1-z	Gesamt-Zucker Total sugar	Rel. Eiw.-gehalt Rel. Protein cont.	NO$_3$	Ascorbin-säure Ascorbic acid	Carotin Carotene	K	Mg	Fe
r. S. (Fr. M.)			mg/100 g Fr. S.			%		mg %
	1,28	**75,9**	2,8	**57,8**	2,7	0,54	0,07	6,0
	1,93	77,0	—	**16,3**	—	**0,33**	0,02	—
	5,78	**44,8**	—	4,3	10,8	**0,37**	0,02	0,60[5]
	2,59	**56,6**	—	**85,5**	—	0,40	0,03	**2,01**[5]
	—	**51,3**	—	33,1	—	0,50	0,03	—
	2,22	**67,7**	—	—	—	0,46	0,03	**3,27**[4]
	1,56	71,6	0,5	48,8	2,6	0,54	0,07	6,0
	1,42	**79,2**	—	14,1	—	0,31	0,02	—
	5,82	43,8	—	**5,3**	12,3	0,35	0,02	**0,85**[5]
	2,98	55,4	—	75,7	—	0,39	0,03	1,98[5]
	—	50,6	—	33,0	—	**0,52**	0,03	—
	2,07	63,4	—	—	—	0,47	0,03	1,72[4]

– Yield only 1966 (3 cultivars).

MIX
Papier aus verantwortungsvollen Quellen
Paper from responsible sources
FSC® C105338

If you have any concerns about our products,
you can contact us on
ProductSafety@springernature.com

In case Publisher is established outside the EU,
the EU authorized representative is:
**Springer Nature Customer Service Center GmbH
Europaplatz 3, 69115 Heidelberg, Germany**

Printed by Libri Plureos GmbH
in Hamburg, Germany